人と組織の問題を劇的に解決するU理論入門

U型理論

【實踐版】

以7個步驟落實
個人、團隊、組織的
全面改造

中土井僚——著
陳朕疆——譯
シュトウ直子——審訂

以實際案例詳解
U型理論重點，
從提升自我、改善團隊
到活化組織的最佳實務指南！

中文版前言

獻給想要改變企業，為了改變組織而奮鬥至今的您。

過去我也曾是一名推動改革的企業員工。在改革過程中，我多次體會到：光是知識的輸入，是無法改變人們的行動的。要是沒有體驗過發自內心深處的認同感，無論是個人或團體，他們的行動都不會有所改變。

在我從事引導師工作時，需費盡心力，於有限時間內讓每一位參加者都能體驗到這種認同感。二〇一四年時，我參加了亞當・卡海內在日本的召喚計畫，那是我第一次接觸到U型理論。在這之前的我，對於這種貢獻社會之類的事完全沒有興趣，但參加U型理論的工作坊後，讓我能從全球觀點看待事物，內心深處發生了難以言喻的劇變，至今我仍記憶猶新。

這就是我要的！於是我開始參加中土井先生的講座，學習U型理論。在那個工作坊中，我剛好和日本U型理論的第一人——中土井僚先生在同一組，這成了我認識中土井先生的契機。

U型理論是個不容易弄懂的科目，即使想努力讀懂這個理論，也沒辦法馬上融會貫通。除了在講座之外，我也多次在自己的工作現場實踐U型理論。實踐U型理論時，我都會帶著這本書。

U型理論是為了改變個人、為了讓組織與社會產生非衍伸自過去經驗之創新而開發出來的理論。透過U型理論所明示的改革過程，我們能瞭解到新的解決方案如何誕生。不是透過指示、命令等形式，而是考慮團隊的主體性，讓團隊能團結一心，引發改革與創新。U型理論告訴我們如何做到這一點。

U型理論是MIT的上級講師奧托．夏莫博士訪問了一百三十位世界頂尖的領導者們之後，整理出來的理論。U型理論看重的不是領導者的「做法（Doing）」，而是領導者的「本質（Being）」。人類在表現出優異成果，或者發生變革、煥然一新時，內在會產生「意識的變化」。研究內在的變化，可以將引導人們變革的階段模組化，使變革更容易發生。

現代社會中，處處充滿著高度複雜、難以預測的問題。若想解決這些問題、引發變革，我們必須讓心理維持在某種狀態。我們要容許心中存在曖昧而不確實的想法、不害怕失敗、願意嘗試原先認為不可能之事物的覺悟。因此，我們注重的不是「該做什麼？該怎麼做？」，而是「這個行動要從哪裡開始？」

U型理論有七道流程。透過這些流程，我們可以明白「這個行動要從哪裡開始」，進而達到個人、團隊、組織、社會的改革。這些流程包括1.下載、2.看見、3.感知、4.自然流現、5.結晶化、6.建構原型、7.實踐。

在1.下載的流程中，將過去的框架全數列出。然後在2.看見的流程中，仔細觀察這些框架的每個部分。接著在3.感知的流程中，懷著自信，後退一步內省自身，等待內在覺知（knowing）出現的瞬間，即4.自然流現。然後在5.結晶話的流程中，記錄自身的覺知，迅速、即興地擬出一套方案，經過6.建構原型的流程後，於7.實踐的流程中展開行動。

若將這個過程整理成一句話，那就是「排除先入為主的觀感，僅藉由持續觀察，等待我們發現行動基準點——源頭（source）的那一刻。透過自身，迎接正在出現的未來（等於正在明白的事物），然後將其具現化、實體化」的過程。

光聽這種抽象的表達方式，想必還是很難讓人理解各個流程究竟在做些什麼事吧？本書成功地藉由發生在你我身邊的事，詳細說明看似難以理解的U型理論，並將其實踐方式傳達給各位。

因為U型理論注重的不是該如何行動，而是如何從行動源頭所關注的事物，引導出好的表現。所以本書作者也有些猶豫，將本書內容著重在如何實踐，也就是HOW的部分上，這麼做是否不大恰當。不過，原本只能透過體驗來學習的U型理論，作者卻成功將其文字化，並說明了具體的操作方式，讓我深深感到敬佩。

這本譯書也是許多人的努力結晶。

本書得以出版，我想先感謝促成這本書出版之契機的金惟純老師。再來是以高品質、高效率處理本書出版業務的出版社翁靜如小姐、編輯鄭凱達先生、包括本文在內，仔細且正確翻譯本書內容的陳朕疆先生，在此致上誠摯謝意。

我曾想過要讓本書在台灣出版，卻一直沒有找到好的管道介紹本書。在一次工作坊中我遇見了金惟純老師，於是我鼓起勇氣向他提出「想要出版這本書！」，金老師就要我盡快把簡體中文版拿給他看看。沒過多久，金老師就決定要出版這本書了。他找了有經驗的編輯負責出版事務，也找到譯者負責翻譯，在我的監譯也完成之後，本書終於順利出版。出版時的每一個環節都像奇蹟般的順利。這或許就是U型理論中所提到的同步性（Synchronicity）吧。

在許多優秀人才的努力下，本書的出版有如水到渠成。（應該要發生的事，發生了。）接下來我們會看到哪些新的原型，又會看到哪些新的實踐呢？真是讓人期待。

願這本書能夠幫助各位在職場或工作現場掀起一番變革。一起讓應該要發生的事情發生。

二〇一九年十一月十九日

CHOUTEAU 直子

目錄

中文版前言——CHOUTEAU 直子 003
〔前言〕什麼是U型理論——中土井僚 003

第1章
解決讓人和組織「備感苦惱」的問題 025
第1節 毫無根據的期待導致「為時已晚」 026
第2節 在連續九年赤字的凱絲美公司內發生的奇蹟 028
1「用三小時加上半天的時間，為公司擺脫赤字」的委託 028
2 充滿了不負責任的批判者態度 031
3 在對立與糾葛中產生的「吶喊」 034
4 最高層決策者的決心形成了場域的「起伏」 041

5「最後一段話」讓公司重獲新生 044
6「讓理所當然的事，自然而然地完成」的創新 046
第3節 若想重現「凱絲美公司的奇蹟」 050
第4節 基於各領域領導者的訪談建構出來的U型理論 053
第5節 航太科技和養育小孩，哪個比較複雜？ 058
第6節 讓「事態變得無法掌握」的三種複雜性問題 069
1動態複雜性「原本覺得對自己有好處才做，最後卻給自己帶來麻煩」 069
2社會複雜性「自己死後才會發生的事，隨便怎樣都行」 075
3新興複雜性「該怎麼做才好呢？」 081
第7節 U型理論是克服三種複雜性的關鍵 085

第2章 U型理論所引發的典範轉移 087

第1節 如「分娩體驗」般的U型理論實踐 088

第2節 【觀點1】從「向過去學習」轉移成「向正在生成的未來學習」 090
第3節 【觀點2】著眼於引發行動的「源頭」 093
第4節 【觀點3】「社會場域」這個新觀點 099

第3章 改變本質，U型理論的七道流程 109

第1節 U型理論的七道流程 110
第2節 【流程一】下載（Downloading） 114
1 重現出「基於過去經驗建構而成的框架」的狀態 114
2 為什麼我們會受限於「過去的框架」 123
3 避免自己陷入下載情境的三個觀點 131
4 找出觸發自己進入下載情境的扳機（商機？）【防止】 132
5 注意到自己正處於下載情境【發現】 135
6 讓自己轉變成容易脫離下載情境的狀態【面對處理】 145

第3節 【流程二】看見（Seeing） 149

1 緊盯著發生在眼前的事 149
2 拉麵店的老闆如何注意到味道是否變糟 155
3 得過日本經營品質獎的高爾夫俱樂部員工，如何共享他們的「發現」 161
4 如何提升「懸掛的能力」 164

第4節 【流程三】感知（Sensing） 167

1 羅患帕金森氏症的母親真正的不安 167
2 站在他人的視角，便可釐清事物的狀態 172
3 消除過去的不滿，擁抱「開放的心靈」 175
4 實際感受他人「難以用言語表達的感覺」 178
5 藉由「內省與自白」，引出對方純粹的「心聲」 181
6 察覺潛藏在內心深處的嘲諷之聲 184
7 由「傳說的雜誌」的創刊秘辛，觀察創業者如何瞭解消費者並導入到自己想法 186
8 如何輕鬆達到「感知」狀態 189

第5節【流程四】自然流現（Presencing） 201
1自然流現是與「未來」相遇的瞬間 201
2自問「我是誰？」「我要做什麼？」 204
3將未來的「蜘蛛絲」拉向自己 208
4從「京都最糟的學校」脫胎換骨，成為「日本第一」的故事 211
5「邁向未來的起點」生成的瞬間 218
6「放下」（Letting Go）之後出現的未來 222
7超越恐懼之後，看到的是「出乎意料之外的未來」 224
8從「死亡」中誕生的領導力 228
第6節【流程五】結晶化（Crystallizing） 232
1從最可能發生的未來，結晶出願景與意圖 232
2願景是逐漸摸索出來的，而不是刻意造出來的 237
3一流的藝術家所描述的結晶化過程 243
4結晶化的步驟 246

5 最後點終於連成了線——史蒂夫·賈伯斯所闡述的結晶化旅程 251

第7節 【流程六】建構原型（Prototyping） 254

1 為想法（Idea）與靈感（Inspiration）賦予外型的訣竅 254
2 「『憑直覺』決定航行方向」是創新的第一步 260
3 以U型過程創造出劃時代的購物推車 263
4 「偶然的一致」是創新的一部分 269

第8節 【流程七】實踐（Performing） 274

1 一直唱同一首歌仍不會感到厭煩，這就是一流歌手的實踐 274
2 在日常生活中，就必須不斷琢磨能產生革命性新創的原石 278
3 在社會生態系統中「實踐」的原則 281

第4章

U型理論的實踐〈個人篇〉 287

第1節 做為個人內在的轉變原理，運用範圍廣大的U型理論 288

第2節　某個少年轉變的故事：從原本一直很嫌惡的父親身影中，看到「自己真正的樣貌」 290
第3節　實踐個人U型過程的重點 302
第4節　實踐個人U型過程的活動「突現式問題解決法」 305

第5章
U型理論的實踐〈兩人搭檔、團隊篇〉 323

第1節　超越了「沒有愛（Love）的力量（Power）」與「沒有力量的愛」的協作 324
第2節　在孩子教養上意見不合的夫婦 329
第3節　破壞人際關係的共通模式 336
第4節　消除心理態度中的「關係四毒素」 338
第5節　人際關係惡化的機制「加速生成關係四毒素的原因」 340
第6節　人際關係好轉的關鍵 觀察互相刺激之循環背後的「複雜性」 346
第7節　在兩人搭檔關係、團隊中實踐U型過程的訣竅 354

第6章

U型理論的實踐〔組織、社群篇〕

U型理論的實踐〔組織、社群篇〕 377
第1節 「問題處理型」的組織與「創造未來型」的組織 378
第2節 讓「真正重要的東西」持續存在 386
第3節 在組織、社群中實踐U型過程的訣竅 390
結語 集體領導力的可能性 431
發自內心的感謝 437

〔前言〕什麼是U型理論

一直想著「到底該怎麼辦才好呢？」，苦惱於看不到未來的人，似乎一年比一年多。在許多例子中，有些人一直拖著不解決問題，最後卻演變成無力解決的狀況；有些人會與相關人士討論，但彼此的言論就像平行線般無任何交集，一個不小心就演變成無法收拾的結果。碰到這些嚴峻狀況時，許多人總希望有個強而有力的領導人能發揮他的領導能力「出來收拾狀況」，也就是所謂的「彌賽亞情節」。在我看過的許多例子中，人們都抱著「嗯，總是有會有人來解決的吧」這種逃避現實的想法，期待他人來收拾殘局。

當個人和組織陷入這種受限於過去經驗、找不到新方向的情況時，是不是就無法從這個泥沼中脫離，也找不到新的解決方法了呢？

這時能為我們指出一條明路的，就是由麻省理工學院高級講師，C・奧托・夏莫（C.Otto Scharmer）所創立的「U型理論」。而這本書，就是用簡單易懂的方式介紹這個理論的入門書籍。

所謂的U型理論，簡單來說，就是在說明「如何將不同於過去經驗之延伸的轉型與創新*運用在個人、二人關係、組織、社群，以及社會，並提示其原理及實踐手法的理論」。說到理論，可能會讓你覺得會不會只是在紙上談兵，但事實上，U型理論的本質，就是一個重視實踐的行動。

*本書所說的「創新」（innovation）指的並不是科技技術方面的創新，而是為自己、自己所處的狀況、社群、社會創造出嶄新的、有意義的價值，使個人、組織、社會自發性地產生大幅度改革。

一切的開始，起自於世界級的顧問公司，麥肯錫的維也納事務所負責人，麥可．戎格邀請了奧托博士參加了一項大型計畫。這就是U型理論誕生的契機。

這個計畫以領導能力、組織戰略為主題，訪談了全世界最頂尖的思想家，包括學者、創業家、商務人士、發明家、科學家、教育家、藝術家等共一百三十名新型領導者。U型理論就是由訪談時獲得的創見為原形，發展出來的理論。在這之後，奧托博士亦以一位引導師（Facilitator）的身分，參與了許多組織改革與社會改革的過程，持續改造這個理論，使其得以成為一個體系。

另外，奧托博士在他自己不直接參與策畫的專案中，包括南非的種族隔離問題、哥倫比亞的內戰、阿根廷與瓜地馬拉的重建等，也應用到了U型理論。在第一線以U型理論解決複雜的社會問題，為人類社會做出了很大的貢獻。

由此可見，U型理論是在集結現場智慧的過程中，逐漸形成體系的理論。而其最大特徵，就是它的焦點並不是領導者的「做事方法」，而是他們像黑盒子般的「內在狀態」。換言之，U型理論著重於領導者做出優異表現，或引起重大改革時的「意識轉型」。

我們曉得，那些一流的領導者、運動員、藝術家，都擁有凡人所不能及的感性與專注力。譬如說大聯盟的鈴木一朗打擊時，看起來就像是把乒乓球打回去一樣輕鬆寫意。透過他打擊時的影片，我們可以感受到站在打擊區的他，有著無可比擬的專注力。為了保持高度專注力，他相當注重工具的保養，也規定自己從板凳走到打席上要走幾步、揮棒時的每個動作要怎麼做等等。大家都知道他對這些外在的要求很嚴格，但即使人們模仿鈴木一朗的做法，卻沒辦法擁有像一朗般的專注力。

那麼該怎麼做才好呢？

運動員那出色的專注力、藝術家與創作者的創造力、演員、歌手、與演講者吸引觀眾目光的壓倒性存在感……U型理論認為，這些力量都源自他們的「內在狀態」。

在什麼樣的原理下，才能讓自己的內在滲出「某些東西」，或者讓這些東西自然而然地湧現出來呢？解開這個謎，讓人們瞭解該怎麼引導，才能主動催發這個過程，就是U型理論最大的貢獻。

奧托博士將這種從優秀人物的內在湧現出來的狀態定義為「未來生成的瞬間」，稱做「自然流現」（Presencing：Presence（存在）與Sensing（感知）的合成字）。而U型理論，就是提示我們可以從這個「正在生成的未來」學習到某些東西新理論。

我們已習慣於計畫（Plan）、行動（Do）、評價（Check）、改善（Action）這種持續改進原先計畫的做事方式，又稱做PDCA循環。奧托博士把這種方式定位成「向過去學習」。相對於這種「向過去學習」的方法，U型理論提倡的則是「向正在生成的未來學習」（參考圖表0－1，『向過去學習』與『向正在生成的未來學習』）。

若我們用「向過去學習」的方式展開行動，那麼在行動前我們一定會自問「為什麼要這麼做？」，有了合理的原因和正當性之後，我們才會付諸行動。奧托博士認為，當我們面對困難的問題，或者想要創新的時候，只用這種方法實現的話仍嫌不足。原因在於，如果這是你絞盡腦汁就可以想出來的答案的話，就表示這個答案只是從你過去所累積的經驗推論出來的解決方案。這樣的解決方案不會讓人有「感覺有，但說不出個所以然的感覺」或「非衍生自過去經驗的想法」，換言之，這並不是創新。

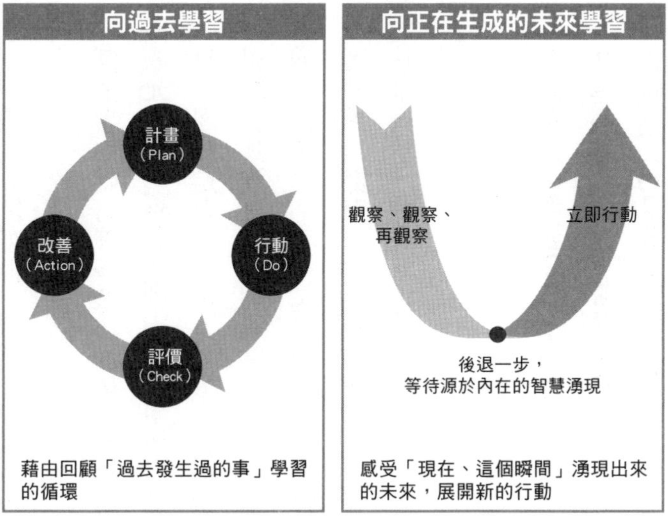

圖表0-1　『向過去學習』與『向正在生成的未來學習』

相對於此，奧托博士指出，「向正在生成的未來學習」時，首先需顯現出直覺，像是被什麼東西牽引著一樣。與其計較「為什麼」要這麼做，更注重感覺到了「什麼」。

像是被某事吸引，但不知為何沒辦法說明清楚。直到我們實際動手操作，並用心靈去感受這個「什麼」的輪廓，然後我們的頭腦才能開始理解「為什麼必須這麼做、為什麼會這麼做」。

像這樣靠直覺來做決定的方式，往往會被認為是沒有根據的做法。不過，當我們碰到的問題越是難解，越是找不到前進的路時，就越應該要依賴「總覺得哪裡不對勁」、「好像不該這麼做」之類的感覺，慢慢找到「總覺得應該要這麼做才對」之類微弱但確實的直覺，並依照這種直覺前進才行。依賴直覺前進常伴隨著風險，但也正因如此，我們才能夠抵達過去不曾想像過的境界，實現我們想要創新的想法。

創業者中就有許多像這樣依賴直覺做決定的人。他們常會說出「我們依賴的其實是直覺與靈光乍現的瞬間，理由都是事後再補上去的」之類的話。

U型理論還有一個重大貢獻，它指出，那些憑直覺行動的藝術家與運動員們的行動模式，與創新其實有著密切關係。U型理論認為，這種行動模式不僅適用於個人，也能應用在組織、團體上。這也是U型理論的獨特性。

奧托博士認為，「向正在生成的未來學習」，實現創新的過程可以如前頁圖般，以U的形狀來表示（圖表0－2 U型理論的三個過程）。大體而言，U型理論由以下三個過程組合而成。

1. 感知（Sensing）：觀察、觀察、再觀察。

2. 自然流現（Presencing）：退一步內省，讓內在的「覺知」（Knowing）自然湧現。

3. 創造（Creating）：迅速、即興地行動。

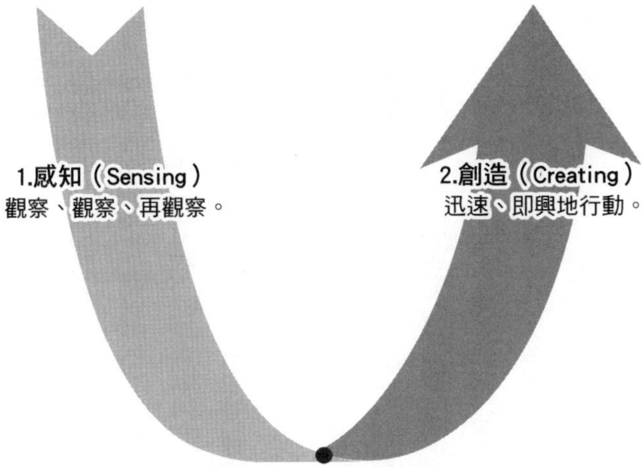

圖表0-2　U型理論的三個過程

簡單來說，當我們從第一個流程的感知進入第二個流程的自然流現時，未來會逐漸湧現出來，再由一人或多人讓其現形，從而使創新現實化。

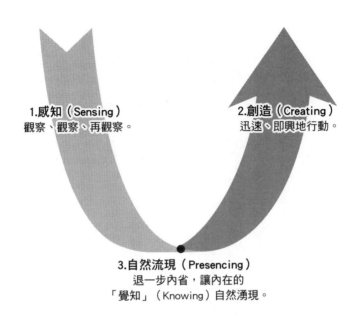

聽到這樣的說明，可能有些人覺得難以理解，又或者有些人會覺得「這不正是我以前做過的事嗎？」、「我以前也有過這樣的經驗」。我們將在正文中用一個個故事詳細解釋這個過程，現在您記住「還有這種事啊」的感受就可以了。

說明U型理論的本書原著《Theory U Leading from the future as it emerges》於二〇〇七年出版，並於二〇一〇年十一月時出版日文版《U理

論——過去や偏見にとらわれず、本当に必要な「変化」を生み出す技術》（U型理論——跳脱過往的經驗與偏見，引發出真正必要之「轉型」的技術，英治出版）。而我則有幸參與了日文版的翻譯。

該書至今已再版多次，讓這個理論得以觸及許多讀者。然而，這本超過六百頁的學術書籍有太多難以理解的內容。為了讓更多人能活用U型理論，我認為需要一本更容易理解，並多著墨於實踐方法上的入門書籍。

另外，我自己也以企業主管教練（Executive coach）、引導師（Facilitator）的身分，以U型理論為基礎，帶領許多企業、組織、個人進行改革，讓他們親身體驗到什麼是持續發生的「本質改變」，這是U型理論的賣點，也是過去許多治標不治本的方法所做不到的。本書便是以我的這些體驗為本，用更為淺顯易懂的方式介紹U型理論，並補充了許多我在實踐現場中獲得的創見與活動。

U型理論是一種讓人們能湧現出不存在於過去經驗的新的「什麼」、讓人們能開創出新道路的方法，而且任何人都能夠活用這種方法。寫作本書時，我希望能透過例子與比較，將U型理論介紹給以下讀者。

●想要提升創造力與對周圍的影響力，讓自己的表現更上一層樓的個人

在這本書中，介紹到自然流現的過程，以及將自然流現出來的直覺或靈感具現化的步驟，應能幫助到那些想要擴展自己的存在、提升對周圍的影響力的人，或者是想培養自己的直覺、靈感，讓自己的表現能超越原本層次的人，提供他們實踐這些方法的線索。

●想要改善與特定對象、或者與團隊成員間的關係品質，推展新人際關係的人們

對於想改善夫妻間的關係、與搭檔間的關係、與自己的父母或自己的小孩間的關係、與直屬上司或直屬部下間的關係的人們來說，如果你自己就是當事人，卻只在很表面或技術層面的範圍內補強關係的話，不僅可能達不到改善關係的目的，還可能會使關係惡化。如果您想要藉由至今不曾用過的方式，與他人建立起新的關係的話，與其改變對象，不如想想看這層關係是在什麼狀況下產生，省視自己對這段關係會產生什麼樣的影響。透過書中的解說，可以讓您明白解開這些人際關係難題的關鍵是什麼。

●想要活化組織或社群、改變其結構，使改革得以實現的人們

對於那些想要活化所屬組織或社群，想要活化、並進一步改變其結構，使改革得以實現的人們，本書會提到當你想吸引周圍的人加入，或者改變他們的意識形態時，有什麼訣竅，以及實踐這些方法時的重點。

- **想要以顧問、教練、引導師的身分，幫助其他人改變個人樣貌、團體樣貌的人們**

對於那些想要站在旁人的立場，以顧問、教練、引導師的身分，幫助個人或團體改變樣貌的人們，本書提到的想法與觀點，可以幫助你判斷對象與環境的狀況，亦可幫助你判斷在各種情況下，介入協調是否恰當。

- **想要讓只有一次的人生過得更加充實，用自己的方式為社會做出貢獻的人們**

對於那些不論自己是什麼樣的人，都想要用最真實的自己，過著更加充實的生活，並想順著湧現而出的熱忱，為社會做出貢獻的人們，U型理論可以引導你轉變成這種生活方式。

「自己原本是什麼呢？自己可以成為什麼呢？」對於想探究這種與人性根源有關的命題的人，U型理論可以給你一些提示。

在不確定性高、未來難以預測的現代，我確信U型理論可以提供一個新的可能，為我們指引出一條能讓改革成真的道路。我希望本書可以讓更多人接觸到U型理論，讓更多人在面對人生的分歧點時，能選擇一條更適合自己的道路。

接下來，就讓我們一起踏上U型理論的旅程吧！

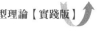

第1章

解決讓人和組織「備感苦惱」的問題

第1節 毫無根據的期待導致「為時已晚」

至今，我以企業主管教練的身分，參與了許多領導人培育計畫與組織改革計畫。過程中我曾親眼目睹，**不論公司是哪個產業、哪種經營方式，當公司的未來一片迷茫的時候，人們幾乎都會一直重複著同樣的話。**

有些人總是批評高級主管們說「要是上頭的人不改變的話，情況就不會改變」，心中卻希望能出現另一個英雄般的領導者，可以帶領團隊度過危機，也就是所謂的**「彌賽亞情節」**；有些人則批評「因為大家都沒有危機意識，所以公司也不會改變」，並大聲疾呼「我們已經沒有後路了！」，希望能藉由喚醒危機意識，使大家團結起來逆轉形勢，也就是所謂的**「危機團結論」**；還有人只會說些無關緊要的廢話，並期待船到橋頭自然直，也就是所謂的**「樂觀幻想論」**。

不管是哪一種人，他們都沒有意識到自己的發言被自己的思考方式侷限。就我所看到的情況而言，他們也不是從頭到尾只會批評公司，有時也會積極參與討論解決方法。但是，感覺他們並不想承擔額外的風險，也不想創造出新的制度，只是把重要的事情一再往後延而已，這樣的氣氛常支配整個場域。

在某些案例的背景中，確實可以看到這些期待成真。譬如說，在日產汽車陷入困境時，卡洛斯．戈恩的出現，讓這家公司從谷底V型反彈，恢復盛況；或者是日本航空當初曾陷入民事再生（譯註：即破產重組）的窘境，卻只花了數年便恢復了以往的業績，順利度過險境。

然而另一方面，我們也不能忽略那些沒有發生「奇蹟」，難逃破產命運的企業。難道這些企業真的沒有意識到危機嗎？我認為並不是。至少這些企業的經營者在面臨危機時，想必也會戰戰兢兢地行事。

我覺得這就像是開車的時候，車子突然往前衝，即使踩煞車也來不及阻止事故發生；或者是感覺自己的身體狀況不好，到醫院做了精密檢查後，卻突然被宣告只剩幾個月的壽命，不管用什麼方式治療都「為時已晚」。

那麼，在情況發展至「為時已晚」以前，我們有沒有什麼方法能夠改革組織呢？如果存在適當方法的話，執行這種方法的關鍵又是什麼呢？

第2節 在連續九年赤字的凱絲美公司內發生的奇蹟

1 「用三小時加上半天的時間，為公司擺脫赤字」的委託

我們有沒有辦法在為時已晚之前，實現組織改革呢？為了回答這個問題，請讓我在這裡介紹一個案例。這個案例中，我以引導師的身分參與了一間公司的組織改革。整個故事可能稍嫌冗長，不過這應該可以協助您瞭解該如何實踐U型理論，讓您對整個過程有個印象，故還請您跟著我們的腳步看下去。

凱絲美公司（化名）是一家大型化妝品公司的子公司，於一九九〇年年初創立，是一家化妝品製造商，生產許多以一般消費者為對象的商品，於藥妝店、超市等通路販賣。與一般的企業集團一樣，包含社長在內的董事會成員都是由母公司派來的人所組成，而其他員工則由轉職員工、應屆畢業生所組成。

這間公司同時具備產品開發與販售的能力，故能以自家品牌在市場上闖蕩。而且他們的某些產品也是暢銷商品，在市場上享有盛譽。不過，化妝品本來就是一個競爭激烈的市場，消費者的喜好日新月異，該公司漸漸跟不上潮流，經營狀況越來越困難。二〇〇〇年以後，甚至出現了連續九年的赤字，使公司面臨了重大危機，母公司隨時都有可能會重新檢討是否有持續經營該公司的必要。

我在二〇〇九年時接觸了凱絲美公司。我和這間公司的幹部，佐藤（化名）小姐見了面，這成為我接觸這家公司的契機。佐藤小姐是從母公司派過來的幹部，她還在母公司的時候，我們便有些交情，在她被派到凱絲美公司後，我們也曾一起吃過幾次飯。她的個性積極，就算碰上問題也不會推諉給他人，而是拼命思考「自己還能做些什麼」，並付諸行動。

在她被派到凱絲美公司的一年後，我們曾一起共進晚餐。「最近過得如何呢？你被派過去之後有發生什麼事嗎？」聽到我這麼問之後，她的臉突然沉了下來，回答「嗯——這應該是至今的職涯中，讓我覺得最嚴苛的時期吧」。這樣的反應實在不像平時的她，讓我覺得有點奇怪，不過她並沒有繼續說下去，所以我也沒有繼續追問。

過了一陣子，二〇一〇年春天時，我又和她見了一次面。那時我們一起吃午餐，她坦白對我說，公司的狀況還是一樣糟，雖然用盡了各種方法，但卻沒有信心能讓情況好轉。

從她的談話內容，我可以感覺到狀況相當複雜，不是用簡單幾個措施就能解決的，我一時之間也想不到什麼有效的解決方案，於是我給了她一本我以前寫的書《為何組織會沒有方向》，就此拜別。

在那之後，我們又見了幾次面。同一年十月中旬的某天，我接到了她的電話。「我把之前中土井先生給我的書拿給公司的社長看，於是社長就請我和你聯絡，說希望能馬上與你見面。下週可以請您來公司一趟嗎？」

於是我隔週便訪問了凱絲美公司，第一次見到佐藤小姐以外的凱絲美公司員工。除了社長與佐藤小姐之外，經營企劃的負責人、總務的負責人等也有列席。於是我便和這四位公司成員開始討論。

社長是總公司派遣過來的，自二〇一〇年一月起就任凱絲美公司的社長。他說他在這間公司奮鬥了十個月，希望公司的狀況能夠好轉，但總找不到有效的辦法改變現狀。現在距離結算還有兩個月，而本年度很有可能也是赤字，這樣就是連續十年赤字了。要是事情演變到這個地步，母公司很有可能會停止資金援助，使凱絲美破產，或者賣掉凱絲美。

接著社長拿起了我交給佐藤小姐的書，說道「我拜讀了這本書。書中提到的狀況，正好就是本公司面臨的狀況。我會想辦法讓社長、董事、管理階層等共約二十人，在十一月初時抽出三個小時、十二月初時抽出半天的時間參加聚會，請您想辦法讓我們團結在一起，盡可能達成本年度的營收目標，下個年度也能保持下去」。聽到這樣的委託，我差點大喊出「這太離譜了吧！」，但我還是向公司的人們詢問目前的狀況。

大致問完狀況之後，我對公司成員們說「我瞭解各位想要度過本年度的難關，並希望下個年度的營運狀況也能達標的心情。然而，就算今年的營收達標，到明年時，是否仍有很高的機率會陷入困境呢？如果是這樣的話，那麼我們現在能做的不就只是垂死掙扎而已嗎？與其做垂死掙扎，不如把公司清算，將剩下的時間花在支援員工再度就職上還比較恰當。因為要是公司突然解散的話，最不曉得該怎麼辦的會是員工」。

聽到初次見面就直言不諱的我這麼說，社長也不禁面露難色。當時其他在場的所有人也低下頭來，不發一語。短暫的沉默過後，社長終於開口「你的話讓我讓我相當震撼。既然要做的話就做得徹底吧」。於是我們經過一番討論，敲定在十一月八日花三個小時、十二月九日花半天，召集社長、董事、高階主管等人，進行一次引導工作坊（Facilitation）。

2　充滿了不負責任的批判者態度

十一月八日的下午，社長、幹部、經理等近二十名參與者聚集到一地，進行了第一次會議。我希望能讓成員們有更多時間彼此對話，故我把說明時間縮到最短，並請他們盡可能在便利貼上寫下他們意識到的問題，吐露出真心想法。

讓大家看過所有寫在便利貼上的問題以後，我請在場的人們以「世界咖啡」（World Café）的形式，討論自己看了這些話之後有什麼感覺。所謂的世界咖啡，是四個人一組圍坐在桌前討論，並將自己對於談話內容的想法、感覺，用自己的方式寫在白紙上。一段時間後，更換組員再進行對話，是一種促進參加者發現問題的討論方法。過程中每個人都很積極發言，乍看之下場面相當熱鬧。

然而當我試著傾聽他們的談話內容時，卻發現他們的發言都是些「為了解決彼此交流不足的問題，需要一個能讓彼此吐露心聲的場所」、「工作分配很不明確、工作表現的評價也很不客觀，應該要重新檢討人事制度」之類，沒有任何能夠延伸討論空間的意見，而且每個意見都過於表面，感覺這些意見應該沒辦法帶來重大變化。

更糟的是，明明這間公司在這一年內很有可能會破產，或者被賣掉，但他們發表的內容卻讓人看不出這種危機感。就像是撞上冰山的鐵達尼號明明隨時都有可能沉沒，船上的乘客卻繼續唱歌跳舞一樣。即使他們相當積極發言，言詞間卻充滿了不負責任的批判，使周圍形成了不協調的氣氛。

當天的會議就這麼結束了。但我覺得，如果下次聚會的情況也是這樣的話，狀況大概也不會有什麼改變，於是我請社長與參與聚會的部分人士留下來，一起檢討該次聚會的內容。

社長似乎也有一樣的感覺，他擔心地說「在這次聚會中，感覺不到之前小會議時感覺到的震撼。這樣下去的話，應該什麼也改變不了吧」，於是整個場面陷入了凝重的氣氛。

於是我說「**我猜，在各位之中，是不是有些人已經覺得公司或其他員工沒有希望了呢？其實別人可以感受到這種『覺得他人沒有希望』的感覺，但自己卻幾乎不會有所自覺。**這就像是周圍的人都清楚聞到我的體臭，但我卻聞不到自己的體臭一樣。要發現『自己覺得他人沒有希望』，就像是要聞到自己的體臭一樣困難。還請各位好好想想，各位的心中深處是否隱藏著對他人的失望呢？」

於是大家垂下了頭，開始思考自己是否沒有自覺到對他人的失望，又是對哪些人、哪些事感到失望，就這樣過了十分鐘以上。這段期間內，周圍瀰漫著一股沉重的空氣。第一個開口的是一位年輕男性經理，田中先生（化名），他也是一位王牌業務員。他用沮喪的語氣說著。

「我感覺到自己對周圍人們很失望。我覺得身邊沒有人靠得住，所以凡事都只能靠自己。**雖然我常對其他人說『你們只會把責任推給別人』，但其實我自己也是這樣啊。**」他肩頭一落，嘆了一口氣。

聽到這位經理的話之後，其他人也紛紛意識到了這點，一邊嘆著氣，一邊說著「自己也都把責任推給別人」，這場聚會就在大家的垂頭喪氣中結束了。之後我和佐藤小姐又見了幾次面，很快的就到了十二月九日。

3 在對立與糾葛中產生的「吶喊」

十二月九日的會議，在母公司地下一樓的某間會議室舉行。我委託我的合作夥伴橋本博季協助我進行引導互動工作坊。

最後一個月理應是最後衝刺的時刻，然而社長、幹部、經理們卻全部聚集於此。其中或許有些人會帶著批判的態度，心想「在這麼重要的時期，為什麼我們非得做這種事不可呢？」因此，我在會議開始時，立刻說了下面這段話。

「我曉得年末應該是大家拼命做最後衝刺的時期，說不定有些人會覺得『現在根本不是做這些事的時候』。如果您覺得這次活動一點意義都沒有，想要盡快回到職場第一線，能多跑一個客戶是一個的話，請您務必盡快離場，回到工作崗位上。若您抱著『做這種事一點意義都沒有』的心態參與這次活動的話，會影響到其他人，為了他人著想，請您盡快回到職場第一線。接下來會休息五分鐘，請您決定好『要做，還是不做』。若您決定要做的話，請再回到會場。」

聽到這些話後，原本代表總務部門協助這次會議進行的一位年輕員工，說道「我覺得現在好像不是做這些總務工作的時候，可以讓我參加這個活動嗎？」請求參加活動。不久後，休息時間便結束了。

休息結束後，我們開始進行來自過程導向心理學（Process-oriented psychology），由阿諾德・明德爾（Arnold Mindell）創立的「世界劇演」（World Work）方法，引導人們的互動。所謂的世界劇演，是讓人們就某個主題，扮演各個相關角色，即興演出一場短劇的互動方式。這不只可以讓人們表達出多樣化的意見，還能在短劇中看出人們的情感與糾葛。

藉由讓人們身陷於對立與糾葛的狀態，深刻感受其滋味，可以讓他們意識到新的覺察（Awareness），使團體的樣貌大為改變，又被稱做「坐在火焰上的工作坊」。在我向大家簡單說明世界劇演的運作方式後，我們把所有椅子和桌子全部撤掉，讓所有人在站著的情況下開始了我們的工作坊。

剛開始進行工作坊時，參與者邊看邊模仿著各種角色，表現稍嫌生硬。過了一陣子後，出現了十一月會議時的情況，討論議題流於表面，眼看著就要成為「老生常談」。這時，另一位引導師橋本先生舉起手來，說「請讓我演競爭對手的角色」，並走向沒有任何人的空位站著。而佐藤小姐也說「我也要演這個角色」，並站在他的旁邊。

橋本對著同樣扮演競爭對手的佐藤小姐說「聽來聽去他們也只說得出這些話，看來今年的凱絲美也不是什麼威脅啊」，佐藤小姐也回道「是啊是啊，根本不是我們的對手吧」。接著兩人互相附和「就是說啊～」感覺相當合拍。

那個瞬間，會場突然爆出一陣大笑。然而我注意到某個業務經理環抱雙手，低頭「哼」了一聲，像是在自嘲一樣。於是我走上前去，試著詢問「這有讓你想到什麼事嗎？」他小聲地回道**「這可不是能一笑置之的事。在第一線的業務場合，確實有其他公司這麼說我們」**。於是我開始扮演起被其他公司的人這麼嘲笑的業務員，用大喇喇的語調說出以下的話。

「實際上真的有人在業務現場這麼說我們啦！你們知道我們這些員工在客戶面前被當成笨蛋的時候有多不甘心嗎？一定不知道吧！所以你們才會笑成這個樣子！」

我說完之後，會場突然陷入一片寂靜，然後又開始動了起來。他們開始投入自己的熱情，扮演不同於平時的自己的角色，站在各式各樣的立場，發表自己的看法。於是，會場慢慢重現出了決策團隊與現場生產人員的對立狀況。他們各自站成一排，向對方大聲提出自己的主張。

決策團隊：「都到了這種時候了，有什麼話想說就快說出來好嗎！要是什麼都不說的話，根本無從改革起啊！」

現場員工：「就算你們一直叫我們『想說什麼就快說！』我們也說不出來啊。」

決策團隊：「有什麼好不能說出來的？」

現場員工：「又不知道你們會怎麼評論我們說的話……」

決策團隊：「都到這種時候了，還要在意別人怎麼評論你們嗎？」

現場員工：「因為自己說過的話卻沒能做到，所以就算想說些什麼也不好意思說出來……」

決策團隊：「但你們總是得先說點什麼才行吧！」

雖然他們討論得相當熱烈，但兩邊的主張就像平行線一樣，難以進一步互相理解。過程中還出現了新的爭論，那就是行銷部門與業務部門的對立浮上了檯面。凱絲美公司的行銷部門負責商品的企劃、開發、宣傳，業務部門則負責將商品推銷給批發商與藥妝店，兩個部門原本應該要分工合作才對。而在世界劇演中重現出來的兩部門對立狀況，也是各個製造與販售工作分屬不同部門的公司常出現的狀況。

這時候的凱絲美公司正準備發表下一季要販賣的商品。然而對於九年來都在推銷著「賣不出去的商品」的業務單位而言，就算要知道推出新商品，也很難激起他們的熱情。

業務部門：「要出新商品是沒關係，但要是你們拿不出這商品能賣得出去的證據，零售店是不會上架這些商品的喔。」

行銷部門：「這次的商品以○○為目標客群，產品概念也不太一樣。這次的產品和以往產品最大的不同點在於……」

業務部門：「不要說那種抽象的事，至少你要拿出數據來吧。要是拿不出可以證明這產品賣得出去的數字，零售店就不會認同你的說法啊。」

行銷部門：「要拿出數字可不是件容易的事啊。」

業務部門：「那當然會賣不出去嘛！」

這兩個部門的主張各自對立，就和決策團隊與現場業務人員一樣互不相讓，彼此就像平行線般，雖然有對話卻沒有交點。於是，在兩邊互相激烈攻訐時，我站到行銷部門那一邊，深深向業務部門鞠了一個躬，大聲說出以下的話。「以前我們做的商品都賣不出去，對此我們感到非常抱歉！讓業務單位的各位在第一線承受砲火，真的非常對不起！但這次我們做出來的商品真的非常棒，請各位一定要幫忙賣賣看！」

業務部門人人面面相覷，看來他們也想不到居然會有人對他們低頭。

他們馬上要我抬起頭來「我不是要你們道歉，只是希望你們能提供數據而已」。即使如此，我仍不打算退讓，只是一直重複「數據是真的拿不出來！請各位先別管數據了，總之就試著到處去賣賣看吧！」於是業務部門回答「我們也不是不能商量。但我們去賣產品的時候，有沒有數據做為基礎是很重要的事」，看來他們也不打算退讓。

即使做到這個地步，兩邊還是像平行線一樣沒有交集。這讓夾在中間、低著頭的我不免有些惱火。但我想「這種想發火的感覺並**不是這個角色的感情**」，於是我移動到行銷部門隊列的另一個位置，開始扮演行銷部門中，對業務部門最為不滿的角色。

我請另一個人來扮演低頭的角色，我則一手指著他，開始對業務部門大發怒火。

「你們沒看到這個人低聲下氣地說著『請幫忙賣賣看吧！』嗎？他都這麼拜託你們了，為什麼你們沒辦法說出『接下來就交給我們吧』之類的話呢？根本是三流業務嘛！」

被如此嘲諷的業務部門當然也不會默不作聲。

業務部門：「說我們三流業務是什麼意思啊！你有什麼資格可以這樣批評我們！」

我：「說你們三流錯了嗎？明明就是因為你們的實力不足才賣不出去，別把賣不出去的原因推給產品不好行嗎？能把難賣的東西賣出去，才叫做業務不是嗎？」

業務部門：「你居然要我賣難賣的東西，能不能站在我們的立場想想！」

我：「所以我們不是為之前做出了不好的產品道歉了嗎！這次做出來的產品真的很棒，就先去賣賣看嘛！」

業務部門：「你們不也是從來沒去在意客戶的心聲嗎！如果產品那麼好賣的話就不用那麼辛苦啦！」

在業務部門的人說出這句話後，我馬上兩手一攤，擺出「放棄對話」的姿勢，繼續對業務員說出嘲諷的話。

我：「看吧，就只會說這種話。業務們最常放在嘴邊的『客戶的心聲』。要是你要拿這來做文章的話，我們也無話可說了。你們業務員總是在那邊說『客戶的心聲』、『客戶的心聲』，最後還不是只會把你們自己的想法強加在我們身上嗎？這樣根本就談不下去，好了好了，遊戲結束。」

我說完之後，一位站在業務部門和行銷部門之間，負責總務的女性邊哭邊說著。**「為什麼明明大家都是同一個公司的員工，都想要讓公司變得更好，卻要這樣互相叫罵呢？」**

聽到她說出這句話之後，整個會場陷入了沉默。我聽到這句話之後，內心也覺得「自己不應該說得那麼過分」，而稍微反省了一下。

正好時間差不多了，於是我們便為世界劇演做一個總結。在激烈對話剛結束的時候，心中多少會有些不自在的感覺，於是我們便將在場的人們分成了兩組，分別由我和橋本帶領，並請他們一個個發表對於世界劇演的感想。

在我的組別中，有一位業務部門的員工說「我覺得說人是三流業務還是有些過分了，應該沒有必要說成這樣吧」。但比起他的話，更讓我印象深刻的是有好幾個人說「雖然過分，但一點也不誇張。不少人心中也這麼想，而且實際上也有人在背地裡這麼說。」至此世界劇演結束，進入當天最後一項活動。

4 最高層決策者的決心形成了場域的「起伏」

最後的活動，是請各位閉起眼睛坐在椅子上，思考在十二月底前，自己是否有一個應該要下定決心完成的目標。而自己又是否有那個覺悟，認真達成這個目標。要是真的有這個決心的話，請在A4紙上寫下自己的決定，然後跨過我們在會場後方拉起的「決心線」，然後向大家宣告自己的決定。

這時我特別強調，場域的氣氛很重要，請不要做出模稜兩可的選擇。這種模稜兩可的態度，會困擾到想要認真參與這項活動的人，故請各位要嘛「做」，要嘛「不做」，請給出一個明確的回答。

說明結束後，我請大家閉上眼睛，保持數分鐘的靜默。然後向他們說，若您已經下定決心，就請您睜開眼睛，寫下自己的決心，接著跨過這條「決心線」。最後有三分之二的人跨過了這條線，三分之一的人仍坐在椅子上。這樣的比例在預料之中，但不可思議的是，社長沒有跨過這條線，仍坐在椅子上。

要是這個時候跑去問他「社長，您不想跨過這條線嗎？」的話也蠻奇怪的，於是我便維持現狀，讓已跨過線的人們宣告自己的決心。就連第一次的會議中，垂頭喪氣地說著「雖然我常對其他人說『你們只會把責任推給別人』，但其實我自己也是這樣啊」的田中先生，也做出了強而有力的宣告。在大家宣告完自己的決心之後，我向大家說「最後請大家圍成一個圈，每個人說幾句話，做為今天的結束」。這時，社長站了起來，用嚴肅的表情詢問大家。

「在結束之前，我想問大家一件事。要是沒有得到各位的答覆，我就沒有辦法跨越這條線，沒辦法表明我的決心。**大家都清楚，就算今年達成了營收目標，明年情勢仍相當嚴峻。如果用半吊子的心態工作的話，不如別再做下去還比較好，這只會讓你覺得更痛苦而已。因此，我想知道各位是否能在這個前提下，真心全意地投入工作，在十二月底以前盡一切努力挽回局勢。我需要你們每一個人的答覆！**」

平常性格溫厚的社長突然散發出咄咄逼人的氣勢，連我都相當驚訝。不過，如果真的要求在場成員們一個個向社長表明決心的話，他們可能也沒辦法說出真正的心聲。於是我向大家說「接下來我會發給每個人一張便利貼，請在上面寫下〇或×。如果您在十二月末以前，願意盡一切努力挽回局勢的話，請畫〇。只要有一點猶豫的話請畫×。因為這是匿名的調查，故請說出您真正的心聲。絕對不要因為怕破壞氣氛、或者因為擔心別人怎麼看待自己而勉強自己畫〇，這種做法對已有覺悟而畫〇的人相當失禮」。接著我和橋本分別將便利貼分給大家。

寫完之後，我們把大家的便利貼收回。我和橋本兩人分工合作，將這些便利貼一張張貼在白板上。因為剛才要求大家表明決心時，仍有三分之一的人仍坐在椅子上，所以我們預測大概有兩、三成的人會畫×。然而事實與我們的預測相反，一張張的○出現在我們的眼前。

在我打開最後一張便利貼的瞬間，不禁起了一陣雞皮疙瘩。每一張都是○，沒有例外。其中還有好幾個人在○的旁邊寫上「絕對要做！」之類的話。一般來說，這種情況下，所有人應該會「喔喔——」地大聲歡呼才對，然而這時周圍卻一片沉寂，安靜到連水滴滴落的聲音都可以聽得清楚。在那個場域中，我們可以深刻感覺得到難以言喻的「意志」正在形成。

這時社長站了起來，強而有力地說道「我瞭解大家的決心了。在十二月結束前，讓我們盡全力完成工作吧！我也在此表明我的決心」，然後跨過決心線。

後來社長告訴我，在他詢問大家的決心時，只要有一個人畫×，他就會立刻動身前往位於本棟大樓高層的董事長室，直接向董事長宣告「請收掉凱絲美這家公司」。而他之所以會這麼想，是因為進行世界劇演時，他聽到有一位負責業務的員工自言自語地說「太辛苦了，這一年的生活不想再過第二次」。

社長聽到這句話後，原本一直壓抑著的想法一口氣釋放了出來「讓他們那麼辛苦，到底是為了什麼呢？如果繼續經營只會讓他們難受的話，把公司收起來還比較好！」這讓社長的想法有了很大的轉變。而社長下定決心後的宣言，也讓在場的人們成功地凝聚在一起。

5 「最後一段話」讓公司重獲新生

社長表明決心之後，時間也有些晚了，於是我馬上請所有人圍成一個圈，請大家發表「最後的感想」。有三名員工是從外地來的，擔心他們趕不上回程的班機，故讓他們先發表。他們一個個說完「我會堅持到底。絕對會堅持到底！」之類的話之後，迅速離開了會場。而第四位發表感想的員工是凱絲美公司創立時就在公司內工作的宮澤小姐（化名）。她看著我的眼睛輕聲說道「今天的活動實在讓我熱血沸騰……」，說到一半後她便低下頭，沉默了一陣子。然後，她的臉上落下了一滴滴眼淚，沾濕了她放在膝蓋上的手。她一邊流淚一邊抬起頭來，說道「我真的很喜歡這間公司，很喜歡凱絲美」，說完後大哭了一場。

瞬間，有好幾個人也跟著哭了起來。原本我們只是急急忙忙地進入最後感想的階段，卻沒想到大家會哭成這個樣子。看到那麼多人在哭，連我也難以忍住眼淚。這不僅是大家「最後的感想」，也是象徵新凱絲美誕生的「新生兒最初的啼哭」。

在這名女性之後，又有好幾個人邊哭邊說著自己的想法。然後輪到一位男性幹部的發言。這位男性幹部拚了命地想要忍住眼淚，但最後仍大哭了起來，一句話都說不出來。他是業務部門的負責人，也是母公司派來的幹部。據他所言，從母公司派來的幹部，與原生員工，也就是第一批招募進凱絲美的員工之間，有著一道難以跨越的鴻溝。而他的工作就是盡可能彌補這道鴻溝。

在十一月八日的第一次會議中，請他把自己的想法寫在便利貼時，他寫的也是「自己要第一個去跑業務」、「自己先動起來」之類，希望自己能成為表率的話。而在世界劇演時，他只是站在那裡，不安地搖擺身體。即使我問他「發生什麼事了嗎？」，他只會回答「不，什麼都沒有」。或許他落下的眼淚，正好就代表了總公司派來的員工與原生員工之間，那道「看不見的柏林圍牆」逐漸倒塌了下來。

結果，他還是停不住眼淚，一句話都說不出來，只是說著「讓你說吧」用手勢催促下一個人發言。在好幾個人說完了他們最後的感想之後，大家的心情也逐漸平復了下來。

而在最後幾個人發言時，終於輪到了之前說「雖然我常對其他人說『你們只會把責任推給別人』，但其實我自己也是這樣啊」的銷售經理，田中先生。凱絲美的原生員工幾乎都是轉職自其他公司，應屆畢業就被招募進來的員工相當少。而田中先生就是凱絲美開始招募應屆畢業生後進入公司，且現在還留在公司內的少數應屆畢業生員工。他幾乎沒有經歷過凱絲美公司業績一路成長的時代。即使如此，他仍持續待在凱絲美公司內。

輪到他時，他說到「剛才，宮澤小姐說她很喜歡凱絲美的時候……」的瞬間，突然說不出話，並開始大哭。而且他還邊哭邊說著「我真的很喜歡這家公司，但想到一直一個人支撐著業務就覺得很痛苦。我很喜歡這家公司，也很喜歡大家，讓我們一起堅持到底吧」。

聽到了他的話後，大家又開始哭了。連一些在宮澤說她的感想時都沒哭的人，也忍不住流下淚來。接著輪到了和我隔了一個坐位的佐藤小姐。她也是邊哭邊說著她的最後感想。

「明明在宮澤小姐說話的時候，我還能忍住不哭，換田中先生說話的時候，卻再也忍不住自己的眼淚。其實，舉辦這次工作坊讓我感到很忐忑不安。**我擔心要是這次工作坊失敗的話，就再也沒有讓公司改變的機會了。這次能夠在這種狀況收尾，真的太棒了。**」

想當初，我四月向她提出要不要辦一次引導互動工作坊時，她還顯得興趣缺缺的樣子，但實際舉辦工作坊時，她卻積極參與活動，率先扮演起競爭對手的角色。聽到她這麼說，我也終於瞭解到為什麼她會有這樣的轉變。接下來，我和橋本分別說了幾句我們的感想，就這樣結束了工作坊。

6 「讓理所當然的事，自然而然地完成」的創新

十二月九日的工作坊中出現了這樣的奇蹟，橋本和我都覺得「我們接下來能做的只有祈禱而已了」。不過還不到兩週，就傳來了衝擊性的消息。營造出這次奇蹟般場域的重要

功臣，佐藤小姐結束了在凱絲美的工作，從一月一日起調回母公司。「不會在這種時期異動職務吧——好不容易終於凝聚起所有人的意志，營造出公司的一體感，結果居然把她調回總公司，這不是會讓大家很沮喪嗎？」我相當在意這件事，不過那時正值年末的繁忙時期，要是我因為這種原因而問他們「大家過得還好嗎？」的話，應該只會讓他們覺得很困擾吧。於是我就懸著一顆心度過了新年。

過了新年，進入二〇一一年，我在一月十四日星期五時發了一封新年問候郵件給凱絲美社長。隔天一月十五日星期六就收到了回信。這時正好年度結算完畢，並在昨天全公司員工參與的會議上發表了結算結果，凱絲美去年睽違九年的營收與獲利增加。社長的回信如下所示。

中土井先生

感謝您的來信。

原本應該是由我們這邊和您聯絡才對，對此我感到相當抱歉。

首先，在您的幫助下，我們順利度過了難關，去年度的營收與獲利都增加了。

在十四日（五）舉行的全公司員工會議中，大家都激動地流下淚來。

在老師帶領的工作坊結束之後，大家都下定了決心要一起度過難關。

雖然當時是繁忙的十二月，大家還是努力撐了過來。

另外，同時進行的本年度新商品洽談也漸入佳境，昨天我們全體員工也一起發誓要朝著我們的夢想，勇敢向前邁進。

果然，要先做出業績才行。我被昨天的盛況震懾到了。

現在我確信每個人都潛藏著強大的力量。

不過，這不是終點，只是新生凱絲美的開始而已。不如說，今年開始才是真正的戰鬥。

前言寫得有點長了，總之，我希望可以和老師再見一面。

還請您能夠撥冗參加。

真的非常感謝老師。

我還記得，當我讀到這封信時相當激動，差點大叫出聲，就好像自己也是凱絲美的員工一樣。於是我馬上安排了時間，在一月十七日時與社長見面。當天我向社長、經營企劃部門、總務部門等人詢問，在十二月九日之後發生了什麼事。我們見面的地方就是我第一次和社長會面的會議室，除了佐藤小姐之外，與會成員和當初完全相同。

從初次見面起還不到三個月，大家的表情已和當初完全不同，讓我印象相當深刻。在工作坊活動的隔天，社長比平常早三十分鐘抵達公司，卻發現已經有好幾個人在公司，精力充沛地沉浸在自己工作中。「感覺改成這樣做會更好」之類的積極發言此起彼落。數天之後，還出現了「業務單位和行銷單位一起去第一線聽取客戶的心聲」的情況，業務人員和行銷人員會兩兩配對，一起去拜訪客戶。這種做法讓凱絲美在十二月末獲得了一筆大訂單，順利達成了業績目標。

有人說，像豐田等卓越企業，他們的長處就在於「讓理所當然的事，自然而然地完成」。而對於凱絲美公司來說，實行「讓業務人員與行銷人員一起前往聽取顧客的心聲」這種「理所當然的事」，就是他們最成功的創新。

在這之後凱絲美的業績仍持續快速成長。即使遭逢了二〇一一年的東日本大地震，他們仍成功把新商品放上PLAZA與LOFT等新通路銷售，營收超過了預估的十倍，於是二〇一一年的營收與獲利也成長了不少。隔年的二〇一二年，凝聚了全公司的力量催生出的新產品再度大熱賣，這一年的營收與獲利更是大幅成長。原本連續九年赤字的公司，卻出現了連續三年的大幅成長，可說是奇蹟性的V型反彈。

第3節 若想重現「凱絲美公司的奇蹟」

開始介紹U型理論之前，我們先介紹了凱絲美的案例。或許有人會被這個例子感動到，也或許有人會覺得「真的可以靠U型理論做到這些事嗎？」，或者有些人可能會懷疑「反正你也只是加油添醋地把事情寫得很誇張吧？」。凱絲美的案例確實有些戲劇化，會懷疑它的真實性也是情有可原。但這毫無疑問是個真實案例。

我曾在研討會上提過數次凱絲美的案例，每次介紹時，十個與會者大概就會有一個流下淚來。而且還會有許多人提出以下意見與疑問。

「要是沒陷入凱絲美公司那樣的危機，是否就沒辦法實現這種奇蹟了呢？」

「要是這位社長沒有展現出如此驚人的領導力，是否就不可能逆轉局勢了呢？」

「世界劇演這種方法可以應用在什麼情況呢？一般的公司是否適合實行這種方法呢？」

「會不會只是因為凱絲美公司的規模剛好適合這種方法而已，要是公司規模再大一點，就不會發生這種奇蹟了呢？」

「這個案例中提到，在消除了業務部門與行銷部門的對立後，業績便持續成長。但業績之所以能持續成長，難道不是因為其它因素起了很大的作用嗎？」

這些質疑都很合理。我不否認凱絲美的重生可以說是匯集了各種因素後，才得以催生出來的奇蹟。就我們公司輔導過的案例來說，經過三個小時加上半天的工作坊後，就能出現如此戲劇性轉型的案例實在非常稀有。如果有人委託我要重現出同樣的奇蹟，就像是對棒球選手說「今天晚上請你一定要打出全壘打」一樣，即使是職棒選手也無法保證可以達成目標，只能由運氣決定能否發生奇蹟。而這裡要請各位關注的，並不是凱絲美的「奇蹟」本身，而是在產生奇蹟的「軌跡」（過程）。

達成這個奇蹟的過程，就像是基於U型理論的原理設計出來的飛機跑道，讓飛機在起飛之前能夠平順地前進。能否順利起飛、會在何時起飛，還得看「時機」決定。但至少我們可以用U型理論的原理，打造出容易讓飛機起飛的環境。

這也和助產士在協助孕婦生產的情況相似。助產士並不曉得嬰兒什麼時候會生出來，也不曉得會生出什麼樣的嬰兒，只能協助孕婦使其生產過程能更為順利而已。而新生凱絲美公司的誕生，以及邊哭邊喊著「很喜歡這間公司，很喜歡凱絲美」的宮澤小姐，就像新生兒的第一聲啼哭一樣。

那麼，U型理論究竟是用什麼樣的原理讓組織重獲新生的呢？我們將在第二章、第三章中詳細介紹它的原理。本章則主要著重在說明U型理論誕生的背景，以及用U型理論來處理哪些問題的時候，可以發揮出最大效果。

經過本章的介紹之後，讀者們應該就能夠明白到凱絲美公司所處的狀況，與讀者現在所處的狀況有什麼相似點。找到相似點之後，便可將U型理論的適用情形與面臨的問題互相對照，從中獲得線索，推論出自己應該要從什麼樣的角度切入，才能將U型理論套用在自己所處的環境。

第4節　基於各領域領導者的訪談建構出來的U型理論

就奧托博士所言，我們可以從許多不同的角度來描述U型理論的誕生背景。其中最值得一提的是奧托博士發現U型理論的契機，那是在進行某個計畫時發生的事。一九九四年時，世界級的顧問公司，麥肯錫的維也納事務所負責人麥可・戎格，向奧托博士提出了一個計畫。在奧托博士的書中描述如下。

我們在慕尼黑討論了許多關於領導力與組織化等耐人尋味的話題。在我們道別時，他問我有沒有興趣參加一個計畫，他想要訪問世界上在領導力、組織戰略能力方面最頂尖的思想家。「訪問結果會全數公開，所以這也可以做為你的博士後研究題目，我也會把這些內容用在麥肯錫的工作上。不僅如此，我還打算把這些內容在網路上公開，任何有興趣的人都可以使用這些資料。因為我們的目標是刺激人們的思考與創造力」。

我自然是欣然接受了這個計畫。在我回到波士頓之後，馬上就聯絡了許多人，和他們討論應該要訪問誰才好。數天內我們就整理出了一張思想領導者的名單，裡面包括學者、創業家、商界人士、發明家、科學家、教育者、藝術家等。他們都擁有最新穎、最富刺激性的思想。（節錄自《U型理論》英治出版 P 85。以下引用到《U型理論》的部分，為了在閱讀上看起來更流暢，故會稍作改寫）

這項計畫最後訪談了共一百三十名領導者，一部分的訪談記錄也公開在網站上（http://www.presencing.com/presencing/dol/index.shtml）。而奧托博士等人，就是從這些活躍於第一線的領導者的訪談中，整理出U型理論。

奧托博士以這個計畫為起點，進行各種研究後，得到了以下結論「**盲點在於，成功的重點並不在於做什麼（What）或怎麼做（How），而是做這件事的人（Who）有什麼特質**。換句話說，相較於領導者要做什麼、要怎麼實行，結果最終仍取決於領導者個人、團體成員**對自己的認知、讓每個人行動的源頭又是什麼**」。

這又是怎麼回事呢？現在請您就您自己本身思考看看，自己有沒有哪方面「想要變得更好」，或者有沒有「想要解決」哪個問題。可以是工作方面的事，也可以和是家人、朋友等私人領域的事。

想到特定的事之後，請再想想看，為了讓狀況變得更好，或者為了解決問題，至今您做了哪些事呢？之後您又打算要怎麼做呢？如何？您的腦海中浮現出什麼東西了嗎？

如果您從事業務工作的話，可能會覺得「想要整理名片」、「想要多約幾個客戶」之類的事。如果您是管理階層的人，可能會覺得「想要重新擬定戰略」、「想要召集全公司員工開一個會議」等措施。如果您是與學校教育相關的人士，可能會冒出「想訪談學生」之類的想法。如果您想增進和家人及朋友間的感情，可能會想要「一起出去旅行」之類的方法。不管是哪種解決方法，其假說都相當完美，實際上通常也會是有效的策略。

不過，這裡要請各位注意的地方是，這些回答幾乎都是要你「做什麼」（What），或者是「該怎麼做」（How）。除此之外，還有某些關鍵的東西，可以讓我們用更有效率的方式解決問題。奧托博士指出，這些關鍵的東西就是常被我們忽略的「盲點」。

我們可以用一種比較極端的方式來說明什麼是U型理論。U型理論並不是在討論「做什麼」（What）或「怎麼做」（How），而是藉由改變做事的「誰」（Who），使事情產生與過去截然不同、無法由過去的經驗衍生出來的變化。奧托博士等人訪談過那些能夠影響周圍、使周圍的人跟隨他的領導者後，洞察到了這一點。由此可以看出U型理論的獨創性與可能性。

我們可以簡單觀察出領導者們「做了什麼事，怎麼做這些事」、「達成了什麼目標」。然而，如果只要模仿他們就可以得到同樣的結果的話，每個人都能是超一流的領導者了。

如同我們在前言中提到的，活躍於大聯盟的鈴木一朗選手相當注重工具的保養，還有許多自我規定的動作，像是從板凳走到打席上要走幾步，盜壘成功時要拉起襪子，以手指插入安全帽耳朵部分的洞內等等。即使是棒球外行的我，也可以猜得到這些是幫助他集中精神的動作。

然而，即使我做這些動作，也沒辦法提高我的集中力，更不用說提高我的打擊能力了。這個例子可能有些極端，但由這個例子我們可以知道，光是知道「怎麼做」，仍無法獲得成功，還需要某些其它東西才行。

當然，模仿或者改變「做法」，也會有一定的效果。世界上有無數技能類的書籍，能掌握運用是非常重要的事情。但奧托博士指出，要想有突破的成果，單靠這點還是不夠的。

商場上，九〇初期以前，人們著重於業務效率化，也就是將「做法」最佳化，以確保公司的競爭力。但隨著ＩＴ化、數位化浪潮襲來，業務效率化已成為理所當然的事。即使有公司從業務效率化的過程中創造出某種新的概念，國內的其他公司，甚至是國際上的其他公司也能夠馬上學習到這種做法。也就是說，人們投注心血催生出來的附加價值，沒過多久就會變成「無價值」。現在就是這樣的時代。

汽車導航系統就是一個很好的例子。汽車導航系統剛問世的時候，汽車業就把它視為可以帶來源源不絕的獲利的「搖錢樹」，各家廠商競相研發功能更完善的導航系統。廠商的戰略是先開發出給高級車用戶使用的高性能導航系統，並以很高的價格販售，接著再慢慢降低價格，開發出適用於輕型汽車等大眾用戶取向的廉價產品大量販賣，以獲得最大的利益，可說是相當完美的戰略。

然而隨著數位化浪潮的到來，這個戰略馬上就成了「無價值」的戰略。手機的功能越來越強，其導航系統應用程式在這幾年內突然竄起，佔據了整個市場，使汽車導航系統市場難以繼續成長。

由此可知，在目前這個時代，要持續保持「做法」的優越性已是不可能的事。擁有創造性，能持續創造出目前不存在的東西，才是這個時代下的優越性來源。

就超一流的人們而言，他們的創造性、靈感、創新能力、領導力的泉源究竟是什麼？U型理論認為，養成這些能力的關鍵並不是「做什麼」（What），或者是「怎麼做」（How），而在於位於這兩者之外的「誰」（Who）的領域。

第5節 航太科技和養育小孩，哪個比較複雜？

U型理論是通過對世界超一流領導者的訪談之後的產物。我們已經談到，在追求高附加價值的現代，競爭力的根本即創造性能否得以發揮，正成為被關注的焦點。U型理論就是關鍵的答案之一。

透過研究「領導能力與創造性的泉源是什麼」、「如何有效發揮出泉源的功能」，奧托博士等人推導出了U型理論，並漸漸拓展研究方向，進一步瞭解「U型理論的實踐，潛藏著那些可能性」、「可以解決哪些問題」。在這個過程中，奧托博士等人發現，U型理論不只能夠幫助個人發揮領導能力與創造性，也能發展成可以解決各種複雜的組織問題與社會問題的商機。

一般來說，當我們面臨各種問題時，會想盡辦法規避或克服這些問題。確實，有時候我們的辦法很有效，可以順利解決問題；但有時候卻是治標不治本，只是把實際的問題延後處理而已。甚至在某些情況下，一直找不到方法來解決問題，只能束手無策地讓問題一再擴大。

說到難以解決的問題，包括全球等級的人口暴增、地球暖化、維護生物多樣性等規模很大的問題；也包括人際關係、夫妻關係、子女教養等存在於你我身邊的問題。

在與許多經營者討論後，我發現，在這個資訊爆炸、技術快速發展的時代，最讓他們頭痛的還是人際關係與組織關係的問題。這就像是永遠都解不開的難題一樣。

當我們碰上難以解決的問題時，往往會在不曉得這個問題難在哪裡的情況下，思考如何解決問題。譬如說，當我們碰上人際關係的問題時，為了阻止對方做出奇怪、讓人不快的舉動，並讓這些舉動盡可能不要影響到自己，我們常會試著分析對方，並積極與對方交流，然而這麼做卻往往會拉開與對方的距離。

當然，有時候在這些努力與計算之下，確實能解決一些問題，像是歪打正著地成功避免了事情發展成麻煩的狀況。然而許多時候，當我們面對包括人際關係的問題在內的各種問題時，不管做什麼都沒辦法讓事情好轉，反而陷入泥沼中難以轉圜。

碰到這樣的狀況時，首先**應該要判斷出自己碰到的問題是「繁雜性問題」還是「複雜性問題」**。

我把「繁雜性問題」也稱做「**拼圖型問題**」。處理這種問題時，就像拼拼圖一樣，要花上很多時間與繁雜的步驟，然而我們的最終目標相當明確，或者說我們確知事情的理想狀態是什麼樣子，故只要把問題分解成許多個部分，再將每個部分的工作分配下去一個個解決，還是可以慢慢處理完這類問題的。這屬於可解決的問題。

在弗朗西絲・韋斯特利（Frances Westley）、布蘭達・齊默曼（Brenda Zimmerman）、邁克爾・帕頓（Michael Patton）等人共同著作的《誰改變了世界——社會創新由此開始》（《Getting to Maybe: How the World Is Changed》，日文版為英治出版）中，將這類「繁雜性問題」的特徵整理如下。

毫無疑問，將火箭送上月球並不是一個簡單的任務。要完成這項任務需要一定的專業性，也需要能夠協調一群專家做事的人才。不僅要基於數學公式與最新的科學理論，預測出火箭的軌道，還得計算在各種條件下，分別需要多少燃料才行。這就是一個繁雜性問題。雖然繁雜，但只要將每一個小部分規劃好，接受各種測試、進行調整，確認通訊系統皆能夠發揮功能，在依照一定順序執行每一個步驟，就有很大的機會可以完成任務。而

且，只要成功將火箭送上月球一次，下一次的成功率也會提升。（原書 P 29）

我們常會把需要高度專業性、熟練的技能、聰明的頭腦才能解決的問題視為「複雜又困難」的問題。但反過來說，只要有上述能力，就可以解決這類問題了。這裡我把這類問題稱做「拼圖型問題」。

相較於此，我把「複雜性問題」稱做「魔術方塊型問題」。玩魔術方塊的最終目標相當明確，就是讓六面各自呈現出一種顏色。但麻煩的是，我們轉動魔術方塊時，並無法保證它比之前更接近最終目標。

當然，我們都很瞭解魔術方塊的玩法，然而當我們想把紅色那面湊齊的時候，之前好不容易湊齊的橘色那面很有可能會被迫拆開。也就是說，當我們想要完成整體目標的時候，在其它意料之外的因素的影響下，可能反而使我們離整體目標更遠。像這樣越是拼命努力，反而越讓自己陷入死胡同的情況，就是「魔術方塊型問題」的特徵。

魔術方塊型問題之所以比拼圖型問題還要複雜，是因為我們所做的某個步驟，會以出乎我們意料之外的形式影響到其它部分。然而拼圖型問題只要把拼圖一片片拼上去就好，不會影響到已經拼完的部分，只會越來越接進目標。當我們拼拼圖時，偶爾會碰上怎麼拼也拼不下去，抱頭苦惱的情形，如果這時剛好有一個小孩看到，或許他隨手拿起一片拼圖就拼到正確位置上了。拼拼圖很有可能發生這種事。

但是，玩魔術方塊時，如果不熟悉魔術方塊的玩法，要瞬間湊齊六面顏色是不可能的。這種**「顧好一邊就顧不了另一邊」的關係，又被稱做「相互依賴關係」**。

在剛才提到的《誰改變了世界》一書中，提到「複雜性問題」時，舉了養育小孩做為例子。

養育小孩是個複雜的問題。和烤蛋糕、發射火箭到月球不同，並沒有一個保證可以成功的規則。養過一個小孩之後或許可以累積一些經驗，但卻不保證用同樣的方式養育下一個小孩時也會一樣順利。當過父母的話應該都知道這點。或許有些父母會參考由專家所寫的育兒書籍，但奇怪的是，這些書籍幾乎都沒什麼幫助。這是因為，孩子在成長過程中，會在父母觸及不到的情況下，接受各式各樣的刺激，逐漸改變。做蛋糕用的麵粉不會突然改變心情，地球的重力也時常保持一定。然而孩子卻有著自己的心靈。因此，養育孩子這件事一直都是一種『交互作用（interaction）』，完全順著父母的意養育而成的孩子幾乎不存在，孩子是在親子間的交互作用中逐漸長大的。（原書P 29）

拿發射火箭和養育孩子來比，然後說「養育孩子比較複雜」，或許會讓許多人會覺得很奇怪吧。養育孩子之所以複雜，是因為親子間存在「相互依賴關係」。對於小孩子來說，雖然知道父母之所以會為自己做那麼多事，是因為父母愛著自己，但孩子們也常會覺得他們管太多不是嗎？相反的，對於那些有養育孩子經驗的人來說，明明是為了孩子才付出那麼多，卻被冷眼相待，做越多反而讓孩子離你越遠……想必這種情形也很常發生吧。

如果養育孩子是「拼圖型問題」的話，只要把問題一個個找出來，然後再一個個解決就行了。但如果這麼簡單的話，這個世界上也不會有討厭念書或走上歪路的少年少女了吧。

我有一個從國小到國中都和我同班的好友，他在國中以前都一直保持著全學年前幾名的優秀成績，但進入高中後，成績卻一落千丈，讓他考大學的時候相當辛苦。這中間當然有各種原因，不過我認為最大的原因出在他的父親。他每天回到家之後，到了該念書的時間時，他坐在桌前，他爸爸則會拿著竹劍站在他背後。要是他打瞌睡或者偷懶的話，他爸爸就會用竹劍打他。當然，要是他成績變差的話也會被他爸爸罵，監視又變得更嚴格，不只讓他學習的效率變差，也傷到他的自尊心，讓他的成績越來越差，陷入「惡性循環」。

旁邊的人看到這種情況，可能會想要對他爸爸說「這位父親，這種做法是錯的！」。但可惜的是，爸爸或許不敢說自己的方法最好，但認為這起碼會有一定的效果，所以不會放棄這種做法。於是，爸爸便無法自行注意到自己讓兒子受了多少苦，也就是說，爸爸很難注意到自己和兒子之間存在著相互依賴的關係。

處理越複雜的魔術方塊型問題時，越容易出現超出自己掌控範圍的影響。即使我們知道會產生這些的影響，實際上卻難以將這些影響一一解決。事實上，確實有人宣稱可以解決這類魔術方塊型問題，並嘗試說明解決方法，但我從來沒聽說過有哪個人真的能用這些方法，完全解決周遭的人際關係問題。

魔術方塊型問題不只出現在我們與周遭人們間的人際關係，在組織與社會中也常可看到這類問題。

舉例來說，我們常可看到有些社長會嘆著氣抱怨員工的目光短淺，只在意三年內會發生的事，一點危機意識都沒有。然而當我接受社長的委託，辦一場公司幹部研修會，或以中階主管為對象的研修會時，卻又會聽到這些主管抱怨社長總是一意孤行，沒有把主管們的話聽進去，不管提什麼案子都會被拒絕，最後這些主管們只好選擇放棄。

實際與社長或這些幹部交談，聽完兩邊的說法之後，做為第三方的我馬上就能明白，兩邊的不滿、對問題的看法，以及希望的解決方式都相當片面，正好就是一種「魔術方塊型問題」。

當然，在少數例子中，社長確實是個一意孤行的人，完全聽不進別人的建議；但大部分的社長並非如此，然而他們卻在不知不覺中給了其他人獨斷獨行的印象。

社長常希望幹部、員工等人謹慎思考後再發言，而社長知道自己的發言有很大的影響力，故一開始並不會隨便發言。但要是其他幹部、員工都只會看氣氛說話，或者只會說出很抽象又模稜兩可的話，讓人覺得他們不想為自己說的話負責的話，社長也會開始動怒，開始覺得這些人說的話怎麼那麼目光短淺。如果這時候底下的員工又說出「請社長告訴我們公司未來的展望與方向，我們會遵從這個目標」這種聽起來像是放棄思考的發言，讓社長認為「底下員工只會聽從社長的交代辦事」的話，便會開始覺得這些討論只是在浪費時間，一怒之下說出「這種事還要我這個社長來告訴你們嗎？」之類的話。又因為討論一直停滯不前，只好隨便做個結論，趕快結束會議。

若一再出現這種場景，社長便會逐漸覺得「公司內根本沒有人靠得住」。做為最終決策者的社長，後面沒有人能再幫他承擔責任。在這樣的責任感下，不只是假日，連泡澡的時候或者是清晨散步的時候，社長的頭腦內都會一直自問自答，並逐漸養成習慣，想要將自己的目光拉得更長更遠，進一步強化自己的假說。要是一直得不到答案的話，就會向公司外的經營者或專家尋求意見，反覆進行高水準的討論，進而形成一套不會輸給公司內任何人的理論。

另一方面，對幹部和員工來說，雖然社長擺出願意傾聽意見的樣子，但要是底下的人提出的意見和社長的假說稍有不同的話，就會遭受尖銳的批評，並被迫聽社長宣揚自己的理念。明明社長不瞭解現場的複雜情況，卻想要指指點點每個細節，部下們在發言時只好更加慎重。

如果社長底下有很多幹部或主管的話，這些幹部與主管就更害怕被社長的心血來潮的想法捲進去，帶給他們更多麻煩。明明這些幹部、主管都不怎麼認同社長的想法，卻必須用「這是社長的命令」之類的說詞說服他們的部下。這種情況要是持續下去的話，底下的人就會越來越不信任這些幹部或主管。為了不讓這種情況發生，這些幹部或主管會盡量避免與社長衝突。於是，當主管們在會議中詳細報告公司狀況時，即使自己知道內容充滿各種可以吐槽的地方，也會選擇用模稜兩可的說法混過去，用防禦性的發言方式應付完整個會議。

另外，為了不讓社長朝令夕改，或者心血來潮做出突如其來的決策，這些幹部或主管會要求社長決定好公司的方向，並做為領導者帶領大家前進。做為部下的他只要跟隨社長的腳步，依照進度報告狀況，就不會有什麼問題了。

當社長想走的方向和部下想的不太一樣，甚至剛好相反時，只要這些部下一想到「公司的方向最後還是由社長決定」，就很難向社長提出反對意見。因為這麼做可能會被社長當場責難「既然你這麼說，就先把你的部門的成果拿出來看看吧」，甚至連自己底下員工的能力不足都需由自己負責。這使得幹部或主管拿不出和社長交鋒的勇氣，只能用陽奉陰違的態度面對社長。

長遠來看，社長的意見並沒有錯。經過三五年後，狀況或許就像社長說得一樣吧，所以幹部、主管們自然難以激烈反對。但這畢竟是沒親臨第一線的社長提出的意見，和現場狀況會有一定落差。然而，知道這點的幹部、主管們即使想試著詳細說明現場狀況，請社長理解現場人員的難處，也只會被社長說「這種事難道現場人員不能自己處理嗎！」，社長根本不傾聽，並被當成是不想遵從社長命令的藉口，讓它們覺得「不管說什麼都沒用」。

明明自己花了很大的心力在第一線試圖找到一個適當的平衡，以利業務運作，但卻因為由上而下的管理機制，使現場狀況容易被不熟悉現場的社長的一句話打亂，讓現場人員陷入孤立無援的疲弊感，於是幹部、主管們便越來越不想積極參與管理上的決策，只能說服自己「自己做再多都沒用，因為公司的方向全由社長一個人決定」的想法。

從第三方角度來看的話，很容易可以發現，**雙方的態度和說詞，就是觸發對方負面反應的導火線**。然而當事雙方卻沒辦法站在第三方的角度，觀察自己的態度與說詞，故難以察覺自己正在引起對方的負面反應。

這種難以察覺的相互依賴關係，正是魔術方塊型問題難以解決的原因之一。不管是組織層級，還是社會層級，都很常出現這樣的問題。這種魔術方塊型問題，很難用我們熟知的方法，或者說很難用處理繁雜型問題的方法解決，一個不小心，反而可能會使狀態惡化。

U型理論就是為了解決這種複雜型問題而產生的理論，它可藉由新的觀點與新的處理方式，實現至今不曾有人使用過的創新方法。

第6節 讓「事態變得無法掌握」的三種複雜性問題

接著我想再多說明一下什麼是「複雜型問題」。我認為，如果大家對這類問題瞭解得更為透徹，應該就更能明白為什麼U型理論所提出的問題解決過程會是那樣的過程了。

奧托博士認為，複雜型問題可以依複雜的形式分成三種。這三種形式分別是「動態複雜性」、「社會複雜性」，以及「新興複雜性」。即使問題只包含了其中一種的複雜性都很難解決了，更不用說包含了多種複雜性的複合式複雜型問題。

1 動態複雜性 「原本覺得好處才做的事，最後卻給自己帶來麻煩」

首先是第一種，「動態複雜性」。**這種問題是由多種因素相互作用交雜而成，且其原因與結果橫跨了很長的時間與很大的空間，進而形成了動態的複雜性。**經濟全球化雖然使世界各地連結在一起，為人們的生活帶來便利，但也因此，使得世界上某個地方發生的事更容易影響到世界的另一端，造成全球性衝擊的事件也越來越頻繁。

舉例來說，二〇〇八年九月十五日時，投資銀行雷曼兄弟面臨破產危機時發生的雷曼衝擊，敲響了世界金融市場的警鐘，在金融風暴的影響下，日本也受到了很嚴重的損害。雷曼兄弟的負債總額高達六千億美元（約六十四兆日圓），可說是史上規模最大的破產。然而一個位於美國的投資銀行的破產，居然能夠造成全世界的金融風暴，由此可以看出全世界的市場都緊緊牽連在一起，是一個相當複雜的系統。

而且雷曼衝擊，絕不是由雷曼兄弟經理人一個人的錯誤所造成的。以二〇〇七年的次級房貸問題為始，美國社會的負債越來越高，泡沫破裂的危機一天比一天大，由此看來，風暴隨時都有可能發生，而且早已難以判斷出誰是整起事件的元兇。

幾乎所有企業都沒辦法逃過這場風暴，任何地方的任何一個人都有可能影響到自家公司的命運。這種狀況正好體現了空間上的複雜性。

動態複雜性的問題中，原因事件與結果事件在時間上可能會拉得很長。比方說，福島第一核電場事故，至少會影響我們五十年以上，而這些影響會以各種形式呈現在我們的生活中。就拿工程安全來說，建造核電廠時所預估的海嘯高度，是用數十年前的方式計算出來的，換言之，二十世紀所建立的假說，可以影響到二十一世紀的大半事物，決定二十一世紀的樣貌。

看到以上例子，或許會讓你覺得動態複雜性問題都是些規模很大的問題，但事實並非如此。譬如說，企業高層的指示朝令夕改，使第一線變得相當混亂；或者是導入新系統時程式出現差錯，使整個公司的業務全部停擺，甚至演變成會上新聞的重大事件，影響到各層面的事務。這也是動態複雜性問題的一個例子。

一言以蔽之，動態複雜性問題的特徵，就是這個問題造成的影響超過了我們所理解的範圍、超過了我們可以控制的範圍，使這個範圍之外的各種事物出現變化，並以我們無法察覺的形式互相影響，形成一個相當複雜的問題。

《系統性思考——複雜性問題的解決方法》（約翰．D．斯特曼（John D. Sterman）著，日文版由枝廣淳子、小田理一郎共譯，東洋經濟新報社出版 P 53～P 74）中，提到了一個鮮明的例子，讓我們更容易理解這種動態複雜性問題的特徵。那就是一九九〇年代時，美國汽車製造商租賃販售策略的失敗。這裡讓我們擷取出其中重點，用較簡略的方式介紹這個例子。

一九九〇年代的美國陸續出現了許多中古車的大型販售店。這些店的營收總額在一九九二年時還是零，但到了一九九八年時，卻增加到了一百三十億美元。而在一九九五年時，通用汽車的經營團隊中，有人提出中古車的大型販售店可能會影響到新車市場，之後，升格為通用汽車北美區執行長的榮恩・札瑞拉（Ron Zarrella）指派部下調查中古車大型販售店的詳細狀況。

在這之前，幾乎沒有人認真調查過中古車市場。一九九〇年代初期的資料指出，「新車購入者平均會開這台新車六年，大部分的人至少也會開四年以上」。因此，人們普遍認為「使用者傾向於長期開同一台車，故中古車不太可能取代新車市場」。一九九四年六月三日，美國的華爾街日報刊載了一篇報導，其中提到福特的銷售事業部門高層人員的評論，他們認為「事實上，新車市場與中古車市場可以說是兩個完全不相干的市場」。

但在通用汽車的調查開始之後，卻漸漸開始發現一些未曾浮現出檯面的事實。原本車主在購入新車，開了六年之後，就會把它賣掉再購入新車。然而這種簡單的消費結構，卻在這幾年內出現了「瘋狂的」變化。

事實上，中古車大型販售店之所以會有那麼多很有魅力的中古車商品，就是因為那幾年的新車品質提升了不少，再加上汽車廠商悄悄進行了「某種促銷策略」，那就是「租賃販售」。這是一九九〇年代初期的汽車業界，「為了提升營業額而採行的正確販售方式」，並引起了很大的關注。

隨著新車品質的提升，車齡二至四年的中古車在市場上的價值也比過去高了許多，因此車輛在租賃期間結束後的殘值，也設定得比過去還要高。而殘值設定得比較高，就代表能夠壓低租賃價格。這麼一來，不僅能減輕消費者的負擔，還能夠縮短租賃期間至二到四年，之後隨即投入中古車市場，有助於活絡汽車市場。

考慮到「換新車的需求」，我們可以想像到，這可說是一個劃時代的販售模式，有助於刺激的新車販售。但這中間其實有個陷阱。事實上，租賃期間結束後，里程數少、車齡也很短的「準新車」便會流入中古車市場，使中古車市場的新型中古車迅速增加，導致其價格下跌。這會讓部分原本想要買新車的消費者，轉向購買便宜、品質也還不錯的新型中古車，形成新車市場的絆腳石。

不僅如此，由於和租賃結束後的中古車殘值相比，中古車市場上的新型中古車價格比較便宜，故選擇歸還汽車的消費者比例會增加，選擇買下租賃汽車的比例會下降。而這又使得新型中古車變得更多，價格又進一步下降，形成惡性循環。

簡而言之，為了促進新車的銷售，車商設定了較低的租賃銷售費用。然而越是促進汽車租賃銷售市場的發展，新型中古車對消費者的吸引力就會越來越高，逐漸超過新車對消費者的吸引力，進而搶走新車銷售市場。也就是說，車商為了提升眼前的銷售額所做的策略，卻在不知不覺中把自己逼進了死路。

中古車大型販售店對車市造成的衝擊，其實是汽車製造商的銷售策略所產生的副作用。看到這裡，或許您已明白汽車市場中各個角色間的關係，但對於當時的業界高層來說，雖然他們知道租賃結束後的車輛，會有一部分回流到市場，但卻沒想到這些中古車會對新車市場造成那麼大的衝擊。《系統性思考》的作者約翰・D・斯特曼指出了這一點，並引用了以下發言。

市場對於租賃期間結束的汽車的需求，將近供給的三倍。因此租賃期間結束後的汽車，並不會造成汽車業界成長的瓶頸。（通用汽車租賃銷售幹部的發言。一九九四年十一月二日的今日美國報）

富裕階層的消費者是不會購買已經開了五萬公里的汽車的。（美國底特律地區，凱迪拉克經銷商的發言。一九九四年六月三日的華爾街日報）

順帶一提，通用汽車為了緩和租賃銷售的負面循環，將兩年期間的租賃方案廢除，延長租賃期間為三十六個月到四十八個月。然而其它競爭對手依然保持租賃短期化的策略，想當然耳，消費者就會優先選擇其它車廠的產品，換言之，廢除兩年期間的租賃方案，明顯會降低通用汽車的競爭力，使通用汽車短期內的營收與獲利下降。書中提到，許多品牌經理、品牌分析師大力抨擊通用汽車的這項政策，有興趣的讀者歡迎參考該書。

由以上報紙的發言，以及品牌經理等人的反對聲浪可以知道，**碰上動態複雜性問題時，如果身在其中，常容易輕視根本的情況變化**，或者根本沒辦法發現情況變化。這種認識與思想上的誤解，也是引發接下來提到的「社會複雜性」的原因之一。

2 社會複雜性「自己死後才會發生的事，隨便怎樣都行」

第二個要介紹的是**「社會複雜性」。當相關人士間的價值觀、信念、利害不一致，或者因為經驗上的差異而有不一樣的想法時，就會出現社會複雜性問題。**與不容易發現其複雜性的動態複雜性問題不同，我們可以輕易從一些對話中看出這種問題，譬如說「我和那個人合不來」、「光是講話就覺得厭煩」、「價值觀差太多了」之類的。這些情況常出現在我們的日常生活中，例子可說是不勝枚舉。

在家中，夫婦之間常會因為對孩子的教育方針，或者對金錢的使用有不同的意見而爭吵起來。而在公司，想要積極投資，以提升營收的事業部，與要求數字做為根據，避免資源無端浪費的財務部常彼此對立；從別的公司轉職過來的員工，以及大學畢業後就進公司的員工對公司可能會有不同的想法；企業合併後，哪一邊要配合哪一邊的業務，以哪邊的流程為主之類的摩擦；正式員工、契約員工、派遣員工之間對工作可能有不同的觀點。就像凱絲美公司的例子那樣，從總公司派來的員工和凱絲美原生員工之間，存在著看不見的牆壁。這類問題可以在許多地方看到。

而像是減少二氧化碳排放這種全球性的問題，也有一樣的情況存在著社會複雜性。先進國家呼籲大家「目前情況已刻不容緩，請大家一起攜手解決這個問題」，然而開發中國家卻主張「現在二氧化碳之所以那麼多，不就是因為你們先進國家之前排放了很多二氧化碳的關係嗎？我們才沒有義務回應你們的要求」，兩者就像平行線一樣沒有交集。

問題的社會複雜性越高，就越難用討論的方式來解決。以幫助種族隔離政策後的南非政府解決問題、促進內戰後的哥倫比亞政府與反政府組織對話聞名的U型理論實踐者，亞當・卡漢（Adam Kahane）曾說過**「當社會複雜性很高時，人們常會想要用暴力壓制對方的方式解決問題」。如果用暴力還沒辦法解決問題的話，常會以妥協為由，拖延問題的引爆時間。**

我們常以為，問題「只要說清楚就好」，若能適當溝通討論，就沒有解決不了的問題。但如果碰上以下狀況，你能保證人們可以透過討論得到結論嗎？

- 要是接受了這個結論，就會讓自己和同伴們蒙受重大損失。
- 雙方都覺得對方的結論和自己的結論有明顯的差距，且認為對方是因為見解過於淺薄，才會得到那種結論。

- 對未來的事想像過度。覺得對方為了某些還不知道會不會發生的事，做了很多準備，卻造成短期內的損失。
- 彼此對於動態複雜性問題的認知有落差，對於狀況的理解有很大的差異。
- 彼此在宗教觀、哲學觀等牽涉到身分認同的價值觀上互相衝突，且都不願意在這方面做出讓步。

為了讓各位更加具體瞭解社會複雜性高的問題是什麼樣子，就用我自己的親身經歷當做例子吧。我以前住的是一棟有兩百個住戶的大型公寓。與一般的公寓相同，住戶會組織管理委員會以及各種輔助管委會的委員會，自主管理公寓事務。日常事務會由例行性的管委會決定，重要事務則會由一年一度，所有住戶皆有表決權的年度會議決定。

管委會的委員由各戶輪流擔任，任期為一年，然而各委員參與會議的積極程度有所落差。其它委員會的成員們則比較積極，營運品質相對比管委會還要好。而每個公寓住戶的持有目的、生活型態等方面各有不同，價值觀與優先順序也有所差異。大致可以分成以下幾種。

1. 從公寓剛建好時就買下了這裡的房產，年老後也預計住在這裡的現役勞工。
2. 買下這裡的中古屋，預計長期持有的屋主。

3. 未來一定會賣掉，預計短期持有的屋種。
4. 已退休的勞工，預計在這裡度過退休生活的屋主。
5. 家中有需照顧的老人的現役勞工。
6. 以房東身分租給其他房客收租金的屋主。
7. 擁有公寓中可開設店鋪之房產的屋主。

當時的我屬於第二種「買下這裡的中古屋，預計長期持有的屋主」。我入住時，公寓的屋齡正好屆滿十年，準備隔年就要進行第一次大規模修繕工作。我在大規模修繕工作的第二年加入管委會，擔任副會長。前一年度的管委會已決定了大規模修繕工作要如何進行，本屆的管委會則需判斷公寓的老舊狀態，持續修正之後的修繕計畫，並訂立未來的財務規劃。

這棟公寓落成至今已過了十年，在財務委員會的長年活躍下，修繕費用與公寓的管理費從來沒有漲過，還能夠持續運作。不過，在這次大規模修繕工作結束後，要是沒有漲價的話，十多年後財政狀況就會面臨危機，於是我們希望能在管委會與住戶年度會議上取得大家的同意，稍稍調漲管理費。

公寓規約中有提到，每過十年，必須制定新的修繕計畫，使公寓在未來二十年仍能保持其面貌。所以我們相信只要照著步驟進行，就能順利處理好這件事。而且幸運的是，我們這屆的管委會中，負責財務管理的人曾經在金融機關內工作過，他用二十張A3紙模擬出未來的詳細財務情況，提出了三個方案，在理論上可說是無懈可擊。

我看了這些資料之後，深深相信「管委會應該會同意調漲管理費，順利送至年度會議討論才對」。然而這個議題卻停留在管委會內討論了好一陣子，一直沒辦法討論出個結果來。原因很簡單，大家覺得一次調漲數千日圓實在太多了。

會議中，各個委員與屋主紛紛發言，就連平常對發言沒什麼自信，一直保持沉默的人，只要一碰上錢的問題，也都會以居民的身分站出來發表自己的主張。

管委會中如前所述，包含了七類住戶。除了第5類和第6類住戶之外，其他類別的住戶在價值觀與優先順序上，皆有很大的差異。其中，最容易起衝突的就是第1、2類住戶所構成的團體，以及第3、4類住戶所構成的團體。

要是現在沒有調漲管理費的話，公寓的財政狀況會越來越差，想必不久後的某天，一定有必要突然大幅調漲管理費。對於預計要長期持有房產的第1、2類住戶來說，管理費大幅上漲，會讓他們付不起修繕儲備金與管理費，只能搬遷到比較便宜的公寓。然而就算想要搬出去，也很有可能因為之前沒有好好修繕這間房屋，使其資產價值偏低，沒辦法賣出好高的價格。

與之相較，第3、4類住戶在二十年後很有可能不再擁有這個房產，只會考慮到自己還活著時的情況，故心中其實不太願意繳追加的修繕儲備金和管理費。

特別讓我驚訝的是「4.已退休的勞工，預計在這裡度過退休生活的屋主」的主張。其中也包括了已經超過了六十歲，接近七十歲的老人。他們常說「二十年後自己已經不在這個世界上了」。

確實，以目前的情況來說，光靠老人年金過活已經有點辛苦了，要他們思考二十年之後的計畫，就算這個計畫在理論上再怎麼正確，想必他們也覺得這和自己沒有關係吧？

然而，管委會在決定事情的時候，不能特別優待個人，而是要找出適合所有人的方案才行，但卻一直找不到「應有的結論」。過程中，有人持續主張「總而言之，我們家認為費用漲太多了，我們是不會付的」，聽得我目瞪口呆。於是會議空轉，討論逐漸失去理論上的根據，只得讓負責財務規劃的人重新計算，製作出幾個妥協後的方案。

會議到最後還是沒能討論出最終結果，這讓平常個性溫厚的管委會會長也扯著嗓子說「管委會會長的責任很重大！你們懂我的心情嗎！」然後手往桌子用力一拍，做為結束會議的信號。我不曉得為什麼這個時候會長會突然說出「管委會會長的責任重大」這種話，但我至少知道這件案子又得既續拖延下去了。這就是一個因高社會複雜性造成組織混亂的例子。

在這之後仍會持續住下去的人們，以及不久後便會「離開人世」的人們，兩者間存在利害衝突，彼此對立。以最適合全體住戶的方案為優先、重視計畫邏輯合理性的信念，以及無論如何都不想漲價、不想付錢的信念互相牴觸，使討論完全無法進行，這件事讓我有深刻的體驗。如亞當．卡漢所說，管委會會長憤怒的一句話，就是想要「以暴力壓制對方」。雖然強制結束了對話，卻只是埋下了禍根，將問題延後處理。

這個管委會的案例看起來是個案，但我們卻可以在企業中看到許多類似的事。特別是公司內的管理階層，對於公司經營的看法很少會完全一致。有些社長還會把溝通過很多次仍無法達成協議的對象稱做「麻煩份子」，並把他們聚集到同一個事業部，一起賣給其他公司，進行「肅清」。這種方法雖然可以「處理」調眼前的問題，但很有可能會留下禍根，或者只是把問題往後延，等問題真正爆出來的時候便為時已晚。

3 新興複雜性「該怎麼做才好呢？」

第三種是「**新興複雜性**」。**這是因為當事者碰上了不曾碰過的狀況，無法預測之後變化時所產生的複雜性**。奧托博士指出，這種複雜性的漩渦中，各種不連續的變化使其具備了三項特徵。

【特徵1】不曉得問題的解決方法
【特徵2】不曉得問題的全貌
【特徵3】不曉得誰是主要的利害關係人

像是美國同時爆發的多起恐怖攻擊事件，或者是福島第一核電廠事故爆發後出現的問題，就有著特徵1、2所指出的「新興複雜性」。

蓋達組織居然會劫持飛機，還讓飛機飛入紐約的都會區，直接撞上高樓。當時，誰都想不到居然會發生這種事。這樣的恐怖行動出乎人意料之外，也讓人們無從預測在這之後還會出現什麼形式的恐怖攻擊，又會發生在哪裡，進而造成全世界的恐慌。

而在福島核電廠事故中，在發生氫爆之後，想必也有不少人因為不曉得之後還會發生什麼事而陷入混亂吧。「爐心熔毀」、「毫西弗」、「微西弗」、「貝克勒」等讓一般人摸不著頭緒的文字突然充斥在生活中，讓人不禁想問，應該要去哪裡避難呢？現在走在外面還安全嗎？——現在想起來，當時的自己還真的是處於一片慌亂，無法靜下心來判斷事情的狀態。

當我們處於過去不曾經歷過的環境中時，便容易陷入「新興複雜性」。不過，新興複雜性問題並不僅限於美國恐怖攻擊事件或福島核電廠事故這類突發事件。

一九五〇年代時，全球人口只有二十五億人，六十年後的二〇一一年卻超過了七十億人，人口爆發亦屬於新興複雜性問題。除此之外，像是地球暖化問題、生物多樣性危機問題等，皆含有前述新興複雜性問題三個特徵的第3個特徵。這些問題都是人類有史以來未曾遭遇過的問題，且問題的嚴重性涉及了所有人類，規模之大亦前所未有。

許多科學家從各種不同的角度進行模擬，想瞭解這些問題帶來的影響。卻仍難以確定問題的嚴重程度、規模大小、發生時間等；亦難以界定不同族群間的利害關係，判斷出誰是主要的利害關係人。

提到規模龐大的問題，可能會讓您想到各種社會問題，然而擁有新興複雜性的問題並不僅限於社會問題。

就拿養育孩子來說，對於有孩子的父母來說，孩子就是一個新興複雜性問題。我們很難推論出孩子是受到誰的什麼影響而成為了今天的樣子，或者是要為孩子做哪些事、要怎麼做，才能幫助到孩子。坊間的各種說法都流於假說，還是要親自摸索過，才能明白孩子的狀況。然而有時，在摸索之後，卻會讓家長成為前面提到的那個拿著竹刀監視兒子讀書的父親。當子女足不出戶，或者是有憂鬱傾向時，父母卻因為自己年輕時沒有陷入這種狀況的經驗，也常煩惱著該如何與子女接觸。

在企業經營方面，過去國內市場有著很高的進入障礙，然而在ＩＴ化之後，進入障礙越來越小；老年化造成國內市場的成長碰上瓶頸，只好加強企業的國際競爭力。這些狀況都屬於新興複雜性問題。另外，員工數成長到公司有史以來的最大規模；公司合併後，出現許多難以由過去經驗預測的狀況等等，都是很常見的事。

第7節 U型理論是克服三種複雜性的關鍵

越是瞭解這三種複雜性，越能發現我們生活中實際遇到的「麻煩問題」，有不少就屬於這些「複雜性問題」。這時，可能會讓您出現「我有察覺到問題存在，也知道這屬於『複雜性問題』。那麼，究竟該怎麼處理這些問題呢？」之類的疑問。而這就是U型理論存在的意義。

亞當・卡漢整理出了三種複雜性問題的解決方法，並依照其效果由低排到高，製成「圖表1－1三種複雜性問題與處方籤」。

當我們碰上問題時，往往會採用過去我們習慣的方法來解決，像是「詳細分析狀況，找出原因，個別處理」、「聽從專家的意見，由有權力的人來主導」、「參考過去的成功事蹟」。除了在商場之外，在各式各樣的領域中，也都將這些方法視為最佳方案。就像是「三神器」一樣，從來沒人懷疑過它們的效果。

圖表1-1　三種複雜性問題與處方籤

三種複雜性問題	低效果的方法	高效果的方法	過程、處方籤
1. 動態複雜性問題 原因與結果橫跨了很長的時間與很大的空間，進而形成了動態的複雜性	〔切分成一個個小問題〕 •分析式的方法，適合處理個別問題的方法 •治標不治本的方法	〔綜觀整個系統〕 •整體性方法（著重於各元素的交互作用，將所有問題視為一個動態「系統」看待）	系統性思考
2. 社會複雜性問題 相關人士的價值觀、信念、利害彼此衝突，進而形成了社會的複雜性	〔專業性與權力〕 •由專家主導解決 •依賴權力與權威進行決策	〔讓相關人士能互相理解〕 •讓有利益衝突，或者價值觀不同的相關人士互相理解，進而解決問題	參與
3. 新興複雜性問題 由難以預測的變化所產生的複雜性	〔承襲過去的做法〕 •最佳實務法（Best Practice） •應用過去的實例，過去的成功模式	〔由正在生成的未來中突然湧現出來的想法〕 •未來實務法（Next Practice） •並用頭腦、心靈、雙手的知性，藝術性的實踐	突現

出處：Changelab（由亞當．卡漢提供的資料），經PICJ修改了部分內容

亞當．卡漢卻指出，就是因為這些方法沒辦法真正解決問題，才會逐漸累積成大堆問題。而且，這些方法的副作用又會產生其它問題。這就是為什麼上述方法在解決「複雜性問題」時的效果很差。

U型理論，就是實踐高效果解決方法的指標。在接下來的第二章與第三章，我們將會解釋什麼是U型理論；而第四章將會介紹實踐U型理論的具體方法。

第2章

U型理論所引發的典範轉移

第1節 如「分娩體驗」般的U型理論實踐

聽了我對U型理論的說明之後，人們大致上會出現兩種反應。一種是「感覺U型理論很難理解，而且和我沒什麼共鳴」，另一種則是「我完全可以瞭解這個理論在講什麼，簡直就是在說我自己的經驗，太讓我吃驚了」。

奧托博士在對別人說明U型理論的框架時，也有許多人表示「這對我來說並不是全新的東西，只是我以前不曉得自己知道這些東西」。這些人包括組織的領導者、第一線的領導者、學校校長等承擔著系統性改革責任的人們，以及從事專業性工作、以創造新事物為主要工作內容的人們，他們都有著類似的反應。

就我的經驗而言，越常從毫無線索的迷霧中找出答案的人，越會有「我知道這個理論在講什麼」的感覺。對於U型理論的理解程度之所以會分成「很難理解」和「一聽就懂」這兩個極端，是因為「有沒有類似經驗」會造成理解的差距。而就算是有相關經驗的人，也很難用言語來表現出自己的感覺。

這就像是男性沒辦法理解分娩時的疼痛與幸福一樣。就算對男生說「分娩時的疼痛，就像是從鼻子生出西瓜一樣」，男生也沒辦法理解到底有多痛，只會讓嘗試說明的女性覺得「實在很難用言語傳達我的意思」。這種情景應該不難想像才對。

也就是說，要是沒有類似經驗的話，就很難理解U型理論。而為了要說明這個很難說明的理論，以下我列出了三個可做為提示的新觀點，藉以促進典範轉移的進行，將過去框架轉換成新的樣子。

【觀點1】向正在生成的未來學習

【觀點2】著眼於行動的「源頭」

【觀點3】著眼於社會場域的三個過程

第2章將透過這三個觀點，說明U型理論的典範轉移。

第2節

【觀點1】從「向過去學習」轉變成「向正在生成的未來學習」

首先是第一個觀點，「向正在生成的未來學習」。在介紹這個觀點之前，先讓我們看看與之相反的思考方式。

我們自年幼起，就被鼓勵要反覆學習某項事物，並從失敗的經驗中學習。雖然學習什麼項目、能學到多少，依個人情況而有所不同，但學習模式本身卻相當類似。

由「計畫」(Plan)、「付諸行動」(Do)、「評價結果」(Check)、「實行改善措施」(Action)組成的PDCA循環，是代表性的方法。這種方法在現在的工商業現場也被認為是絕對的規則，甚至可以說是神聖的準則。奧托博士將這種回顧過去發生過的事、從過去經驗中學習的方法，稱做**「向過去學習」**。

在解決某些問題時，PDCA循環這種「向過去學習」的方法，不管是過去、現在，還是未來，都可以發揮出一定的效果。但奧托博士認為，如果碰上第一章中介紹的複雜性問題，PDCA循環就束手無策了。特別是「新興複雜性問題」。既然想解決的是過去不曾碰過的問題，靠過去學到的經驗顯然有所不足。

U型理論中，提示了「向正在生成的未來學習」這個新觀點。這樣的想法不只讓人覺得違和，可能還會讓人有些抗拒，因為它和我們過去習慣的「向過去學習」意義完全不同。「向過去學習」時，我們會回顧那些過去已經發生的事，進行分析，訂立新的假說，然後推導出答案。與之相較，「向正在生成的未來學習」則是深掘自己的內在，將原本就深藏於內在的東西湧現出來，使其具現化成某種形狀，賦予其血肉。這就像是藝術家依照從內心湧現出來的靈感動起雙手，在偶然中完成了某種基礎，然後再於這個基礎之上，動手完成最後的作品。

事實上，U型理論的實踐方法中，就有一種方法是將黏土、包包內的化妝用品、手機、橡皮擦、錢包等小道具全部放在桌上，不預設任何前提，讓參與者憑直覺動起雙手，製作出某種東西之後，再思考其意義、製作行動計畫。

當我們「向過去學習」時，會先驗證過去計畫的實行結果，再訂定下一個計畫。這個過程中，我們會用頭腦謹慎思考每一個步驟，實行計畫時也會先預設之後會有甚麼樣的發展，可以說是左腦式的思考方式。相較於此，「向正在生成的未來學習」則讓人有種飄忽不定、有些不踏實的感覺，但多數人在這個過程中，會有種確信某種未來一定存在的感覺。

在我的朋友中，有些人每次創業都能獲得很大的成功，有些人即使年紀已大，卻能持續創作出許多以年輕人為對象的商品，並大受歡迎。這是因為他們心中突然產生新想法時，就算周圍的人依照過去經驗而反對這種想法，他們也確信自己一定能夠順利實現這種想法。提倡《學習型組織》的彼得・聖吉（Peter Senge）在《U型理論》的序言中，提到了這種「向正在生成的未來學習」的飄忽感，以及蘊含的可能性。

> 向正在生成的未來學習，是創新過程中不可或缺的要素。而要向正在生成的未來學習，直覺更是必備的能力。人們必須容許自己處於非常曖昧而不確定的狀況、不懼怕失敗、能夠直接面對連想像都想像不到的事物，並擁有挑戰不可能實現之事物的覺悟。我們需胸懷熱情，心想如何為正要出現在眼前的某種重要事物做出貢獻，才能夠在恐怖與危險的感受之下持續前進。（《U型理論》P27）

若想有效發揮出PDCA循環的力量，需經過一定訓練。同樣的，若想「向正在生成的未來學習」也需要訓練，才能夠轉化為自身所用。

第3節

【觀點2】著眼於引發行動的「源頭」

第二個觀點，則是著眼於「源頭」。這裡著重的並不是「行動」，而是「行動的『源頭』」。以下將說明為何會用這種奇特的方式來描述這個觀點。

當我們沒有得到自己想要的結果，或者是**想要得到更好的結果時，常會著眼於「該做什麼」、「該怎麼做」**。於是我們會參考過去的成功案例，學習「該做什麼」與「該怎麼做」的知識（knowhow）。剛才提到的「向過去學習」，大體而言，就是回顧自己過去「做了什麼」又是「怎麼做」，從中尋求解決問題的線索。

對此，奧托博士指出了一個明顯被我們忽略的區域，或者說是「盲點」。而**這個被我們忽略的區域，就是「這個行動源自何處」，也就是行動的「源頭」**。

「這個行動源自何處？」

「這個行動的『源頭』是什麼？」

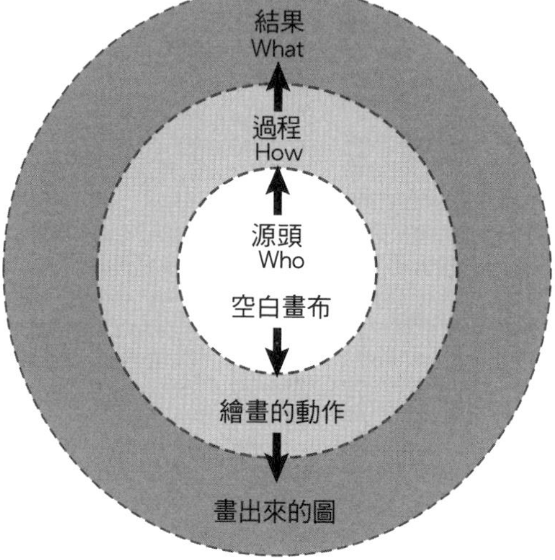

圖表2-1　影響結果的「盲點」所在區域

這兩個問題都不好回答，我想大部分的人都不大熟悉這類問題，就算想回答也摸不著頭緒吧？不過，就是因為我們不熟悉這類問題，我們才知道這是我們的「盲點」。而著眼於這個盲點，進一步探討研究，才能引發典範轉移。

奧托博士以畫家繪圖的過程為例，用「圖表2－1影響結果的『盲點』所在區域」說明盲點的所在。

- 創造出來的「產物」，也就是繪畫作品（What）
- 描繪圖畫的「過程」（How）
- 站在空白畫布前的畫家的內在狀態（Who）

旁人可以毫不費力地看到畫家的畫（What），也可以看到畫家創作的過程（How），但卻看不到站在空白畫布前的畫家的內在狀態（Who）。畫家的內在狀態就像是一個黑盒子，旁人難以實際觀察到其實際情形，而這就是我們著眼的重點。**這個旁人無法得知的Who區域，就是行動的「源頭」。奧托博士說，這個區域與這個人的表現有很大的關係。**

這個名為Who的區域難以用其它概念來解釋，也很難用簡單幾句話來說明為什麼這個區域和一個人的表現有很大的關係。所以這裡就讓我們將這個概念單純化，以運動或演戲領域為例，試著比較易怯場和不易怯場的人之間有什麼不同，藉此思考這個概念的意義。

練習階段時，這兩種人的表現可能不會差太多，然而等到正式上場時，這兩種人的表現卻很有可能天差地別。

不易怯場的人正式上場時雖然也會緊張，但他們可以把這種緊張感化為助力，在緊張的狀態下也能夠適度放鬆，讓自己保持在良好的狀態。相對於此，易怯場的人正式上場時，則會進入所謂的僵直狀態，因緊張而出現不自然的動作。我們很容易想像得到，在正式上場的每一個瞬間，這兩種人的頭腦與身體的靈敏度會有很大的差異。

如果您只看到這裡，可能會把它視為單純的壓力管理問題，或者是該如何舒緩緊張感的問題，但我們想談的不只這些。在那種充滿緊張感的場面，為什麼有些人可以放鬆，有些人反而會更緊張呢？——這兩種人的差異就在於我們前面講到的Who，也就是他們是「以什麼樣的角色站在這裡」。

他們可能是做為一個「想要用最好的表演感動觀眾的人」而站在這裡，也可能是做為一個「覺得自己在這種時候特別容易失敗的人」而站在這裡。這之中的差異，便源自於他們內在狀態的不同，使得他們會「以不同的角色站在這裡」。不只是運動或戲劇的「正式上場」與「練習」會有這種差異，執行日常業務、製造產品、創作作品的人也會有不同的內在狀態。

奧托博士在訪談世界頂尖的領導者們後發現，不管是日常生活還是其它情境，「自己做為什麼樣的角色站在這裡」會使結果出現很大的差異。而「角色」品質的提升，正是提升他們表現的關鍵，這就是奧托博士的結論。

看到這裡，可能你會覺得「什麼啊……不就是在講行動的動機嗎？動機越強的話就做得越好，這不是理所當然的嗎。取了『U型理論』這麼一個聽起來很深奧的名字，內容也不過如此嘛」，然而這畢竟只是為了方便說明而提出來的例子，U型理論的核心其實是層次更高的東西。

首先要請您注意的是，當我們得到的結果不如預期時，首先會想到的應該是「我們是否弄錯對象？或者弄錯方法了？」對吧——換言之，我們會想要藉由改變做事的方法來解決問題。如果這種做法有效的話就還好，但要是沒效的話，只會讓人花更多心力在改變做事方法，卻徒勞無功。

舉例來說，當您看到一直在玩遊戲沒在讀書的孩子，喝斥他「快去讀書！」，他卻沒有聽您的話的時候，您可能會想要限制孩子的遊戲時間；或者是和孩子約好，只要他的成績提升，就帶他去買新遊戲。

這種情況若持續發展下去，您使用的手段可能會越來越激烈，變成像是前面提到的那位會拿著竹刀站在我同學背後監視他念書的父親一樣。想必那位父親應該也不是一開始就拿著竹刀監視他念書，而是嘗試了許多方法後，不得已才用這種極端的方式來督促我同學念書的吧。可惜的是，最後不只我同學沒有在考試時得到期望的結果，也失去了自信，對他往後的人生產生了不小的影響。

這並不是什麼特殊個案。我們在職場上也很常看到這種一直深究「要做什麼？又該怎麼做？」的案例。如果公司內某項工作的結果不如預期，某些年輕員工在工作過程中又沒什麼幹勁的話，上司和前輩們一開始還會很親切的指導他們。

但是，如果這些員工們一直沒做筆記，而且做很多次之後還沒有進入狀況的話，上司和前輩們的口氣就會越來越嚴厲，不管年輕員工說什麼都會被罵回去。這些沒有幹勁的員工本來就不清楚自己每天到底都在做些什麼了，還被要求要逐一報告工作情況，並提出計畫。儘管如此，工作也無法順利進行，於是年輕員工越來越悶悶不樂，會得抑鬱症，或向公司辭職。

和拿著竹刀監視我同學念書的父親的例子一樣，從第三方的角度看來，會讓人想說「這不就是職場霸凌嗎？這種狀況下絕對不會有好結果吧！」但從上司和前輩們的角度來看，他們只是盡他們所能，試過很多種方法，研究「要做什麼？該怎麼做？」之後，才選擇用這種方式對待年輕員工。如果有人批評他們的做法的話，他們可能還會說出「如果你有其他辦法的話，就換你來做做看啊」之類的抱怨。

與之相較，U型理論著重的並非「要做什麼？」、「該怎麼做？」，而是著重在行動的「源頭」。換言之，U型理論希望您能把問題焦點放在「這項行動『從何而來？』」

先瞭解做為上司或前輩們的自己，看到表現不好的年輕員工時，為什麼會覺得煩燥，為什麼會想要堅持己見——進而找出讓自己產生這種行動的「源頭」，然後改變它，即使從外界看來，自己還是一樣在做進度管理，一樣在給予年輕員工建議，但行動的品質已有所改變，故也會得到比較的結果。

第4節　【觀點3】「社會場域」這個新觀點

第三個觀點，就是著眼於「社會場域」的三個過程。

社會場域（Social Field）這個用語，顯示了U型理論中最重要的概念。這個字直譯後會得到「社會性的土壤」，不過因為日語中並不存在奧托博士想要表達的概念，故以下我們皆用「社會場域」一詞進行說明。

前面提到的三種複雜性彼此交錯後，會形成「超複雜性」，而身處於其中的我們，就像是乘坐在一輛行駛到斷崖邊時突然失去控制的列車，只能順著軌道直直往谷底衝下去。這時能夠改變軌道、使我們不會一直往下衝，而是逐漸恢復到原先狀態的操控桿，就是「社會場域」的概念。

社會場域可以說是U型理論的核心。這裡先簡單說明一下這個概念，讓各位有一個大致印象。

我們有時候會用「貧瘠的討論」（無意義的討論）、「貧瘠的對話」（無意義的對話）、「貧瘠的時間」（無意義的時間）之類的詞來表達討論、對話的過程很浪費時間。而我們之所以會用這種方式表達，是因為想要強調這個過程「沒有結果」，進而覺得這個過程是「貧瘠的」（沒有意義）。

那麼，為什麼會「貧瘠」（沒有意義）呢？我們會用「貧瘠之地」來形容「貧瘠、長不出作物或其它草木的土地」。如果說一件事情之所以會沒有結果，問題並不是出在「種子」，而是出在「土壤品質」的話，又會給我們什麼樣的啟示呢？

奧托博士直接用「社會場域」（Social Field）這個字來表示「土壤品質」。博士認為，不管在哪個時間、哪個空間，都寄宿著創新的「種子」。在他的世界觀中，這些「種子」在一定條件下，就會「發芽」。而決定「種子」會不會「發芽」的關鍵，就在於「土壤品質」，也就是社會場域。

想要提高農作物的收穫，首先該做好犁田耕地的工作。將乾枯、貧瘠的「社會場域」（社會性的土壤）好好開墾過一遍，就是U型理論的過程（以下稱做U型過程）。而這種開墾社會場域的過程，就是在改變「從哪裡開始行動」的「源頭」。

那麼，這裡說的「土壤品質」，也就是社會場域，究竟是什麼東西呢？

雖然這裡用了社會場域這個特殊用語，但這其實是一種無法用現有言語表達的感覺，只是先用一個新的詞來代表。不過，只要親自體驗過這個過程，就能夠輕鬆明白到「社會場域」這個詞是什麼意思了。不過，在大多數情況下，社會場域能否被開墾是一個未知數，或者說，社會場域的開墾常源自於偶發的被動事件。而U型理論則是想要主動的開墾社會場域。

奧托博士分別從微觀與巨觀的角度來描述社會場域這個用語。

微觀上，社會場域指的是某個瞬間，或者是某個瞬間下個人與場域的品質。想像一下前面提到的「貧瘠的討論」（無意義的討論）、「貧瘠的對話」（無意義的對話）、「貧瘠的時間」（無意義的時間），在這些過程中，是不是一直沒辦法炒熱氣氛、對話明顯流於表面，沒辦法讓人有深刻感受呢？當我們處在這樣的環境中時，常會覺得「我到底為什麼會待在這裡的呢？」而感到相當煩躁，覺得「都已經說那麼多了還是聽不進去，乾脆放棄好了」而放棄溝通。不只是和眾人待在同一個空間時會這樣，一個人自處的時候，如果無所事事就這麼度過，常會覺得自己的內在很空虛。

當這種內在狀態或場域成為「貧瘠之地」時，社會場域也會變得貧瘠。

相反的，成員們彼此勤於交換意見，有強烈共鳴的狀態；或者是團隊運動的比賽中團隊成員們融為一體，專注在比賽上的狀態，都是社會場域有被好好開墾過，處於深度社會場域的狀態。

處於這種深耕過的社會場域時，容易讓人產生帶靈感的新想法，容易醞釀出一體感、團結感，容易讓成員們自發性地行動。相反的，處於貧瘠的社會場域時，就算說出再怎麼符合理論、邏輯正確的答案，也沒辦法讓眾人積極支持這個答案並付諸行動，只會讓人覺得「有結論總比沒結論好，但我不太想參與」，也沒辦法得到飛躍性的成果。

舉例來說，前面提到的凱絲美公司之所以會長期業績低迷，找不到有效的方法來提升業績，就是因為他們的社會場域一直相當貧瘠，找不到有效的策略改善。

而巨觀上的社會場域，指的則是團體、團隊、組織、社會等不同層級群體的整體狀況，譬如說群體處於什麼樣的意識狀態、什麼樣的氣氛，孕育出了什麼樣的文化、風俗，又是由什麼樣的制度與機制建構起來的等等。

我們可以用幾個簡單的例子來比喻。譬如說剛裁員後的公司、獨裁式的經營使員工相當疲憊的公司、被人說是「很官僚、很像公務員」，大家只關心自己份內工作，縱向分割傾向嚴重的公司，從外界觀察這類公司時，常會讓人有「看來，這間公司的狀況不是很好……」之類的心得。這種狀況下的組織，就是社會場域相當貧瘠的公司。相反的，團隊氣勢很強，員工們都很積極投入工作的公司，就可以說是一個深耕過的社會場域。

這裡有個重點。**即使是讓人覺得狀況不好的公司，微觀下，很有可能會有那麼一瞬間，觀察到它的社會場域並沒有像表面上看起來那麼貧瘠。**一同被上司責罵的同事們可能會在下班後約出去喝一杯，這時他們會對被責罵這件事產生共鳴，有時還可能會醞釀出瞬間的深層社會場域。相反的，即使是大家都很積極工作的公司，如果因為某些事情在會議中產生對立，其中一方暴怒離開會議室，使場面難以收拾的話，則會造成瞬間社會場域貧瘠。

微觀下的社會場域狀況一一累積起來，可以決定巨觀下的社會場域品質；相反的，巨觀下的社會場域品質，容易將微觀下的社會場域引導至類似的狀況。也就是說，微觀下的社會場域與巨觀下的社會場域會互相影響。

從巨觀的角度，觀察這幾個月內自己的狀況與所屬團隊、組織的社會場域，確認是貧瘠還是肥沃，然後再從微觀的角度，研究現在要做什麼，才能提升社會場域的深度，並付諸行動。接著，觀察這樣的行動對於巨觀角度下的社會場域會產生什麼樣的影響，再依觀察的結果，改變微觀角度下的行動。如此反覆操作，使社會場域發生變化，就是U型理論的改革過程。

我們會在之後的章節中介紹具體而言該如何深耕社會場域，這裡就讓我們先從社會場域的角度，簡單介紹U型理論中，使社會場域產生變化的三個過程。

如同「圖表2－2 U型理論的三個過程」所示，U型理論的實現過程就像一個U字一樣。

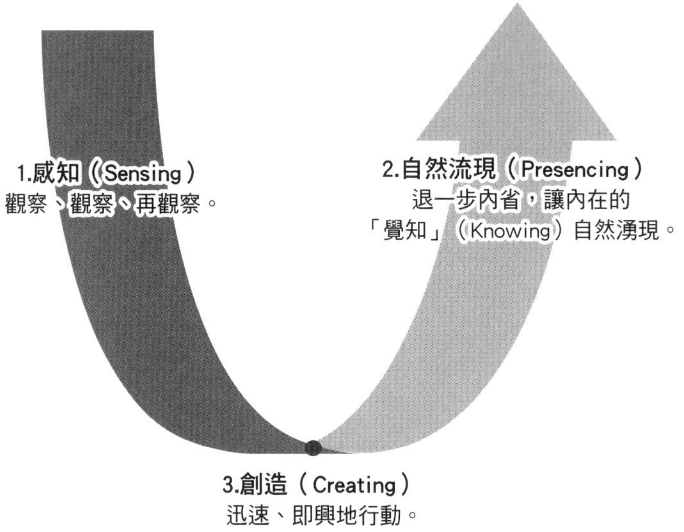
1.感知（Sensing）
觀察、觀察、再觀察。
2.自然流現（Presencing）
退一步內省，讓內在的
「覺知」（Knowing）自然湧現。
3.創造（Creating）
迅速、即興地行動。

圖表2-2　U型理論的三個過程

這個理論之所以叫做U型理論，就是因為這個模型的形狀就像一個U字，而不是因為哪個名字是「U」開頭的理論的縮寫。奧托博士曾在許多地方說過這個U字模型的由來。那是他拜訪高科技市場分析師的先驅，聖塔菲研究所經濟部門長，W．布萊恩．亞瑟（W. Brian Arthur）時，在訪談中直接談到了這個名字。

《U型理論》P 66中有詳細介紹他們聊到這個名字的過程。

和亞瑟見面時，我們很快就聊到了商務界經濟結構變化的話題。

亞瑟提到「也就是說，認知到逐漸誕生中的某種東西，並能逐漸適應它的話，就能夠獲得真正的力量」。他還說，認知可以分成兩個層次。「幾乎所有人的認知，都停留在可以意識、可以理解到的層次，但事實上還存在著更深的層次。與其用「理解」來說明這個層次的認知，不如用「覺知」（Knowing）這個詞比較恰當」。

「舉例來說，假設有一天突然要我到矽谷某間我完全不知道在幹嘛的公司，幫他們解決一個——與其說是問題，不如說是複雜而多變的狀況，為他們解釋到底發生了什麼事。**這時首先要做的就是徹底的觀察。然後退後一步，順利的話，就能夠碰觸到位於自己內在深處的某個東西。然後「覺知」就會從這個地方湧現上來。」**他接著說**「只要靜靜等待，任憑我們經驗化為某種形式湧現出來就可以了。不需要主動去釐清狀況，答案會自行浮現出來，告訴我們該做什麼事。**沒有必要緊張。重要的反而是自己的源頭是什麼、自己是誰。這和經營公司是一樣的。重要的是『從內在深處浮現出來的自己』。」（中略）

亞瑟舉了蘋果電腦做為例子，問我們要是董事會找一個百事可樂的人來當CEO的話會發生什麼事。想必這樣的CEO會在表面層次的認知下，將減少成本、改善品質當成公司的發展方針。這種做法是行不通的。如果是史蒂夫．賈伯斯的話——他會先和問題保持一段距離，並提出一些至今從來沒有的發想。「賈伯斯剛回到蘋果電腦時，沒有人能預料到網際網路的發展性。只有賈伯斯，藉著網路的發展，漂亮地讓蘋果電腦重生」。亞瑟說，頂尖的研究者也是如此。「優秀但非頂尖的研究者會被既有的框架限制住，不過頂尖的研究者會先後退一步，靜靜等待適當的架構浮現出來。頂尖的研究者和優秀的研究者，在知識量上應該沒多少差別才對。但頂尖研究者擁有其他研究者所沒有的某種東西，就是這些東西讓他們與眾不同」。

日本和中國的畫家也擁有這種名為「覺知」的東西。他們會點一盞燈，坐在走廊邊，觀察一週左右。然後突然喊出一聲「好」，開始作畫，很快便完成了畫作。

布萊恩．亞瑟的訪談結束後，奧托博士在歸途中畫下了如第104頁的「圖表2－2 U型理論的三個過程」。

之後，這三個過程又被細分成了許多流程，不過，這三個過程至今仍是整個U型理論的骨幹。

1.感知（Sensing）觀察、觀察、再觀察。

排除所有先入為主的成見，即使做了一些分析，也不要被分析結果束縛，不要做出結論，而是要在一旁持續觀察。於是，你思考的東西就會從「要做什麼?」、「該怎麼做?」逐漸轉變成「這種行動由何而來」，也就是逐漸深入到行動的「源頭」。而且，在這個過程中，也會逐漸深耕你的社會場域。

2.自然流現（Presencing）退一步內省，讓內在的「覺知」（Knowing）自然湧現。

在第一個過程中深耕過社會場域之後，便可透過自己這個「容器」，準備迎接「正在生成的未來」。這就是自然流現。

布萊恩·亞瑟認為，這時浮現出來的東西，並不是表面層次的意識可以認知到的東西，而是某種層次更深的東西。他說「與其用「理解」來說明這個層次的認知，不如用「覺知」（Knowing）這個詞比較恰當」。

奧托博士將這種通往「覺知」的過程，稱做「向正在生成的未來學習」。

3.創造（Creating）迅速、即興地行動。

透過自己這個「容器」，為浮現出來的「覺知」賦予形狀，使其具現化、實體化，是U型理論的最後一個過程。或許我們很難用頭腦明確理解到這時浮現出來的「覺知」是什麼，但內心深處會有某種「我就是知道」的感覺。有時我們很難用語言來表達這種微妙的感覺。這種微妙的感覺可以即興地賦予種子某種形狀，並在周圍的回饋之下，使其迅速具現化、實體化，然後應用在實踐過程中。

下一章中，我們會把這三個過程切成七道流程，介紹其詳細內容與實踐的重點。

以上就是幫助我們理解U型理論的三個觀點。每個觀點都讓人有種好像有點熟悉，又有點陌生的感覺。如同我們在一開始所說的，這就像分娩一樣，只有親身體驗過的人，才能理解過程中的疼痛與幸福。即使現在覺得這些東西很莫名其妙也沒關係，讓我們帶著這樣的感覺進入下一章吧。

第3章

改變本質，U型理論的七道流程

第1節 U型理論的七道流程

在第二章的最後，我們提到，U型理論由「1. 感知：觀察、觀察、再觀察」、「2. 自然流現：退一步內省，讓內在的『覺知』自然湧現」、「3. 創造：迅速、即興地行動」等三個過程組成。

而在第三章中，我們會將這三個過程細分成七道流程，介紹這七道流程分別代表什麼意思。

與其說U型理論是實現改革的手法或技術，不如說它就是改革的原理。它可做為我們的指標，告訴我們要把舵轉向何處，才能夠產生改革。

有些人會為了控制周圍的狀況而在背後裡拼命盤算著要怎麼做，卻只得到表面的結果，或者被自己繁雜的策略淹沒。但只要越熟悉U型理論，就越不會發生這種事，而是能想出一套完全不同的方法來解決問題。或者說，**就是因為U型理論並不著重於方法或技**

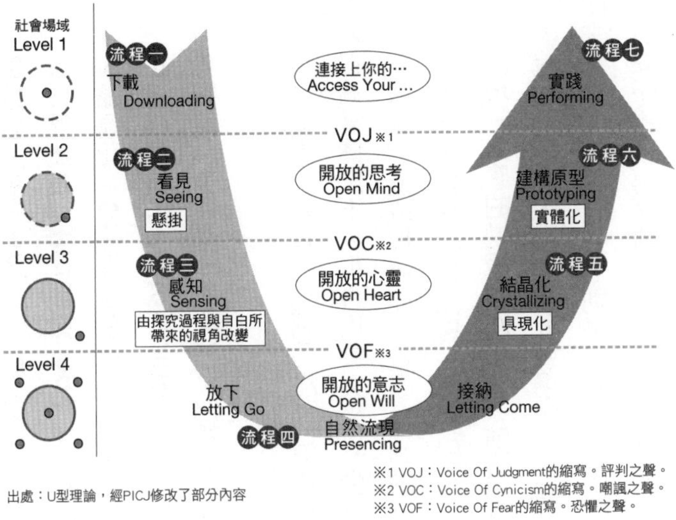

圖表3-1　U型理論的七道流程

術，所以它並不是要我先擬定一個計劃之後，再照著計畫行動；而是先從各個角度嘗試看看，並與行動的原理互相對照，然後即興地改變行動模式的設計。

接下來我們會依照順序介紹這七道流程在做什麼。不過，與其具體地去想像每一個流程要做些什麼，不如把這當成是讓我們進一步熟悉U型理論的操作說明。看過之後，先嘗試看看這些做法，若碰上什麼困難，再翻書查查看問題出在哪裡，用這種形式把U型理論內化成你的血肉。

U型理論的七道流程（圖表3－1　U型理論的七道流程）如下所示。

1.下載（Downloading）：基於過去經驗建構而成的框架。

2. 觀察（Seeing）：不做出判斷，用新奇的目光觀察事實。

3. 感知（Sensing）：感受場域。

4. 自然流現（Presencing）：連接到源頭。

5. 結晶化（Crystallizing）：使願景與意圖逐漸清晰。

6. 建構原型（Prototyping）：藉由實行、實驗探索未來的方向。

7. 實踐（Performing）：使新的做法、計畫、習慣化為實體。

用英文來表示U型理論中的七道流程，比較容易表達出它的精神，語感也比較好，故本書在適當情況下，也會用英文來表示每個流程。

若將這七道流程與前一章中提到的三個過程彼此對照，可以知道「1.感知：觀察、觀察、再觀察」對應的是流程一到流程三、「2.自然流現：退一步內省，讓內在的『覺知』自然湧現」對應的是流程四、「3.創造：迅速、即興地行動」對應的則是流程五到流程七。

流程一到四中需深耕社會場域，也就是改變行動的「源頭」，促進我們的「內在狀態」產生變化。流程五到七則是將我們的內在逐漸具現化出來。那麼，進行到流程五～七時，是否就不需要再深耕社會場域了呢？並非如此。即使到了流程五到七的具現化過程，我們仍需持續耕耘微觀領域下的社會場域。也就是說，如「圖表3－2 U型過程的層次展開」

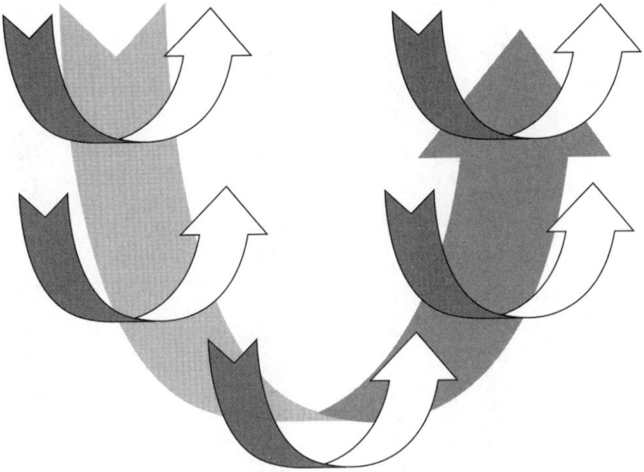

圖表3-2　U型過程的多層次展開

所示，我們需反覆下潛至U型過程的低谷，耕耘社會場域，並在這個過程中逐漸生成我們的行動。

前面的圖中可以看出，社會場域可以分成四個層次，這裡可以把它想像每個層次分別對應到流程一到七的每個流程。因此，在說明「過程」的時候，我們依照順序將其分為七道流程來表示；不過在介紹「社會場域」時，我們會把它分成層次一至層次四，以表示每一個瞬間的社會場域處在哪個層次下。

另外，奧托博士也將個人的意識狀態嚴格地區分成了四個層次，稱其為「意識的領域結構」（Field structure of attention）；並用社會場域一詞，來描述團體的意識狀態。本書為了方便讀者理解，統一使用社會場域一詞來代表這個概念。

第2節 【流程一】下載（Downloading）

1 重現出「基於過去經驗建構而成的框架」的狀態

七道流程中的第一個流程是「下載」。若從社會場域的觀點來看，「下載」位於層次一的社會場域（圖表3－3 U型理論的七道流程（下載））。從流程一到流程四，是改變個人或團體的行動「源頭」，促進我們的「內在狀態」產生變化的過程。在這段過程中，比起行動本身，我們更重視意識狀態的改變。

在開始解說這個流程之前，想先請各位看看一封不久前朋友寄給我的郵件。

（※已徵得寄件者本人同意刊載，人名已經過處理）

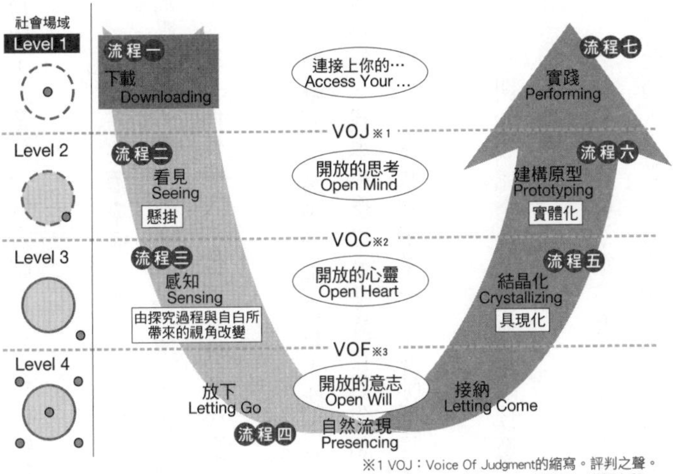

※1 VOJ：Voice Of Judgment的縮寫。評判之聲。
※2 VOC：Voice Of Cynicism的縮寫。嘲諷之聲。
※3 VOF：Voice Of Fear的縮寫。恐懼之聲。

出處：U型理論，經PICJ修改了部分內容

圖表3-3　U型理論的七道流程（下載）

中土井先生

好久不見，我是〇〇。

有件事我實在很想聽聽中土井先生的意見，於是寄了這封郵件給您。

如果把這件事告訴其他人的話，他們可能會覺得我腦子是不是有什麼問題。不過我實在無法忍住不說。但我想，如果是中土井先生的話，應該可以理解我才對，於是寫下了這封郵件。

事實上，我前陣子和外星人一起去唱了卡拉ＯＫ。

或許您會覺得我應該是在開玩笑，但這確實是事實。上個周末我到外地出差時，晚上很閒，於是就一個人跑去唱了卡拉OK。

我點了些酒來喝，然後一首接著一首唱著自己喜歡的歌。突然眼前出現強光，亮到我的眼睛睜不開。強光大概持續了五秒鐘左右後逐漸轉弱，於是我睜開眼睛，看到包廂內的桌上站著一個外星人，他的外表就像是電視上常看到的那種眼睛很大、銀色皮膚的外星人。

我嚇到心臟幾乎要從口中跳出來，想要馬上逃離包廂，但身體卻像是被綁住一樣動彈不得。我本來還以為是誰在惡作劇，但眼前的外星人怎麼看都不像是人造物，明顯是個「生物」。在我腦中還一片混亂的時候，這個外星人開始向我攀談。

一開始我完全聽不懂他在講什麼，後來仔細一聽，覺得他似乎是在用日語說「不要害怕」之類的話。

之後我們又聊了很多有的沒的，他之前似乎是在M78星雲的某顆星星上生活，M78星雲就是超人力霸王的故鄉，現在他則是以類似實習生的身分來到我們的地球。

然後，他說他也想要其他地球人交朋友，所以希望我能幫他介紹幾個朋友。中土井先生，如果可以的話，要不要和他見一面看看呢？在那之後，我又和他見了幾次面，他真的是一個好人，您完全可以放心。而且他和我說了許多我不知道的東西，讓我學到很多。還有，他的卡拉OK唱得很好（笑）。

我認為中土井先生一定不會後悔和他見面的。您覺得如何呢？我等待您的回音。

○○

看過這封郵件之後，讀者的腦中會浮現出什麼樣的思緒呢？

「這什麼奇怪的信啊？」

「啊——該不會是可疑的垃圾郵件吧？」

「要和這種人來往，看來中土井先生也很辛苦啊……」

「還以為他想說什麼，居然是這種內容的信件？這個人的腦袋沒問題吧？」

「中土井先生把這封郵件拿出來講，到底是有什麼意圖呢？」

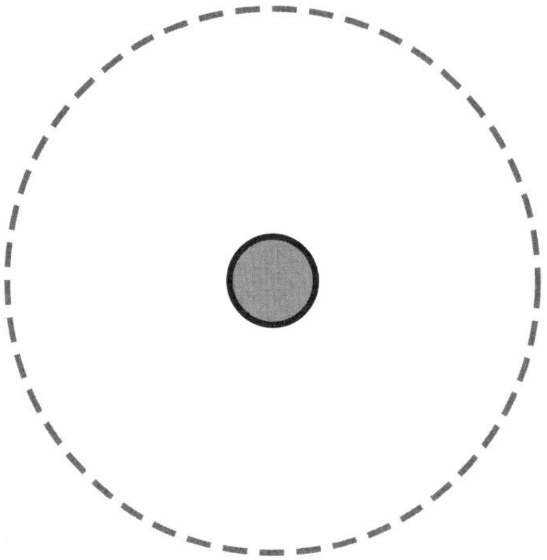

圖表3-4　層次一：下載

想必各位的腦中一定會浮現出一大堆這類疑惑、臆測、評論，甚至是鄙視吧。各位這時的內在狀態，就是我們說的「下載」狀態。進入下載情境時，人們就不會專注在眼前的現實，沒辦法用新奇的眼光去看待事物、進行思考，故只能得到有限的成果。

這裡要先跟大家說聲抱歉。當然，這是我捏造出來的虛構郵件。為了讓各位體驗什麼是「下載」狀態，所以我舉了一個比較極端的例子，還請各位理解。

這裡的下載，指的是「重現出『基於過去經驗建構而成的框架』」的過程。奧托博士將這個過程用「圖表3－4層次一：下載」這樣的示意圖來表現。

外側的圓，表示「基於過去經驗建構

而成的框架」，而位於圓中心的點則表示意識的焦點。這張圖想要表現的是，**我們會在「基於過去經驗建構而成的框架」的內側重現出自己的思考與意見，並將自己的意識焦點放在這些思考與意見上。或者說，這種狀態下，我們的注意力會被過去的經驗吸引過去。**

這樣的說明或許會讓您覺得很抽象而難以理解，讓我們一個個拆解開來。

將「基於過去經驗建構而成的框架」（以下稱之為「過去的框架」）這個詞拆開後，可以知道這是由「過去」某個時間點的經驗所形成的「框架」，而不是「現在」或「未來」。

和某些人初次見面時，覺得特別投緣，聊得很開心，但在見過幾次面後，卻發現對方的談話內容千篇一律，只是用同樣的模式重複著同樣的話，便漸漸覺得一起度過的時間很無聊、甚至有些痛苦。您是否也有類似的經驗呢？我們也會用倦怠期這個字，來描述戀愛或婚姻生活中，因為一成不變而失去新鮮感的狀態，這就是因為進入了下載情境。

原本覺得很有趣的人，在多次互動後漸漸讓我們感到無聊、失去新鮮感。會有這種情況，是因為隨著經驗的累積，框架也逐漸增加，使我們一直用固定的模式來處理和這個人的互動過程。而且，除了應對方式模式化之外，我們也會將這個人貼上「很隨便的人」、「話很多，只會講自己的事的人」、「腦中只想著工作的人」之類的標籤，最後就會失去對這個人的興趣。

這種基於過去經驗而建構框架的動作，是人類為適應環境而演化出來的正常機制。要是人類沒辦法基於過去經驗，建構出一套固定模式的話，以後碰到相同狀況時，又要再從頭思考一遍，或者請別人再教一遍該怎麼做；每次行動時，每個步驟又要再重新學一次。就拿料理來說，每次做同一道菜時，都要重看一遍食譜才能做得出來。依照過去經驗建構出框架，可以讓我們將處理過程模式化，提升作業效率，對於生物的生存來說，是件很重要的事。

然而，如果想要追求的是非衍生自過去經驗的創新，就不能讓自己被限制在過去的框架中。這是奧托博士特別注重的一點。

若從個人的層次來看，那些被認為是堅持己見、思想僵化、腦袋頑固的人，就是一直生活在過去的框架中，欠缺彈性。若從組織的層次來看，官僚式或公務員式的作風、大企業的制度僵化，也會阻礙組織的創新。

凱絲美公司就被過去的框架限制住了。業務部門為行銷部門貼上了「總是不聽客戶的意見，一直在做賣不出去的商品」的標籤；而行銷部門則為業務部門貼上了「把賣不出去的理由歸咎到商品上，其實根本沒認真在賣」的標籤。兩方互不信賴，連一起前往拜訪客戶都做不到。

當過去的框架逐漸完成時，可以幫助提升生產力，然而多次使用這個框架後也會讓人覺得無聊，使行動的效率下降；或者讓人變得只會用這種框架來處理問題，即使環境逐漸開始變化，也沒辦法察覺到環境細小的變動。就像凱絲美公司的業務部門與行銷部門彼此為對方貼標籤一樣，兩方的互動過程中，一直存在著不適當的框架，這也使得創新無法發聲。

接下來，我想要試著解釋「重現」這個字是什麼意思。請注意我用的是「重現」這個字，而不是「重生」，這點很重要。

讓我們回頭看一下前面提到的外星人郵件這個例子吧。為什麼當我們看到郵件內容中出現外星人這個字時，馬上就會出現「這什麼啊？」」、「你到底想講什麼？」」之類的反應呢？這是因為我們生活在「和外星人合作？這種事絕對不可能發生」這樣的框架內。

要否定過去的框架是很難做到的事。當我們碰上「和外星人一起唱卡拉ＯＫ」這件事時，**我們會「重現」出過去的框架，然後將這件事予以「抹煞」、「否定」，甚至還會「拒絕思考」，自動做出一切能延續這個框架的動作。**

相對的，「和朋友一起去唱卡拉ＯＫ」這件事就沒有超過既有的框架，是一個可以在這個框架內處理的「無聊資訊」。那麼，聽到這個資訊的我們就會把它當成「知不知道都無所謂」、「沒什麼了不起的事」，並自動處理。這時我們就會「重現」出過去的框架，並在這個框架的範圍內思考。

就算收到「和朋友一起去唱卡拉ＯＫ」的郵件，通常也只會有「喔，是嘛，那又怎樣呢？」之類的反應。這就代表我們「處在基於過去的經驗建構而成的框架內」。

那麼，**「非處在基於過去的經驗建構而成的框架內」又是怎麼回事呢？當我們碰上能夠顛覆這個「框架」的資訊或狀況時，就會自己處在這種狀態下**。拿剛才的郵件做為例子，就像是「在卡拉ＯＫ包廂遇到名人」之類的狀況。

因為在過去的框架中，我們「不曾在卡拉ＯＫ包廂內遇到名人」，所以這是一個足以顛覆框架的資訊。當別人接收到這個資訊時，應該會產生「咦？真的嗎！？好厲害！」之類的反應不是嗎？這時，**我們會瞬間忘我，只注意到眼前的資訊，關注著眼前的狀況**。這種狀態與U型過程的下一個流程「看見」密切相關，詳細情形就留到下一節再做解說。

有趣的是，當我對正在讀小學一年級的兒子說「爸爸的朋友收到了一封有趣的信喔。他說他和外星人一起去唱卡拉ＯＫ！」，這讓我兒子瞪大了眼睛說「咦！好厲害喔！真的嗎？真的嗎？」（當然，我最後有告訴他說這是「騙人的」）。這就是大人和小孩的差別。他們對同一件事會有不同的反應，由此可知，就算接收到同樣的資訊，他們受限於過去的框架的俘虜強度也有所不同，使他們進入不同程度的下載情境、看見狀態。

2 為什麼我們會受限於「過去的框架」

讓我們再多談一些和下載有關的事吧。

郵件的例子可能有些極端，確實是時常處於這種位於U型過程開端的「下載」流程。不過，我們這種已經在生活中養成了各種習慣的動物，我們幾乎每天都在這種狀態下過生活。雖然我們的初期狀態是這種下載情境，但**如果一直停留在這種狀態下的話，便會逐漸難以掌握事物真正的樣貌，而是一味地抹煞、否定，甚至陷入拒絕思考的狀態，成為妨礙學習的原因**。另外，要是對話一直停留在下載情境的話，社會場域就會一直停留在比較低的層次，使無意義的討論、無意義的時間持續發生，還可能發展成對立的狀態，甚至汙染到相關的社會場域。

奧托博士在另一本與他人共著的《正在生成的未來》（講談社，原書為《Presence》）的P42中提到了二十世紀八〇年代時，彼得．聖吉與一位美國汽車製造廠幹部間的對話。

一九八〇年代初期，美國的汽車廠商幹部想探究為什麼日本廠商的生產力比自家公司還要高，於是頻繁地拜訪日本廠商，視察生產現場。有一次，彼得與視察回來的幹部見面，卻覺得這位幹部看起來好像對那些日本廠商有些不以為然。這位幹部說「他們日本人根本沒讓我們看到真正的的工廠」。我問他「為什麼你會這麼認為呢？」他這樣回答「因為沒看到庫存。我看過很多這種組裝車輛的工廠，所以知道這次看到的一定不是真的工廠，而是為了讓我們視察而特別弄出來的假工廠」。

這位幹部在數年後才知道，這樣的評價與事實完全相反，不過那時他已付出了不小的代價。當時幹部看到的，是與美國廠商的生產系統完全不同的「即時化生產技術」（Just in Time, JIT）。然而，當時的幹部卻沒有做好理解這種生產系統的準備。他認為，世界上不可能存在沒有庫存的組裝工廠。他們只能在自己的知識可以理解的範圍內分析眼前的事物，沒辦法用新奇的目光看待自己不曾見過的事物。

類似的狀況不是只有發生在美國。在經濟全球化的影響下，日本人也常會陷入同樣的狀況，我們在日常生活中也感受得到。在日本，不只是製造業的員工，就連一般消費者都有著「日本產品的品質就是比較好。即使在價格層面上，日本的產品可能會輸給一些開發中國家，但在品質層面上，日本產品可說是遠遠勝出」，這種想法在日本人的心中早已根深蒂固，至今仍有不少人會這麼想。

然而近年來，越來越多開發中國家製造的商品，在價格層面與品質層面的表現都超越了日本產品。某個製造高科技產品之外國廠商的日本分公司社長說了這樣的話。

「從兩三年前起，中國廠商製造的產品品質，就已經是日本廠商在數年後才做得到的品質了。在過不到五年，日本廠商就完全不是中國的對手了吧。」

從數年前開始，我就很常聽到這種說法。不過對於不在第一線的我而言，實在沒辦法體會到這種感覺。換句話說，我自己拒絕去思考，並抹煞、否定了這種觀點，讓自己處於下載情境。

要特別留意的是，**即使我們在下載情境下擁有一定程度的知識，頭腦能夠理解一定程度的事物，卻也有可能在不自覺中抹煞、否定其他觀點、陷入拒絕思考的狀態，造成學習障礙，使我們無法及時解決問題**。因此，深耕社會場域的過程相當重要。這個過程中，有著能夠轉換行動「源頭」的關鍵。

「基於過去的經驗建構而成的框架，或許不是全新的東西沒錯，但為什麼你能確定這種狀態會和創新有關呢？」可能有些人會有這樣的疑問。或者有人可能會想要反駁「就算只是重現出過去的框架，如果這種框架很好用的話，不也可以得到很好的結果嗎？一個能夠當機立斷，做出適當決策的公司經營者，決策時一會用到那些從過去的經驗中學習到的知識吧。畢竟沒有哪個著名的經營者是完全沒有相關經驗的。除了經營公司之外，不管是運動領域還是藝術領域，超一流的人們都相當看重練習，一直重複著同樣的行動不是嗎？」。

事實上，這裡的「下載」還隱藏著一個更深層的意義。說得更精確一點，與其說「重現出過去框架的狀態」是基於過去的框架而行動，不如說是把意識的矛頭一直指向「過去的框架」，讓自己處於被過去的框架囿限住的狀態。

被「過去的框架」囿限住時，我們會無法意識到外界的現實，注意力被自己腦袋內的各種雜音佔據，無法正確認識現實，使自己的意識陷入自我束縛的狀態。

舉例來說，在擔任結婚典禮的致詞人，或者在重要人物面前簡報時，我們通常會排練許多次，讓自己做好準備，在正式上場時能講得更流暢。然而到了正式上場時，有些人卻會變得相當緊張、語無倫次，說得越多，越不知道自己在說什麼。或者是在期限逼近時，準備的進度卻一直停滯不前，思考能力大幅下降，不管怎麼做都應付不了狀況，而正式上場時又胡言亂語，想都沒想就把話說出口，事後才在後悔自己說的話，想必很多人都有這樣的經驗吧。

這都是因為我們被「自己不擅長在人群面前講話」、「一定要準備好這場演講才行」、「別人一定聽不懂我在講什麼」之類的「框架」限制住，才會得到這樣的結果。

這裡要注意的重點是，有些人不擅長在人群面前說話，相關技能不怎麼熟練，但在正式上場時，雖然說話方式不一定高明，卻能夠大方自在地說出吸引人的、很有說服力的話。就像是我們前面提到的，正式上場時比較強的人。這種人不會被「自己不擅長在人群面前講話」之類的框架限制住，而是能夠集中精神在眼前的現實，表現出自己最好的一面。

也就是說，如果單純地將由過去的經驗中培養出來的技能「重現」出來（這其實相當接近於「創造」的概念）的話，就能夠像一流的運動員那樣，做出足以留下紀錄，成為眾人記憶的結果。然而實際上，許多人處於「被限制在框架內」的狀態，故無法發揮出他們優秀的技能。

運動員或藝術家等人，為了讓自己脫離注意力被過去框架奪去的狀態，也就是「被囿限的狀態」，而能夠進入「心流」（Flow）或「化境」（Zone）的狀態（人類在進入這種狀態時，會完全投入在某件事情上，將集中力提升到極限，發揮出自己最大的潛力），會不厭其煩地反覆做著同樣的事。

不只是運動員或藝術家，當商業人士被過去的框架限制住時，短期、長期下的表現也會顯著下降。回想一下我們前面提到的例子中，進行簡報或者是與他人溝通時，因為過於緊張而語無倫次的樣子。這應可幫助您理解到，下載情境與優異的表現可說是完全無關。

日常生活中也常出現類似的情況。當我們終於下定決心，要和上司談談自己的煩惱時，對方卻侃侃而談自己的「定見」。當上司處於下載情境時，就沒辦法走出他的狹窄框架，理解我們講的話，這會讓我們覺得上司聽不進我們講的話。想必很多人都有過這樣的經驗。

這種時候，對方講得越多，就會讓我們的談話動機降得越低，越不想和他們對話、不想積極提出意見。當我們陷入這種狀況時，和我們談話卻堅持自己定見的上司，就會覺得「我都說那麼多了，這個人還是完全聽不懂！」而感到憤怒，然而這只能說是他自做自受。

這是我在之前的公司工作時發生的事。那時，一個年長的事業部長找了許多年輕員工一起去喝酒，而不是他直屬部下的我，也是其中一位被叫去的年輕員工。

聚會開始時，事業部長就開始大談他的主張，像是「營收非常重要！要是營收起不來的話，公司就經營不下去囉！」之類的。一開始我覺得「這個人真是熱衷於工作啊」。不過，部長的演說還不到一個小時，大家就顯得有些意興闌珊了。我也發現，其他年輕員工只是說著「是、是，您說的對」之類的話敷衍，順著部長的意思讓他說完而已。

當某個人進入下載情境時，他周圍的人會趨向不去否定這個人的「框架」，反而開始附和起這個「框架」，表現出迎合的態度，化身為「應聲蟲」。

這個聚會呈現出來的樣子可說是「下載的盛宴」。或許是因為周圍的年輕員工頻頻點頭，讓這位部長覺得心情很好，於是他越說越熱情，一直重複著他的主張。但由坐在旁邊的我看來，只覺得他很可憐。而我自己也覺得「雖然他很熱血地暢談他的想法，但講那麼多也沒什麼用……」，只是讓社會場域變得更貧瘠而已。

不是這位部長的直屬部下的我，在這之後就不想再和這位部長一起去喝酒了，事實上，我們也確實沒有再一起去喝酒過。另外讓人遺憾的是，在這之後，這個事業部的業績也一直萎靡不振。

這個例子告訴我們，一直處於下載情境的話，可能會帶來很大的問題。**下載情境雖然可以在短時間內看到某些成果，然而這卻像「隱藏性肥胖」般，可能會對身體造成長期性的負擔，或者產生傷害身體的副作用。**

不管經營者過去的經驗有多豐富，若進入下載情境，持續由上而下灌輸他自己的主張的話，一些有不同意見的優秀員工便會陸續離開，身邊最後只剩下「應聲蟲」，以及只想著如何應付上面交代的工作的員工。**過去的框架會讓我們蒐集到「帶有偏見的資訊」，而基於這些資訊所做出的決策，在五年、十年後，會造成無可挽回的結果。**

即使不是經營者，要是沒有在關鍵時刻獲得周圍人們的支持，一直堅持己見的話，最後反而會帶來麻煩，這毫無疑問的就是下載情境所造成的窘境。

如果這些人認為自己已經竭盡所能地利用過去的經驗處理問題，卻無法獲得周圍眾人的回應或期待的話，便會感到挫折，反而在這個框架中越陷越深（越來越依賴這個框架），形成一個負面循環。

不僅如此，**當自己陷入下載情境時，也有可能會讓周圍的人一起陷入下載情境。**前面提到的那位設業部長對著年輕員工們演講時，我只覺得「他的話好多啊」、「要是他也能聽聽我們的講法就好了」，被這種氣氛感染，也進入了下載情境。

由此也可以看出，為什麼奧托博士會以土壤做為比喻，將這種溝通交流的場域稱做「社會性的土壤」（Social Field，社會場域）。**原本我們以為「下載」只是發生在自己內在的現象，但這卻會漸漸地影響到在場的其他人，就像是土壤汙染一樣，使社會性的土壤逐漸變得貧瘠。**

聆聽下載情境的演說時，會讓人越來越想睡覺，不管講者在說些什麼，都進不了腦袋，還讓人覺得煩躁，開始滑起手機。想必不少人都有過這樣的經驗。而看到聽眾這樣的舉動，講者的壓力也會越來越大，越來越不自在，最後形成一場失敗的演說。

當一個人進入下載情境時，就會扭曲來自周圍的資訊，以錯誤的方式處理，進而降低決策品質，使周圍人們的幹勁下降，於是周圍的人們便不再幫助這個人或提供相關資訊，而這也會妨礙自己與周圍的人們產生靈感。接著，「這間公司沒救了」的框架就會感染到每個人的社會場域，使「創新」的氣氛自然而然地消失。這就是下載情境所帶來的不良影響。

3 避免自己陷入下載情境的三個觀點

到這裡，我們介紹了下載情境是什麼，陷入下載情境時會發生什麼事，以及當某個人陷入下載情境時，他的狀態會感染到周圍的人，使周圍的人一起陷入下載情境。

接下來要介紹的，則是當我們進入下載情境時應該怎麼處理。

陷入下載情境時，使我們陷入下載情境的事件或狀況越嚴重，我們就越容易沉浸在這種狀態中難以自拔。當我們受到非常大的打擊，譬如說失去了摯愛之人的時候，會消沉好一陣子，不管學了多少和下載有關的知識、技能，都起不了作用，只能靜待時間療癒。

當自己沒有查覺到自己處於下載情境時，即使陷入程度並不嚴重，仍會感染到周圍的人們，使周圍的社會場域逐漸變得貧瘠。而當我們處在貧瘠的社會場域內時，便越來越難以從下載情境中脫身，於是我們越陷越深，形成一個惡性循環。

為了避免我們陷入下載情境，以下將介紹三個重要的觀點。

1.【防止】找出觸發自己進入下載情境的扳機（商機？）

2.【發現】注意到自己正處於下載情境

3.【面對處理】讓自己轉變成容易脫離下載情境的狀態

與下載情境相關的知識並不困難，但想避免自己陷入這種狀態，或者在自己陷入這種狀態時可以馬上逃脫出來，需要相當程度的訓練才行。禪宗的修行者為了讓自己不要陷入這種狀態，可以持續坐禪數十年。

當然，要完全避免掉入下載情境並不是件容易的事，但我們卻可以讓自己變得比較不會陷入下載情境，或者即使陷入下載情境也容易逃脫出來。以下將介紹三種可以避免自己沉浸在下載情境中的三個觀點，並連結到流程二的「觀察」。

4 找出觸發自己進入下載情境的扳機（商機？）【防止】

首先介紹的是三個觀點中的第一個，「找出觸發自己進入下載情境的扳機（商機？）」。這個策略能夠幫助你在即將要進入下載情境時及時發現，並避免事情變得更嚴重。

人們在感覺到自己的生存受到威脅時，會自動做出反應，重現出過去的框架。也就是說，會陷入下載情境。當電影院等密閉空間內發生火災或其它緊急狀況時，觀眾會陷入恐慌，使傷亡程度變得更嚴重，這也是因為人們陷入了下載情境的關係。

所謂的生存受到威脅，不是只有指身體的危險，也包括了心理上的威脅，譬如說被當成笨蛋時感到憤怒之類的。要是沒有經過訓練的話，碰上威脅時便沒辦法控制住自己，自動做出本能上的反應。

舉例來說，若從數百人的群體中突然指名其中一人，並要他唱幾首歌給大家聽聽的時候，這個人會突然緊張起來，可能還會滿臉通紅、聲音顫抖。就算不是這種特殊狀況，當我們說出對方不喜歡的話時，對方可能會突然激動起來，想要找理由辯解。這也是面對突發狀況時，自動進入下載情境的典型例子。

為了防止自己因為本能而自動反應，進入下載情境，我們需要瞭解自己在什麼樣的情況下，會做出甚麼樣的反應，客觀檢視自己的反應，這是一大重點。要完全消除反應是很困難的事，但只要經過些許訓練，我們也能夠客觀看待自己的反應，防止自己陷入下載情境。具體來說，就是要找到自己的「觸發點」，知道自己什麼時候「開關會被打開」。

以下會列出幾種容易讓人產生本能上的自動反應的狀況，請練習試著把自己代入這些案例，從客觀的角度觀察自己在開關被打開的瞬間是什麼樣子。

- **自己的存在、意見、行動、態度被輕視、否定時**

例：被當成笨蛋、被輕視、被無視、被其他人用「你根本不懂」、「你的做法是錯的」之類的話否定（等等）。

- 「應該要〇〇才對」之類觀念或價值觀被否定、被蔑視時

　例：感覺到對方的惡意時；覺得「應該要自行提出報告才對」，對方卻沒有提出報告時；覺得「應該要謹慎用錢才對」，對方卻停不下他的花費癖好時；覺得應該要提升部門的效率，部下卻一直用效率很差的方式工作時（等等）。

- 自己或自己重視的人利益受損，或者很有可能會受損時

　例：購買高價產品後，負責人的說明不夠充分，導致使用產品時出現問題時；明明看到妻子懷孕卻沒有人要讓位的時候（等等）。

- 自己重視的人或東西受到傷害，或者很有可能受到傷害時

　例：自己的小孩或朋友被人責罵；錢包被偷；愛車被撞傷（等等）。

- 事情的進展不如預期時

　例：電車停駛，讓您無法準時赴一個重要的約時；要求部下做某項工作，結果的品質卻不如預期，使進度落後時（等等）。

- **別人指責自己的缺點或自己犯的錯時**

例：被指責因為不認真工作而出錯時；想要隱瞞感情出軌一事被發現而被追究時（等等）。

- **沒辦法讓自己保持平常心的狀況**

例：進行重要的接待工作、重要面談、面試時；在許多人面前演講時（等等）。

- **與對方的對話或討論像是平行線一樣時**

例：感覺不管怎麼說，對方都無法理解我們的意思時；感覺不管用什麼方式都無法說服對方，對方只會用各種理由、藉口批評回來時（等等）。

- **身體狀況不好，或者是精神上、肉體上累積了相當多疲勞時**

5 注意到自己正處於下載情境【發現】

接著要介紹的是三個觀點中的第二個「注意到自己正處於下載情境」。

前面介紹的是在還沒進入下載情境前，就要知道「讓自己進入下載情境的觸發點是什麼」，進而避免自己進入下載情境。而第二個觀點「注意到自己正處於下載情境」，則是當自己處於下載情境時，要能夠發現「啊，我自己似乎正處於下載情境啊」的意思。

乍看之下，標題已經把這個觀點寫得很明白了，應該不用再多做說明才對。**但事實上，大部分的人們都不太能發現自己陷入了下載情境。**

在某些對話中，聆聽的人已明顯感到厭煩，講話的人卻絲毫沒注意到這點，繼續滔滔不絕地說著自己想說的話；在某些案例中，人們重複著同樣的爭吵，以同樣的模式做事，最後仍失敗。這些都是因為他們沒有注意到自己正處於下載情境。

若當事者能發現到自己正處於下載情境，就幾乎可以說他已經從下載情境中逃脫出一半了。

能不能注意到自己正處於下載情境的關鍵，和「注意到自己的下載情境被觸發時會有什麼反應」一樣，在於能否客觀地看待自己。

兩者的差別在於，「注意到自己的下載情境被觸發時會有什麼反應」是客觀檢視自己的反應，或者說是客觀地檢視自己開關打開時的瞬間。而**「注意到自己正處於陷入下載情境」則是客觀檢視發自於自身內在的思考或感情。**

陷入下載情境時，會從自己的內在湧出各種評論或雜念，這在U型理論中用被稱做

「ＶＯＪ」（Voice Of Judgement：評判之聲）。越能注意到這種ＶＯＪ，就越能注意到自己正陷入下載情境。

以下將列出幾個容易理解的例子，說明下載情境時會出現什麼樣的ＶＯＪ。當發現自己有這種ＶＯＪ的時候，請警覺到「啊，看來現在我正進入下載情境」，以此做為【發現】的練習。

【聆聽他人說話時的下載情境】

首先介紹的是四種在「聆聽」時陷入下載情境的人的反應。

1. 察覺到自己有「啊，你說的沒錯」、「這好像不太對」的心聲時，應馬上判斷自己已進入下載情境

在聽別人說話的時候，我們往往會在內心斷定他說的話是正確還是錯誤，這時我們便進入了下載情境。譬如說我們在聽新聞節目中的解說者或來賓的說明時，有時會出現「這個人好像不太懂的樣子」的想法不是嗎？這代表我們進入了判斷上的下載情境。

特別是聽到否定自己的價值觀或信條的時候，便會想反駁「嗄？你在說什麼啊？」，相當容易陷入下載情境。

2.察覺到自己有「啊，我知道這件事，不用你說我早就知道了」的心聲，把對方說的事情當成已知資訊處理

有時在獲得新資訊時，我們會出現「啊，是在講這件事啊」的想法，並把這個資訊當成已知資訊處理，這時便陷入了下載情境。舉例來說，假設有兩個人進行了以下對話。

朋友A：「我去看了一部好萊塢的電影，我覺得這部電影很有趣喔。」

朋友B：「導演是誰啊？」

朋友A：「〇〇導演。」

朋友B：「啊，那個〇〇導演啊。他的故事敘事方式千篇一律。第一部作品還蠻有趣的，但是第二、第三部都是同樣的調調，越看越無聊。」

雖然朋友B並沒有惡意，但他只聽到「好萊塢」、「〇〇導演」等資訊，就用過去的經驗做出判斷，說出自己的見解。或許這部電影真的像朋友B說的一樣，和往常的電影是同樣的調調，但朋友B的發言卻讓對話陷入了下載情境，使他和朋友A之間的微觀社會場域在這個瞬間變得貧瘠。

十三年前，我剛開始學習教練技術（Coaching），那時候日本仍是教練活動的黎明期，電視上的相關資訊也不多。有一次，在朋友的委託下，我和一個在戰略顧問公司工作的顧問見面，他問我「教練技術是在做什麼？」，於是我做了一些說明，他卻說「啊，就是積極聆聽（Active Listening）吧。我也有在做這樣的工作喔」，讓我有些失望，至今仍記憶猶新。

於是，當時還不知道U型理論的我便沒什麼興致再說明下去了，這名顧問和我都進入了下載情境，社會場域變得貧瘠，之後也沒再見過面。

3. 心中想著「這個話題要結束了嗎？」、「到底結論是什麼？」、「啊，結局大概是那樣吧」，一邊預測之後的發展一邊聽對方說話

聽別人說話時，覺得「這個人話真多啊，能不能講重點就好呢？」急著想聽結論，或者已經預料到之後對方會說什麼而顯得意興闌珊。您是不是也有過這樣的感覺呢？這也是下載情境中的一種「預測之後的發展」。

要是這個狀態持續下去的話，就會覺得自己已經知道之後話題會如何發展，進而失去驚奇感，甚至覺得人生很無聊，沒什麼新鮮事。最後還有可能沉浸在虛無主義中。

簡單來說，如果您覺得「沒有驚奇」、「沒有發現」的話，就代表著您很有可能已經進入了下載情境。

4. 正在聽別人說話時，卻一直想著自己接下來要講什麼

這種狀況常出現在工作場合的上司與部下之間。上司站在他的立場，需要對部下下達命令與指示，盡可能地提供確實的建議，以提升工作效率。因此，上司常會在部下還在講話的時候，就在腦中思考自己接下來要怎麼回覆。

從上司的角度來看，自己姑且是一邊聽著部下的報告，一邊思考接下來要怎麼回覆的，所以確實有把部下的話聽進去。但事實上，上司的意識矛頭卻指向自己腦中想的事情，在這層意義上，他已陷入了下載情境；而從部下的角度來看，會覺得上司好像沒有想要聽進他的話的意思，便失去了繼續說明的興致，雖然嘴巴繼續說著話，但心裡卻一直擔心著等一下會被上司用什麼話反駁，於是漸漸語無倫次了起來，同樣陷入了下載情境。

【對他人說話時陷入的下載情境】

接著要介紹的是兩種在「對他人說話」時陷入下載情境的人的反應。

1. 基於過去的框架／經驗，進行說明、描述、提出主張等

如果您和他人說話時滔滔不絕，但說的都是過去便已思考過的內容，而且越說興致還越高，這時的您已陷入了下載情境。

有人說，隨著年紀的增加，頭腦會越來越頑固。這指的正是人們在下載情境中越陷越深。年紀越大，人們就越會由過去的經驗，以及基於這些經驗建構出來的框架來思考事物，判斷是非。這種人的發言會逐漸失去新鮮感，從他人的眼光看來，只像個沒辦法吸收新知的「頑固老頭」而已。

如果在您想說出些什麼話的時候，先想想看「其他人是不是已經想過這些東西了呢？這些意見對自己也是新穎的意見嗎？」的話，便有助於自己從下載情境脫離出來。

若我們能嘗試在脫離下載情境後，再陳述自己意見，即使心中想的是過去的經驗、說的是過去的內容，也可以讓自己在說話時帶著煥然一新的心情。

另外，如果能在這個流程中脫離下載情境，在流程二「看見」以後，便有可能會出現「在說話同時，突然茅塞頓開！」的情形。但如果一直處於下載情境的話，就連說話的人都看膩了這些內容，自然不會對這些事有什麼新奇感。

許多企業研修的講師和我說，他常和這種下載帶來的「厭煩感」戰鬥。他剛開始擔任企業研修講師時，以及開設新課程時，總是相當緊張地反覆演練多次、修正錯誤。隨著時間經過，他也漸漸累積了成功的經驗，後來連講話的笑點都模式化，還能夠預測觀眾會在什麼時候笑出聲。這種情況下，連對方的反應都能夠預測得到，讓整個上課過程就像是按表操課一樣，陷入了下載情境，而失去了充實感。

為了擺脫這樣的狀態，讓自己即使是上同樣的課程，也能夠講出只有「現在、這個瞬間」才講得出來的話，許多企業研究講師會參加瑜珈、坐禪、合氣道的訓練。

2. 選擇無關痛癢的態度

配合對方的反應與周圍的氣氛，選擇「無關痛癢」的內容做為談話主題的狀態。

奧托博士指出，進入下載情境時，我們會傾向配合對方的框架說話，也就是說，只說出能讓對方覺得舒服、順耳的話，而不會說出讓對方不高興的話。舉例來說，假設有個野心很大的業務部長，因為奉行營收至上主義，只提拔有助於提升業績的部下，又不把其它部下當人看。想必您應該也很難想像得到會有人在這位部長面前說出「提升營收又能怎麼樣呢？要是繼續用這種方式管理的話，就再也不會有人想要跟著你囉！」之類的話吧。不僅如此，要是營收下降的話，部下們還會拖延向他報告的時間，只為了在他面前做出為了提升營收而努力的樣子。

另外，這種選擇無關痛癢的內容做為談話主題的狀態，常會出現在帶有一些緊張感的場合上。在這些場合中常有著某些潛規則，使人們需要去配合這些潛在的框架。如果是商務場合的話，通常會交換名片，詢問對方工作近況之類的，多半是些積極性的發言，卻會控制住自己不要做出太超過的發言。

在這種大家只會拿無關痛癢的內容當成話題的場合中，雖然很少出現明顯的對立，卻也難以將社會場域耕耘得更深。要是這種狀況持續下去的話，大家就會發現這只是在浪費時間，進而加速陷入下載情境。

【進入下載時的心理態度】

最後要介紹的是兩種進入下載時的「心理態度」。

1. 持續感到不滿與煩躁

對特定的人、狀況、公司、團體，甚至是自己感到不滿，並在心中持續埋怨著它們。不管是什麼樣的人，都有可能會對他人感到不滿或煩躁，不過這種情況要是持續下去的話，便容易進入下載情境。特別是當你想起某個和你之間的關係存在芥蒂的人時，就容易變得憂鬱、煩躁，並陷入下載情境。如果在這種狀態下和他人接觸的話，可能會讓你們之間的社會場域變得貧瘠，故要特別注意。

或許您會想問「那麼，該怎麼辦才好呢？」。首先，在到達流程三的「感知」狀態之前，請不要輕舉妄動。處於下載情境時，隨便行動只會導致毀滅性的結果，最好的狀況下也僅能維持現狀。

2. 指責他人，正當化自己的行為

當您想要指責他人，並正當化自己的行為時，就表示您可能正處於下載情境。

譬如說「因為上司沒有給我們明確的指示，緊要關頭時還逃跑，才讓事情變得那麼嚴重」、「明明我都加了那麼多班，累得半死，妻子卻完全不瞭解我的苦心」等等。當我們心中想的盡是這些正當化自己行為的理由時，就等於已進入了下載情境。

或許有人會想要用「可是，如果每個人都認為是上司的問題的話，那我當然也會這麼想啊」之類的話反駁。但事實上，我們並不是要一個像法官一樣的人來告訴我們誰是誰非。我們想知道的是，應該要怎麼做，才能在這個社會場域內讓我們達到創新的目標。這才是我們的重點。

即使您足夠贏得審判並可以證明自己在道理上站得住腳，也無助於提升團隊的生產力。U型理論認為，改變社會場域才是創新的源頭。

由這個觀點看來，有兩條路可以走，一條是堅持證明自己的的正當性，卻讓社會場域崩毀；另一條則是讓自己從正當化自己行為的下載情境中脫離出來，為這個場域帶來創新的機會。由此看來，從下載情境中脫離出來，正是領導者應有的表現。

以上就是用過去的框架看待眼前狀況、向他人說話、聆聽他人說話時，可能會陷入的「「下載」」的典型例子。看過這些我們熟悉的例子，想必您也能夠理解下載情境是怎麼一回事了。

6 讓自己轉變成容易脫離下載的狀態【面對處理】

最後要介紹的是第三個觀點「讓自己轉變成容易脫離下載的狀態」。

這與第二個觀點「注意到自己正處於下載」相同，都是在自己已處於下載情境下時的對策。雖說如此，要是沒注意到自己處於下載的話，也不會想到要用這些對策，所以前提條件是要先「注意到自己正處於下載情境」才行。

另外，處於下載情境中時，很難靠著自己的意志脫離出來。當自己一直被過去的框架束縛住，無法接納新資訊時，下載情境便會一直持續。之後我們進入「看見」這個流程時會再詳細說明。

因此，以下要談的與其說是對策，不如說只是想辦法製造出讓自己容易脫離下載情境的狀況而已。然而，能不能製造出這樣的狀況，將可大幅影響我們是否能從下載中脫逃出來的機率。

這種能夠「製造出讓自己容易脫逃出下載情境的狀況」的方法，稱做**「懸掛」**。「懸掛」的英文原詞為Suspending，其動詞Suspend亦為「懸掛」之意，即把某個東西吊在空中的意思，我們常用這個字來代表「保留」對特定事物的看法。

想必各位一定看過懸疑戲劇或懸疑電影。而這裡的懸疑，也是源自於Suspend這個字。在觀賞精采的懸疑戲劇時，劇情峰迴路轉，一直讓我們摸不清犯人的真正身分，看著眼前的狀況，心就像被懸吊起來般，有種不踏實的感覺，這種感覺就是「懸掛」。

觀賞懸疑戲劇時，我們的心情就像是被無法預測的故事展開懸吊起來的樣子。不過在U型理論中，建議您要能夠主動地「懸掛」起自己的思緒。

拿前面提到的外星人寄來的郵件當作例子，當您意識到自己的腦中浮現出「和外星人一起唱卡拉OK是不可能的事」、「反正一定還有什麼內情吧」之類的評判之聲時，先把這些在自己腦中纏繞著的思緒放在一邊，並以言語確認這個動作，譬如說「不要有『和外星人一起唱卡拉OK是不可能的事』這個念頭~」、「不要有『反正一定還有什麼內情吧』這個念頭~」。

也就是說，「先不要做出評論、判斷、結論，讓自己對這件事仍保有懸念」。

為了提升「懸掛」這個動作的效果，當自己陷入前面提到的那些下載情境，並注意到自己已陷入下載情境時，在獲得能夠打破自己的框架的資訊以前，先不要做出任何定論。

就算真的要做出一些判斷，也請把它當成暫定的結論就好，保留對它的懸念。

要是一直沒有出現能夠讓您打破過去框架的新奇事物，又沒有那種不踏實的感覺的話，就代表您現在一定在下載情境內。

當您越習慣「懸掛」，就越能在無意間做到這個動作。不過，「我們自認為已經做到『懸掛』，但實際上並沒有做到」這種情況比較多見，故本節的最後將介紹一些練習，幫助您體驗到在「懸掛」時可以感受到的獨特懸疑感。

據說近代演化論之父，查爾斯．達爾文，總是把自己的筆記本帶在身邊，隨時記錄和自己的理論與預測相反的觀察結果與資料。這次我們將應用這種方法來進行「懸掛」的練習。

1. 請從你常接觸的人中，選出一個和您處不太來的人。如果沒有這樣的人的話，可以想想看有沒有哪個人，當自己站在他面前時，會沒辦法保持態度自然，而是會有點拘謹，這樣的人也可以。
2. 盡可能列舉出您對這個人的感覺，只要是你想得到的，都請列舉出來。

例：「○○先生總是不聽人話」、「○○先生的邏輯思考能力很差」、「○○先生會把錯都推給別人」等等。

3. 在一週內，只要對這個人有任何感覺或想法，就把這些感覺和想法都記錄在筆記本上。如果發現過去自己對這個人有不適當的成見，或者對它貼了不適當的標籤，就在心中用類似念經的方式念道「或許如此、或許並非如此」，讓自己對這些事保持懸念。為了讓自己更容易注意到自己可能陷入了下載情境，也可以試著多和這個人相處。

這個訓練的重點，在於不要太早做出結論，保留一定的懸念，以注意到自己正處於下載情境。因此，過程中不需要喜歡上對方，也不需要解決兩人間的問題。再怎麼說，這只是為了體驗「懸掛」的感覺而進行的練習而已。

如果您在這個過程中，發現對方有某些「令人意外的一面」，打破了您的框架的話，您的內在一定也會出現某些變化，請試著體會看看。

第3節 【流程二】看見（Seeing）

1 緊盯著發生在眼前的事

前一節中我們詳細說明了「下載」是什麼。我們提到，下載指的是「重現出『基於過去經驗建構而成的框架』的過程」，也提到陷入「下載」時，會把意識的矛頭指向由過去經驗建構而成的「框架」，並陷在這個框架內。

那麼，下一個流程「看見」（屬於社會場域的「層次二」）又是什麼樣的狀態呢？這裡先讓我們藉由比較「看見」和「下載」的不同，來說明看見流程的特徵（圖表3－5 U型理論的七道流程（看見））。這裡的「看見」也和「內在」密切相關，與行動相比，更重視意識狀態。

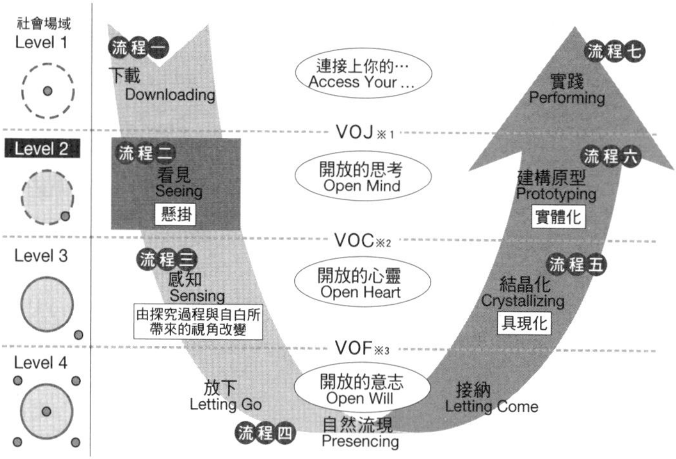

出處：U型理論，經PICJ修改了部分內容

※1 VOJ：Voice Of Judgment的縮寫。評判之聲。
※2 VOC：Voice Of Cynicism的縮寫。嘲諷之聲。
※3 VOF：Voice Of Fear的縮寫。恐懼之聲。

圖表3-5　U型理論的七道流程（看見）

「看見」是指「避免自己的意識被來自腦中的雜念影響，讓自己的意識專注於眼前的現象、狀況、資訊的狀態」。

奧托博士用「圖表3－6層次二：看見（Seeing）」來表示這樣的概念。這個圖代表「在不改變過去框架的情況下，將意識的矛頭指向框架以外的東西」的狀態。

那麼，這又是代表什麼樣的狀態呢？舉例來說，想像一下您在坐電車時，一手抓著吊環，眼睛看著電車外的景象放空，不經意地把手伸進口袋時，突然發現找不到本來應該要在口袋內的錢包或手機，慌張得不知所措，想必您應該有類似的經驗吧。這時您應該會緊

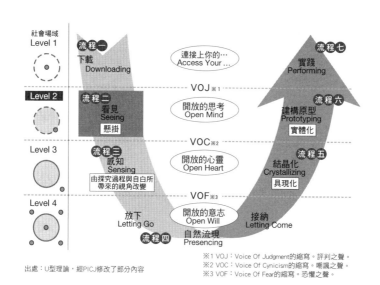

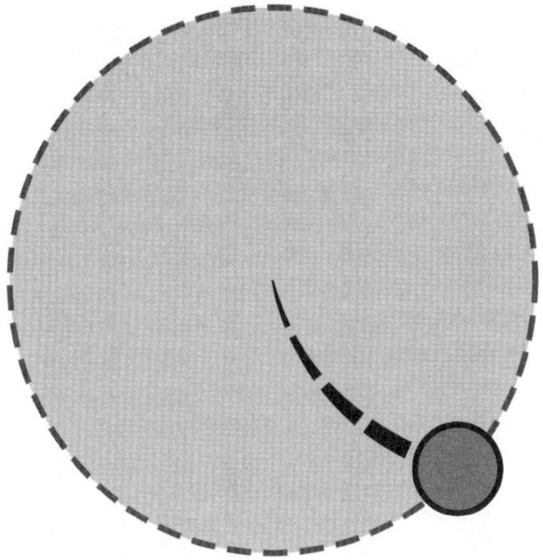

圖表3-6　層次二：看見（Seeing）

張地把口袋、公事包整個翻過一遍，拚了命地想把東西找出來。

其它的例子像是：

- 打保齡球的時候，第一球打倒了八個瓶子，但剩下的兩個瓶子距離很遠，第二球大概只能直接打中其中一個瓶子。於是您開始思考第二球要怎麼丟，才能夠在打倒其中一個瓶子以後，這個瓶子又彈過去打倒另一個瓶子。您吞下一口口水，專注地看著眼前的狀況。
- 遊玩很有速度感的射擊遊戲時，玩得相當投入，甚至忘了要眨眼的狀態。

- 突然聽到男朋友（女朋友）提出要分手時的狀態。
- 突然被告知有人打算惡意併購自家公司的公司經營者。
- 突然聽到消息說信賴的部下可能想要離職的上司。
- 第一次在健康檢查中，查出身體有異常的瞬間。
- 上司突然把自己叫過去，說要降職的瞬間等等。

想必大家在日常生活中，都曾有過被某個突發事件嚇到，或者專注於某項事物而忘我的狀況，這時我們會集中精神在眼前的現象、狀況、資訊。這些狀況有個共通點，那就是**我們的意識不會沉浸在自己的思緒中，而是會被發生在眼前的事情緊緊抓住。**U型理論把這種狀態稱做「看見」。

那麼，接下來就來說明為什麼這個狀態是「下載」的下一個流程，又和創新有什麼關係吧。

「下載」和「看見」的決定性差異，在於當下這個瞬間所獲得的資訊是從何而來。請參考次頁的圖表3－7「『下載』時的對話與『看見』時的對話的差異」。

相信有不少人平時與上司交談時，會覺得「上司總是不懂我的想法」、「上司心中有成見，聽不進其他人講的話」，進而認為「說再多也沒用」，放棄與上司溝通。

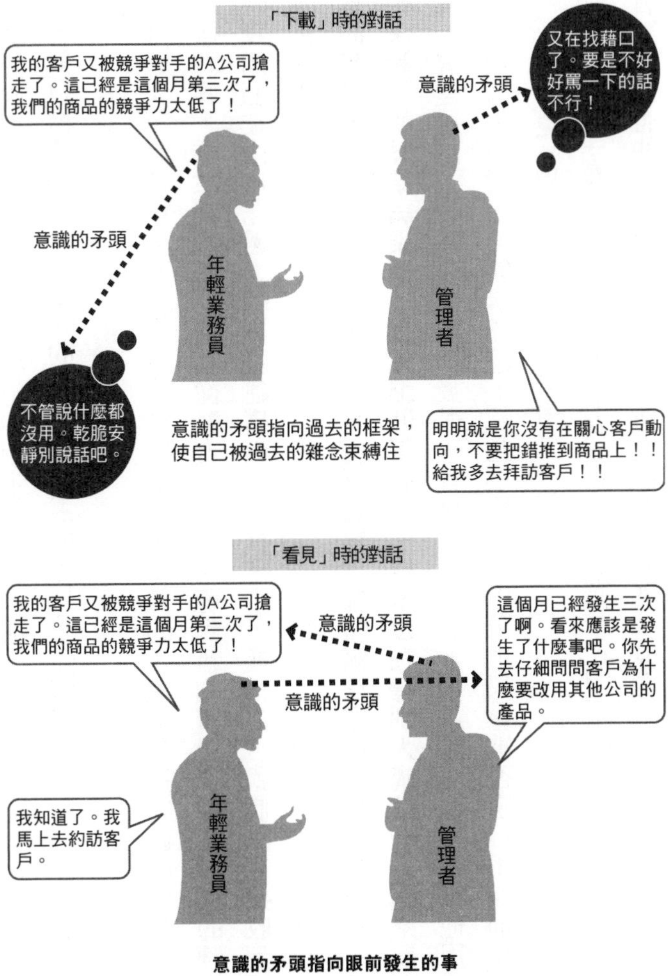

圖表3-7　「下載」時的對話與「看見」時的對話的差異

這時的對話大多已處於下載情境，如圖中所示。雖然看似在交流意見，然而部下卻無法打從心底認同上司在這個情境下發出的指示與建議。部下不僅不認同上司的結論，也不信任上司，只會抱著「奉令行事」的心情進行上面交代下來的事。

若對話陷入下載情境，不管是上司還是部下，意識的矛頭都會指向自己思緒中的各種雜念。這個時候，雖然我們的耳朵有從對方的發言中聽到新的資訊，卻沒有真的聽進去。因為這時我們陷在由自己過去的經驗建構而成的框架中，換言之，我們只能接收到不違背自己的成見的訊息。

下載的弊害是，會用先入為主的成見處理資訊，卻沒辦法察覺到現實的變化，進而做出錯誤的決策。就算結論正確，也會讓部下覺得「根本沒在聽別人講話」。如果反覆出現這種狀況，會導致部下的幹勁下降，覺得「就算想和那個上司討論，也只會被他用成見反駁回來」，進而失去對上司的信任感，認為「反正說出來也只會被否定，不如別說出來還比較好」或者是「只做上司交代下來的事」。

相對於此，在「看見」的狀態下，上司會仔細傾聽部下的一字一句。不同人的「看見」能力各有差異，有些人甚至可以意識到他人細微的舉動、聲音、眼神等變化。當想要提出意見的部下感覺到上司並沒有輕視他的意見的意思時，即使有些緊張，也會開始說出自己的內心話。

不僅如此，為了更確實地掌握狀況，避免自己漏聽掉任何資訊，上司可以再接著提出「你和客戶是什麼時候連絡上的呢？」、「你有問過客戶為什麼會選擇我們的競爭對手嗎？」、「我們是輸給了哪個競爭對手了呢？」、「數據上有什麼變化嗎？」之類的提問。

與下載情境中的對話不同，進行「看見」時，資訊的來源就是欲看見的「事件」本身。隨著狀況的不同，您可能是用聽覺接收這些資訊，或者是用視覺，甚至是用嗅覺。但無論如何，都要將意識的矛頭指向「事件」本身，而不是自己腦中的雜念。

2 拉麵店的老闆如何注意到味道是否變糟

看到這裡，相信各位應該可以瞭解到，相較於「下載」，在「看見」的狀態下，溝通與決策的品質會比較高。那麼，接下來就讓我們來介紹該如何從「下載」轉換至「看見」狀態吧。

以下的答案可能會讓您大吃一驚。**事實上，我們並沒有辦法像是切換開關般，輕易地讓自己從「下載」轉換成「看見」狀態。這是因為，「看見」是一種意識狀態，而不是一種行為。**讓我們來做個實驗，請您試著暫時把目光遠離這本書，把注意力放在其它東西上。

如果你在房間內的話，可以把注意力放在杯子或日曆等任何房間內的物體；如果你在戶外的話，則可試著把注意力放在大樓、行道樹、某個路人之類的目標上。

如何？當你把目光與注意力轉移到某個特定的對象時，腦中是不是會開始出現「為什麼要做這種事呢？」、「杯子看起來真髒」、「那個人穿的衣服還真有品味」之類的想法，進入思考的漩渦呢？

然而，當我們看到月曆還停留在上個月、杯子上有個不該出現的口紅痕跡、走過眼前的路人突然跌倒時，我們便會「啊！」的一聲在內心中發出驚嘆，注意力瞬間被拉過去，使原本在腦中的思考漩渦突然煙消雲散。雖然在這之後，我們應該又會馬上回到思考的漩渦中，不過在我們的內心發出「啊！」的驚嘆時，那一瞬間，我們便從下載情境轉換到了「看見」的流程。

也就是說，**從「下載」轉換到「看見」是一個被動的過程，沒辦法主動催發。**那麼，這種轉換什麼時候會發生呢？

那就是在與**「顛覆了自己的既定假設或固有觀念的資訊」接觸的瞬間。**我們可以用剛才的例子來說明。

- 「應該」要在口袋內的錢包和手機卻消失了。

- 「應該」沒辦法擊倒的保齡球瓶，我們現在卻想把它擊倒。
- 在玩有速度感的射擊遊戲時，敵人的攻擊一波接著一波，讓人有「一波未平，一波又起」的感覺，難以預料之後的發展。
- 「應該」不會分手的對象，卻提出分手的要求。
- 「應該」經營得很穩定的的公司，卻傳出將被併購，經營權將被奪走的消息。
- 「應該」不會離職的部下，卻傳出想要離職的消息。
- 「應該」很健康的身體，健檢時卻出現異常數值。
- 「應該」在現在的職位上做得好好的，卻被降職。

等等，當我們碰上預料之外的發展時，就會發出「咦——！」之類的驚嘆，注意力完全被吸引過去，進入「看見」的狀態。

因此，上司聽部下說話時，如果處於下載情境的話，即使想要主動把部下的話聽進去，也沒辦法立即做到。這個上司在部下把話說完之前，確實「想要努力聽進部下意見」，並想要把意識指向部下說的話。但是，這位上司卻也只是心中想著要把意識的對象轉移過去而已，卻沒辦法把自己從自己的思緒漩渦中拉出來。

等待部下把話說完時，上司的心中會一直出現「還是一樣，每次說話都沒什麼重點啊」、「所以，你到底想說什麼啊？」、「還是只有這點程度啊……」之類的想法。直到部下把話說完，麥克風回到自己手上時，卻開始滔滔不絕地評論，就像是在對部下說「終於等到你說完了！」一樣。問題又恢復原狀。

那麼，該怎麼辦才好呢？難道要一直仰望夜空，像是等待流星劃過般，等待「能夠顛覆自己的既定假設或固有觀念的資訊」出現才行嗎？

答案是「Yes」。我再重複一次，我們沒辦法主動從「下載」轉換至「看見」的狀態，只能被動地被轉換，因此我們除了等待之外什麼都做不了。

聽到這種話，或許有些人會憤慨地說「這樣的話，我們不就只能聽著部下的話，跟著他們的思路走了不是嗎！這樣根本就沒有改善的空間嘛！」事實上，這其中還潛藏著一個看似不明顯，但實際上影響很大的因素。那就是，**就算我們只能「等待」，也可以試著提高「『等待』時的品質」**。若用剛才提到的比喻來說明，就是到街燈比較少的地方，躺著仰望天空，等待流星出現。

到底是怎麼回事呢？以下我想用一個我從工作夥伴那裡聽來的例子來說明。他是從一位公司經營者那裡聽來的，而這個公司賣的是營業用廚房機器。

您知道拉麵店的老闆是用什麼方式判斷今天的拉麵做得好不好吃的呢？畢竟沒有人會特地和老闆說「老闆，今天的拉麵很難吃耶」。那老闆要怎麼判斷呢？據說，拉麵店老闆會從客人結帳時拿出零錢的方式，或者是關門的聲音，察覺到「啊，今天的味道大概不大對吧」，於是重新調整味道。

這個拉麵店老闆的故事充分表現出了如何「提高『等待』的品質」。客人並不會對自己做的拉麵明確表現出好吃或難吃。或許在離開的時候會對老闆說「太好吃了！」之類的話，但卻無法由此判斷拉麵對這位客人來說是不是真的好吃到下次還會再來。

要從客人的反應看出新的菜色如何，並不是那麼困難的事。但麻煩的是，店家招牌菜的味道也可能會漸漸改變。如果有一位過去常拜訪這家店的常客有一陣子沒來過，當他再次拜訪時，可能會覺得「咦？怎麼鹽味變得那麼重，那麼難吃呢？明明之前吃的時候還覺得很美味的……」，進而對這家店失望。

偶爾才會來一次的客人會在吃拉麵的時候，和過去的拉麵味道做比較。也就是說，他們更容易進入層次二的看見狀態。不過每天都在做相同拉麵的店家，卻不容易注意到拉麵味道的變化，正是我們前面提到的下載情境。

這又稱做「服務提供者的進退兩難」。服務提供者沒辦法體會到客人實際上的感覺，即拉麵店老闆很難感覺到自家拉麵的味道（≒提供價值）是否有改變。

假設我們用數字「1」來代表今天（第一天）的鹽味拉麵味道。而隔天（第二天）的味道可能會改變百分之一，也就是一%。故第二天的味道就會是「一．〇一」。這個差異非常小，就算沒注意到也並不奇怪。

而就算第三天的味道和第二天的味道差了百分之一，第三天和第一天的味道也只差了0.0201而已。別說我們不容易察覺第三天和第二天的味道差異，就連第三天和第一天的味道差異也很難分得出來。

不過，如果「次日的味道都和前一日的味道相差一%」這種情況持續下去的話，大概過一個半月，或者說四十二天後，味道就會變成「一．五」，也就是第一天的一．五倍。而過了兩個月多，或者說是七十一天後，味道就會超過「二．〇」，也就是第一天的二．〇倍。一年後（三百六十五天後），差距可以達到三十七倍。

當然，這只是理論上的計算，實際上味道不太可能會變化那麼多。重要的是，如果今天的味道和前一天相比差了一%的話，每天做拉麵的人可能感覺不出來今天的味道和昨天、前天有什麼差別，也想不起來兩個月前是什麼味道，但偶爾才來吃一次的人可能會感覺到兩倍以上的差異。

我們的認知系統習於忽略這些細微差異，這也是下載的陷阱。然而對於拉麵店老闆來說，招牌拉麵如果味道出現重大變化的話，可是會要了這家店的命。於是把這點銘記於心的拉麵店老闆，不會只依賴自己的味覺，而是看見客人們細微的變化，藉此瞭解拉麵的味道是否有改變。

老闆會看見結帳時拿出零錢的方式，以及關上門時的聲音，藉此「提高『等待』的品質」，讓自己比較容易出現「咦——！」的驚嘆，也就是讓自己比較容易進入層次二的狀況。而當老闆出現「咦——！」的驚嘆時，就知道應該要重新檢討拉麵的味道了。這種進入新的思考領域的方式，正是奧托博士說的**「連接到『開放的思考』」**。

當我們下載情境中時，會一直重現過去的思考與經驗，故可以說是把自己關在「封閉的思考」內。相較於此，**當我們進入層次二，出現「咦——！」的驚嘆時，就會從眼前的事物獲得新的資訊，產生新的思緒。這就是「開放的思考」，也是創新的第一步。**

3 得過日本經營品質獎的高爾夫俱樂部員工，如何共享他們的「發現」

而提升「等待品質」的訣竅，就是前一節中介紹的「懸掛」。我們前面曾介紹過，懸掛的意思是「當自己陷入前面提到的那些下載情境，並注意到自己已陷入下載情境時，在獲得能夠打破自己的框架的資訊以前，先不要做出任何定論。就算真的要做出一些判斷，也請把它當成暫定的結論就好，保留對它的懸念」。

當我們進入「下載」時，會將來自「外在世界」轉瞬而過的一個個資訊自動做出取捨，並改變其原意。**而「懸掛」這個行為，可以幫助我們突破這個思緒漩渦，讓我們能夠確實接收到「顛覆了自己的既定假設或固有觀念的資訊」，發出「咦——！」的驚嘆，進入「看見」的狀態。**這就是提高「等待的品質」的秘訣，也可以幫助我們「聽進部下講的話」。

有的時候，就算想要好好聽部下講話，卻總覺得難以獲得「顛覆了自己的既定假設或固有觀念的資訊」。這時我們會認為「自己可能已經進入了下載情境，所以才會聽不進部下講的話」，而這個時候通常也只能提出暫時性的建議與指示。但聽了一陣子之後，可能會突然出現讓你有「哦，這傢伙說得比以前好多了嘛！」或者是「咦——原來你還有想到這些啊」之類，讓你感到新奇的見解，就像飛過眼前的流星般讓人驚喜。

習慣於「懸掛」的人一般會被認為擁有「Sense of Wonder」（驚人的感官），他們的好奇心旺盛、姿態柔軟，能力也很強。他們也常被人說「那個人很善於傾聽」，或者是「和那個人聊過之後，雖然不一定會得到什麼具體的建議，卻可以把自己的思緒好好地整理一遍，讓人覺得很不可思議」。「懸掛」可以說是提升日常溝通品質的最佳方法。

以下就介紹一個適用於組織機構的案例，說明能使人們較容易從「下載」轉移到「看見」的方法吧。

「千葉夷隅高爾夫俱樂部」曾獲得一九九七年度的日本經營品質獎，這個高爾夫俱樂部有一套機制，可以幫助全體員工們較容易從「下載」轉移到「看見」狀態。這使得它們能夠持續檢討、改善自己的工作。

其中最吸引我注意的，是讓他們在工作時也能夠發現新的資訊，產生「咦——！」的驚嘆，並共享給所有俱樂部內員工的方法。讓他們驚嘆的內容不一定是好事，其中也包括了可能讓客人們感到不滿的事情。當員工們發現這些事時，會盡速把這些事紀錄在卡片上，分享給組織內的所有人，促進整個組織的持續改善。舉例來說，會員們可能會感謝桿弟的服務，或者感到不滿，但就算桿弟們直接問客人的感覺，客人們通常也不會說出真心話。不過，在高爾夫結束後，會員和一起比賽的朋友們留著一身汗，進入浴室時，除了清洗身體、泡澡、放鬆身心之外，可能還會彼此聊起「那個桿弟還真是機靈」、「那個桿弟話也太多了吧」之類的話題。

負責清掃浴室的人聽到這些話之後，會把它寫在卡片上，報告給大家聽。故這個意見可以即時回饋給桿弟，以及櫃台人員。當客人要離開的時候，櫃台人員可以立刻向客人表達感謝或歉意。

我們可以想像得到，如果整個俱樂部可以徹底進行這種機制，便可持續提升服務品質。而這個俱樂部與眾不同的高品質服務也會成為口碑，在高爾夫球界廣為流傳。當然，我並不是說他們只靠這個就可以獲得日本經營品質獎，但想必這也是他們能獲獎的一個重要原因。

至此，為了讓各位深入瞭解U型理論的「看見」是什麼意思，我們將「看見」與「下載」互相比較，並詳細介紹了什麼是「懸掛」。最後，讓我們來看看在日常生活中，應該要怎麼提升「懸掛」的能力吧。

4 如何提升「懸掛的能力」

「懸掛」的能力並非一朝一夕便可熟練，以下我們將介紹幾種相對來說比較簡單的訓練方式。

1. 將自己的思緒全部吐露出來

我們可以藉由徹底吐露出所有在腦中的思緒，營造出容易達成「懸掛」的狀況。可以試著把這些思緒講給其他人聽，也可以把它們全部寫在紙上。如果是用嘴巴說的話，很有可能會把同一件事重複說很多遍；如果是寫在紙上的話，因為可以留下紀錄，故比較不容易讓自己陷入下載情境，效果通常會比較好。

2. 提升觀察力

我們之所以會陷入下載情境，其中一個原因就是：**明明自己的「感覺」只是其中一種「解釋」而已，但我們卻沒發現這點，逕自把自己的解釋當成事實或現實來處理。**如果我們能夠先不要對發生在眼前的事物做出解釋，只在一旁觀察，那麼就比較不容易陷入思考的漩渦，而是進入「懸掛」的狀態。

為了達成這件事，我們需要培養兩種能力，一種是能夠仔細觀察眼前事物的能力，另一種則是察覺到自己正在用腦中的思緒擅自對事物進行解釋的能力。培養任何一種能力皆可提昇「懸掛」的能力，不過如果能同時訓練這兩種能力，就能有雙倍的效果，使自己更容易習得「懸掛」的能力」。

3. 提升後設認知能力

這也和「2.提升觀察力」有關。所謂的後設認知能力，就是「認知自己的認知」的能力。提升這種能力，也有助於提升「懸掛」的能力。舉例來說，當您在閱讀這本書的時候，如果認知到「我似乎不太擅長處理這一類的問題啊」的話，就是在認知「自己的認知」這件事。後設認知能力越高，就越不容易陷入自動反應式的思考，容易進入「懸掛」的狀態。

以上就是對「看見」的介紹。若越能維持「看見」的狀態，就越能進行「開放的思考」，從中獲得更多至今不曾想過的想法。因此，只要抱持著輕鬆的心情進行訓練就可以了。

第4節　【流程三】感知（Sensing）

1 罹患帕金森氏症的母親真正的不安

第三個流程「感知」位於社會場域的「層次三」（如次頁的圖表3－8 U型理論的七道流程（感知））。這個流程也和「內在的狀況」有關。

如果說層次一到四分別代表「起承轉合」的話，這裡的層次三就相當於「轉」。只要照著至今介紹過的方式練習，要達到層次一至層次二並不是什麼困難的事。不過**在層次三中，我們需要打破自己過去的框架，挑戰認知的界線，看到自己原本看不到的事物**。因此，如果單單只是改變做法，或者只是任憑自己的思緒自由發展，是達不到這個層次的。然而，當我們抵達層次三的時候，就像是進行到起承轉合的「轉」一樣，一定可以讓事情的發展與過去的經驗完全不同。

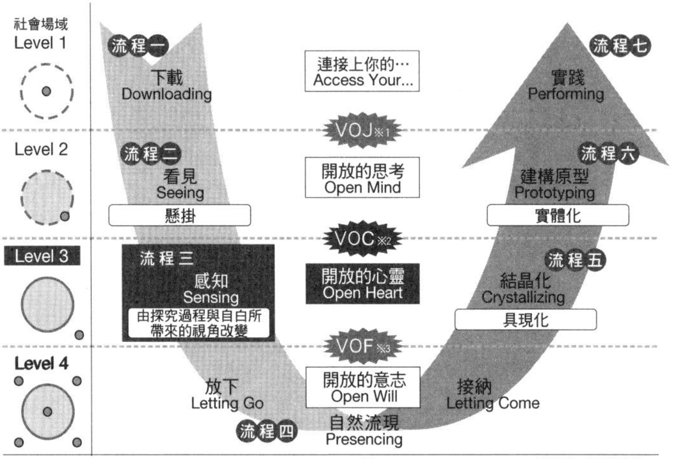

出處：U型理論，經PICJ修改了部分內容

※1 VOJ：Voice Of Judgment的縮寫。評判之聲。
※2 VOC：Voice Of Cynicism的縮寫。嘲諷之聲。
※3 VOF：Voice Of Fear的縮寫。恐懼之聲。

圖表3-8　U型理論的七道流程（感知）

為了讓各位瞭解到我們在「感知」流程中可以做到哪些事，又會有什麼樣的感覺，以下將介紹一段我和我母親的故事。

我在位於廣島縣吳市一個名為川尻町的鄉下村莊長大。雖然在市町村合併之後，川尻町被併為「吳市」的一部分，不過在數年前仍屬於「豐田郡」。如其名所示，是一個到處都是田的鄉下村莊。我的母親便是在川尻町出生、長大，雖然她現在已經六十五多歲了，卻從來沒有搬離川尻町過。

雖然她是一個很溫柔的母親，但她卻會一直重複說著我或周圍的人很久以前就知道的事，同一件事還會一直說個不停。

母親在二〇一一年一月左右時，被確診為帕金森氏症的病患。而在過了一個半月後，也就是二月底左右時，住在當地的哥哥才透過電子郵件告訴我這項消息。

據說他們是因為不想讓住在東京的我過度操心，所以在精密檢查結束後才告訴我這件事。在我收到郵件的前一天，他們還開了家族會議，討論是否要告訴我這件事。被這件事嚇到的我，馬上打電話回老家。雖然那時是週間的上午，不過那天我在家裡工作，所以可以打電話給家人。

母親接起我的電話之後，有點尷尬地說「啊——你收到我生病的消息了吧」。

「真沒想到我的腦居然會得病啊，而且還是這麼麻煩的病。你媽媽我啊，在川尻出生長大，明明也沒做過什麼壞事，為什麼還會得到這種病呢？真是不管怎麼想都想不透。醫院的醫生拿給我了一本小冊子，要我好好讀過。那本小冊子上寫了一大堆症狀，而且每個症狀我都有，真是越看越提不起勁。我找了A小姐（擔任護理師的阿姨）討論，她也告訴我一大堆相關知識，這又讓我更消沉了。你爸爸和你哥哥還對我發脾氣，要我不要再聽其他人亂說了。」

母親一口氣說完了這些話。

雖然母親的聲音聽起來很健朗，但總覺得帶有一些辛酸。我說不出話來，只能一邊聽，一邊「嗯、嗯」地附和著。不過在我聽著母親健朗的說著話時，發覺母親真正想說的似乎不是這些，於是我突然開口問她「媽媽，你是不是覺得很不安呢？」。

這個瞬間，電話另一端的母親開始哭了起來，一邊哭一邊說著「我知道要是我和僚（也就是我）講這些事的話一定會哭出來，所以才一直沒打電話給你啊」。

「媽媽我啊，就算知道自己得了這個病，也沒有在任何人面前哭過喔。我覺得自己應該要表現得堅強一點才行，所以在你爸爸、你哥哥，還有親戚們面前，都是一直微笑著。」

「你爸爸和你哥哥總是叫我做那個、做這個，但我哪有做這做那的心情啊，我做什麼都提不起勁啊。可是我也不想讓他們看到我這個樣子，只好強顏歡笑啊。」

「媽媽我啊，每天每天都會到奶奶的墓前參拜，對她說『媽媽啊，快來帶我走吧，快把我帶到那個世界去吧。我都得到這種病了，要是躺在床上不能動的話，還得麻煩我老公照顧我，這樣他也太可憐了』，一個人在墓前哭。」

媽媽一邊哭一邊說著。我聽著她說這些事，也在不知不覺中流下淚來。

讓我驚訝的是，我本來以為母親是因為「得到重病而感到不安」，不曉得這個病對自己的未來有什麼影響而感到不安，但其實母親擔心的是已經很老的父親以後可能還要照顧自己，形成「老人照顧老人」的狀況，覺得父親很可憐而感到不安。我沒想到母親對父親的愛那麼深（因為以前沒有實際感受到），於是我也因為愛情的偉大而落下淚來。

聽母親說話的時候，我一直想對她說「不要每天都跑去奶奶的墓前對她說『快把我帶到那個世界去吧』之類的話啊！」，但這句話到了喉嚨時又被我吞回去了，只靜靜地做一個聆聽者。

母親後來一直說著「我就知道和僚說這些事的話，媽媽我一定會哭出來的。明明在你爸爸和你哥哥面前都沒哭呢」，同樣的話重複了好多遍。我對母親說「離家那麼遠的我，唯一能做的就是聽您說這些話而已，所以您想什麼時候聯絡我都可以，我也會多找時間打電話給你的。雖然距離遙遠，但如果聽你講話可以幫到你的話，我也會很高興的」。母親「嗯、嗯」地連聲答應。

於是我們結束了通話。這天我花了一整天在網路上搜尋帕金森氏症的資料，幾乎沒有碰工作。

兩天後，我試著打電話給媽媽。

我問「媽媽，感覺怎麼樣呢？」，她回答「媽媽我啊，和僚聊過之後就覺得舒服多囉。昨天我呢，到你奶奶的墓前向她許願『媽媽啊，我要活下去！所以您別帶我走了，但要好好保佑我身體健康啊！不過，要是我躺在床上不能動的話，要馬上來帶我走喔！』。明明前幾天還在求她『快來帶我走』，現在卻改成求她『別帶我走』，你奶奶應該也會嚇一跳吧。媽媽我啊，決定要努力活下去了」。

雖然母親仍對疾病感到不安，但她現在的這一席話卻表現出了前天所沒有的毅力。而聽到這些話的我也差點流下淚來。掛下電話之後，我不禁覺得「我有接受過『聆聽』的訓練實在太好了」，於是一個人開始哭了起來。

以現代的醫療技術，我們仍無法治療帕金森氏症，只能用藥物延緩它的進行，然而這些藥物會造成強烈的副作用。雖說如此，在母親被診斷出帕金森氏症之後已過了三年，現在的她仍能夠正向面對這個疾病，每天過著開朗的生活。

2 站在他人的視角，便可釐清事物的狀態

曾有個長年學習心理學的人告訴我**「心理學中的成長，指的是在自己的心中增加其他人的視角」**。當時的我聽到這些話時沒有什麼感覺，不過現在想起來，這大概就是在說U型理論中的「感知」吧。

奧托博士**將這種「感知」的狀態比喻成「脫掉自己的鞋子，再穿上對方的鞋子的狀態」**。這指的是穿上別人的鞋子，親自體會到對方的感覺，用自己的眼睛觀看對方看到的東西。

U型理論與過去解決問題的方法或創新方法截然不同的地方，就在於U型理論認為，要是沒辦法「在自己的心中增加其他人的視角」的話，就沒辦法解決複雜的問題。這也是

U型理論的核心。

在層次一的「下載」狀態中，會想要用過去的經驗解決問題；層次二的「看見」狀態中，會想要用數據分析之類的方式來解決問題。這些方法雖然可以處理繁雜性問題，卻對大部分的複雜性問題一點辦法都沒有。

我們在第一章中曾介紹過問題的複雜性（「動態複雜性」、「社會複雜性」、「新興複雜性」）。如果沒有進入層次三以上的境界，不僅找不到解決問題的線索，還有可能會讓狀況惡化。特別是當「社會複雜性」高時，不同人的價值觀、信念、利益彼此衝突，過去的經驗也各不相同，這樣的複雜性容易使討論成為平行線，產生各種對立與衝突。

U型理論認為，當我們沒辦法站在「對方的角度」思考事物，只站在自己的角度提出自己的主張時，就沒辦法獲得對方的贊同或協助，進而導致關係的破裂。

剛才提到的我與母親的故事中，我的父親與哥哥都想要讓母親打起精神來，但可惜的是，他們用的方法效率並不高。另外，我們在第一章中曾提到公寓修繕儲備金漲價的例子，在那個例子中，即使拿出經過縝密的分析後得到的數據做為立論基礎，卻難以獲得所有人的認同，無法圓滿解決這個問題。在凱絲美公司的例子中，公司長年業績不振，然而在社會場域進入層次三之前，不管用什麼策略，都沒辦法讓公司起死回生。

不只是這些例子，當我們陷入以下狀況時，必須站在別人的角度看事情，也就是讓社會場域進入層次三，才有機會打破僵局。

- 一直原地踏步，沒有進展的對話。
- 像是「多頭馬車」般，每個人都堅持己見，無法團結的團隊。
- 領導者喊得很大聲，員工卻沒什麼意願跟進。
- 為了同一件事一直爭吵的夫婦或情侶。
- 總是在抱怨「找不到公司的No. 2」、「要是公司內還有兩三個像我一樣厲害的人就好了」的經營者。
- 缺乏危機意識或當事者意識的組織。
- 派閥爭鬥嚴重、一直在互相扯後腿的組織，或者是深受縱向分割帶來的害處所苦的公司。
- 責備公司高層與企劃部門「不瞭解第一線情形」的第一線人員；以及輕視第一線人員，責備他們「目光短淺，只看到眼前利益」的公司高層與企劃部門。
- 業務部門與研發部門一直互相指責對方。
- 商品或服務不受顧客歡迎，卻一直不見改善的公司狀況。

只有進入社會場域的層次三，才能夠找到解決這種隨處可見，又「令人頭痛的問題」的線索。

3 消除過去的不滿，擁抱「開放的心靈」

「感知」指的是「破壞基於過去的經驗建構而成的框架，從框架的外側看見現在的自己，以及目前狀況的狀態」。奧托博士以次頁的「圖表3－9層次三：感知（Sensing）」來表現這種狀態。

我們常聽到「成為父母之後，才瞭解到父母的辛苦」、「開始有了部下之後，才體會到那時候上司說的話是什麼意思」之類的話。然而，就算平時我們隱約可以推測出和自己不同立場的人會有什麼樣的想法或心情，但除非我們實際站在他們立場上，不然我們通常難以體會到他們的苦衷。

不是只靠自己的腦袋推論，而是要「在自己的心中增加其他人的視角」，也就是讓自己處於「破壞基於過去的經驗建構而成的框架，從框架的外側觀察現在的自己，以及目前狀況的狀態」，這樣我們才能夠「明白〇〇先生的心情」。

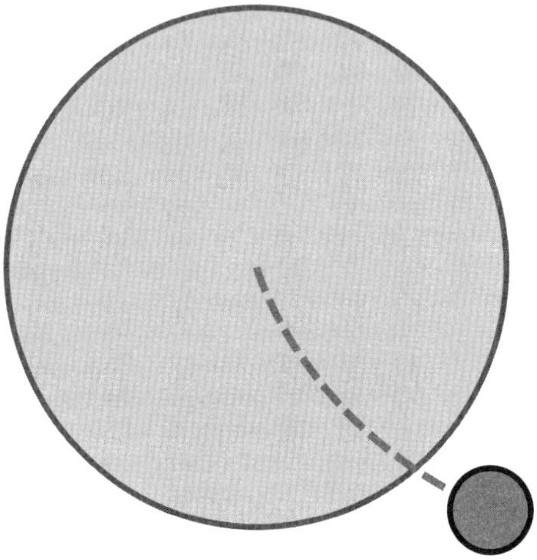

圖表3-9　層次三：感知（Sensing）

與只靠自己的腦袋推論相比，如果能夠「增加其他人的視角」，站在其他人的角度思考的話，就可以聽得到對方想講但講不出來的心聲，自然而然地關心起對方。而且，這時的您也會設身處地地理解對方發言的背景與目的，和對方站在同樣的角度看待事情，如此一來便不會任意責罵對方了。

換言之，我們接受他人意見的度量也會變得比較大。由此看來，「增加他人的視角」也代表著一個人有所成長。另一方面，被認為是不太機靈的人，往往只擁有「自己的視角」而缺乏「他人的視角」。

U型理論中，將「感知」解釋為「從場域中感知」。不管您是否曾體驗過這種感覺，可以把它想像成是在自己的內心增加存在於某個場域（狀況或環境）內的各種視角，再透過這些視角去感受場域（狀況或環境）的狀態，就像是親自站在各種視角看待事物一樣。

所謂的各種視角，不是只有他人的視角，還包含了自己未曾經歷過，也就是未來的自己的視角。有些人會對「要是生活得那麼不健康，身體什麼時候壞掉都不知道」之類的話一笑置之，當他們在某一天的健康檢查中發現身體有異常，疑似得了某種重病時，便會臉色一青，開始反省自己不健康的生活。這就是從未來被病魔纏身的自己的視角，看待現在的自己的瞬間。

奧托博士認為，**當我們進入「感知」狀態時，就代表我們達成了「開放的心靈」**。在層次二的「看見」中，我們可達成「開放的思考」，卻還無法達成「開放的心靈」。

第一章中我們提到了公寓修繕儲備金漲價的例子。在這個例子中，雖然我們腦袋可以理解「自己已經老了，再過二十年後可能就不在這個世界上了。靠著年金過生活的自己光是負擔生活費都有些勉強了，就算這個二十年後的計畫寫得有多好，都和我沒關係」這樣的意見，但卻沒辦法把它當成自己的事，沒辦法產生共鳴——也就是說，沒辦法達成「開放的心靈」。雖說如此，我們卻可達成「開放的思考」，故不會像處於下載情境的人那樣，把這樣的意見抹煞掉，而是能夠把它當成其中一種意見，放在大家面前討論。

不過，如果反對漲價的老人們向我們坦白他們的理由，譬如他們可能會說「很抱歉說出『我才不管自己死掉以後會變成怎樣』這種小家子氣的話，連我自己都覺得很不好意思。但是，去年我老婆才因為腦溢血而倒下，現在還躺在病床上無法起身，而我們拿到的保險理賠金只有一點點，所以生活突然變得很拮据。老實說，我們真的沒辦法再負擔更多金額了」之類的話，這樣我們或許就不會再那麼針鋒相對，不會浪費時間在彼此對立上，而是能夠一起思考還有沒有其它解決辦法。

這番話能夠觸動每個人都擁有的、純粹的同理心。而這就是達成了「開放的心靈」的狀態。達成「開放的心靈」時，一直盤旋在腦中的雜念，也就是VOJ（Voice Of Judgment：評判之聲）就會馬上消失。

當基於過去經驗建構出來的框架受到刺激時，就會產生出VOJ。而當框架消失時，VOJ也會跟著被消滅。和過去吵得不可開交的對象和解、放下心中的不滿，把對方當成和自己一樣的人，這些都是能幫助您達成「開放的心靈」狀態的行動。

4 實際感受他人「難以用言語表達的感覺」

由前所述，當我們達到層次二的「看見」狀態時，就已經跨越了下載情境，不再被過去的框架所囿限，而可以做到「開放的思考」。這麼看來，如果只是要解決問題的話，做到層次二的「看見」就應該就足夠才對。既然如此，為什麼碰上複雜性問題時，還得進一步深入至層次三的「感知」，做到「開放的心靈」，才能夠找到解決問題的線索呢？「開放的思考」和「開放的心靈」之間，又有什麼差別呢？

進入「開放的思考」的境界時，確實就不會像由下載情境那樣，在言談之間一直提出自己的偏見、並恣意抹煞掉不符合框架的資訊，而是能夠和他人進行相對開放的討論。特別是在分享數據之類的客觀資訊，並以此進行討論時，會更容易進入「看見」的狀態。但如果碰上以下這些複雜性較高的狀況的話，光是進入「開放的思考」，仍不足以解決問題。

- **動態複雜性高的狀態**

由於原因與結果之間的關係錯綜複雜，**使得眾人對於狀況與數據的解讀有很大的差異**，造成討論兜圈子，進度停滯不前。

- **社會複雜性高的狀態**

由於每個人有不同的立場或角色，使各人的優先事項有所差異。**在利益有衝突，或者是價值觀、信條不同的情況下**，雙方的見解像是平行線般找不到交集，在情感上也發展成對立的狀態。

- 新興複雜性高的狀態

由於過去未曾遇過同樣的問題，故無法預測之後會怎麼發展，也不曉得正確答案是什麼。雖然大家一一提出各種假說，卻眾說紛紜沒有定論。就算有人提出「應該要怎麼做」，也**沒有人能確信接下來的決策是對的，故無法取得眾人信任並參與。**

會進入這些狀態，是因為當事人們沒辦法接受自己以外的視角。也就是說，當事人們會排斥以下視角：

- 用不同的角度去捕捉動態複雜性問題的他人視角
- 立場、利害關係、價值觀與自己不同的對象的視角
- 無法解決新興複雜性，只能杵在那裡的未來的自己的視角

當事人會**將頭腦與心靈切開，只捕捉事物的某個面向，進而進入這些狀態。**

進入「開放的心靈」的境界時，會接受與目前的自己僅有的視角相異的視角，看到其他人所看到的世界，以及未來的自己所看到的世界。而且不只是用頭腦理解，還會用心去感受。也就是說，連言語無法形容的感覺、感情、體驗等，都能夠感受得到，就像是發生在自

己身上一樣。

另外，達到層次三「感知」時，過去的框架會開始崩壞。而在建構新的框架來認識事物時，我們的腦中會浮現出至今不曾有過的想法，做為一個人應有的善良與誠實等也會湧現出來。於是，**我們便不會強硬地說服他人，迫使對方接受自己的主張，或者靠權力使對方屈服，而是會深入思考自己還能夠做些什麼。**

當然，碰上複雜性高的問題時，即使站在他人的視角思考，或許也沒辦法很快地找到簡單的解決方法，讓人感到沮喪又糾結。這種糾結狀態肯定會讓人覺得不舒服，但至少可以避免自己說出「什麼啊，這傢伙根本聽不懂我在說什麼！」之類，責備對方、讓狀況惡化的言詞。這樣至少可防止事情演變成最壞的狀況。

不管我們最後有沒有擺脫這樣的糾結，有沒有找到解決的方法，我們都已能正視、面對這些問題，使我們各自都能擁有新的視角，不再重複相同的爭吵，不再是沒有交集的平行線，不再停滯不前，使事態有所轉機。

5 藉由「內省與自白」，引出對方純粹的「心聲」

那麼，有什麼方法能夠促進我們抵達層次三的「感知」、進入「開放的心靈」的境界呢？要怎麼做，才能夠擁有「自己以外的視角」的可能性呢？

關鍵就在於「內省與自白」。我們之後會說明什麼樣的情境可以讓我們容易抵達層次三的「感知」（請參考第176頁），除了讓自己處於這樣的情境之外，若能夠再提醒自己要「內省與自白」，便可促進自己抵達層次三的「感知」，讓自己進入「開放的心靈」的境界。

內省在英文中是Reflection，即反射、倒映在鏡中或水中的影子的意思。這裡的意思是，以大腦的活動為鏡，反射出外部世界的樣子，在內心中映照成「像」，反思這種大腦的活動方式。

我們總以為自己能夠完全理解外部世界的樣子，實際上，我們是利用感覺器官蒐集外部世界的資訊，在大腦處理過這些資訊之後，我們才能夠認識到外部世界的樣子。但在處理的過程中，可能會讓資訊產生各種扭曲。譬如說聽錯別人說的話、聽不進別人的話又自以為是之類的行為，就會扭曲我們接收到的資訊。而回顧這些由扭曲的鏡子在腦內造成的扭曲認知，就是Reflection原本的意思。

這裡介紹的內省除了Reflection原本的意思，也就是回顧自己看待現實的方式、對現實的想法，以及過去的框架之外，還有著**探究自己內心深處所體會到的東西、聆聽從自己的內在湧現出來的靈感與直覺的意思**。

當我們處於下載情境時，將盤旋在腦中的VOJ（Voice Of Judgment：評判之聲）懸掛起來，觀察是哪些過去的框架衍生出了這些VOJ，並深入瞭解在這些框架之下，自己真正的感情與心情是什麼樣子，從內心深處湧現出來的靈感與直覺又是什麼樣子，這就是內省。

而自白，則是指將內省所看到的東西向別人坦白。**許多人以為，將過去隱藏起來的VOJ吐露出來，讓情緒發洩出來，就是自白。但事實並非如此。如果不是經過內省之後獲得的東西，在大多數情況下，都不會是好的自白，反而會破壞彼此的關係。**

不是單純把VOJ吐露出來，而是要在內省時看到的東西以自白的方式說出來。內省過後，我們可以藉由自白說出對方與自己內心深處的聲音。這又叫做**「自白的回報性」**。要是自白沒有這樣的特徵，那就只是單純發洩自己的VOJ而已。

在對方自白的時候，我們也可以藉由這種「自白的回報性」，感受到對方真正的心情或想法，讓自己能站在對方的視角看待事情。談論帕金森氏症的母親和我，就是藉由「內省與自白」而抵達了層次三的「感知」。

在我和母親的電話中，剛開始時，我的母親在說話時盡可能讓自己表現出堅強的樣子，我一邊聽她說，一邊傾聽從自己的內在湧出的聲音。聽了一陣子之後，我突然感覺到了母親真正想要講的事。於是蹦出了一句與上下文無關的「媽媽，你是不是覺得很不安呢？」。這就是產生「內省與自白」的瞬間。

這時也產生了「自白的回報性」，母親一邊哭一邊坦白了自己真正的心情。母親之所以會感到不安，除了因為生病的自己會變得虛弱之外，主要還是因為父親需要照顧變老的自己，形成「老人照顧老人」的狀況。

於是我瞭解到這才是母親的不安的真正來源，抵達了「感知」的境界，能夠站在母親的視角觀看這件事。我自己也因為達到了層次三的「感知」境界，故不會隨便地把搜尋到的帕金森氏症症狀資訊告訴母親，也不會隨便給建議，避免讓母親不知道該如何是好。

另外，對於母親而言，帕金森氏症可說是一個有「新興複雜性」的問題，她在面對這個問題時只會覺得不知所措，對未來感到不安。不過，當她藉由自白的方式，將自己恐懼的事物明確說出來之後，就能夠站在未來自己的視角看待這個疾病，抵達層次三的「感知」境界，並選擇要努力活下去。因此，只有「開放的心靈」能夠解決「開放的思考」所無法解決的狀況，發展出新的局面。

6 察覺潛藏在內心深處的失望和嘲諷之聲

「開放的思考」可以讓我們從下載情境轉移至「看見」狀態，只要接觸到能夠顛覆過去框架的資訊，就能夠實現這一點，相對上較容易。

相較於此，若想要從「看見」狀態轉移至「感知」狀態的話，就沒那麼容易了。因為要是沒有真正破壞掉過去框架的話，是沒辦法達到這個境界的。

所謂的過去的框架，指的是由過去的經驗培養出來的固定觀念。這樣的經驗越是強固，這個框架就越難被破壞。而在U型過程中，最難被破壞的框架就是**「VOC」（Voice Of Cynicism：嘲諷之聲）**。這就像是自己在過去某個時間點上像法官決定一樣，對他人、自己，做出負面的判決。可能是放棄自己的人生，也可能是對其表現出否定的態度，由此而形成的框架，就是所謂的嘲諷之聲。

像是「到頭來，人與人之間還是無法互相理解」、「到頭來，人還是只會考慮到自己」、「到頭來，人還是會背叛他人」、「到頭來，自己也只能當個配角」之類的聲音帶有強烈的放棄、否定心態，嚴重的話甚至會讓人信以為真。這些VOC會逐漸進入我們的潛在意識，我們平常卻不容易注意到，而在不知不覺中影響我們的價值觀。

若我們透過這些VOC的框架去觀看這個世界的話，即使看到對方的善意，也會認為背後是不是有什麼陰謀；看到別人成功時，無法真心給予祝福，卻用嘲諷的態度面對他們。或者是在千載難逢的機會來臨時，卻因為覺得「自己不可能做到」而害怕前進。或者說，VOC產生心理態度與溫柔、誠實、真心等「開放的心靈」背道而馳的狀態，使自己更難進入「開放的心靈」的境界。

我們前面提到，內省的其中一個意思是回顧自己看待事物的方式、想法，以及過去的框架。回顧時，找出自己的心理深處有哪些由VOC所形成的過去框架，是進行U型過程時的一大重點。

深刻反省自己，找出自己擁有什麼樣的VOC，然後向周圍的人自白，耕耘自己的社會場域，使自己達到「感知」的境界，便能夠促進周圍形成良好的氣氛，成為一個適合暢談的空間。

7 由「傳說的雜誌」的創刊秘辛，觀察創業者如何瞭解消費者並導入到自己想法

看到這裡，或許您會認為只有在處理人際關係問題，或者是需要讓同事同意、參與您的活動時，才需要進入「感知」的狀態，實際上當然不是如此。不管是企劃立案、商品開發、事業開發，或者是創造出其它新事物的時候，「感知」都是很重要的過程。

和三、四十年前相比，在這個日新月異、價值觀多樣化的現代社會，要創作出熱門商品越來越困難了。如果不是能讓消費者覺得「很需要，但現在找不到」、「這就是我要的東西！」的商品，是沒辦法引起風潮的。但並不是所有人都會明確地說出「請您做出這樣的東西」，所以這就像哥倫布的蛋一樣，用嘴巴說很簡單，實際上卻沒人能第一個做出來。

不過，雖然消費者不會對我們說「請您做出這樣的東西」，但如果同樣做為消費者的

我們，能夠追求並製作出「自己真正想要的東西」的話，這或許也能成為流行商品。

不只是商品企劃，對於任何企劃來說，只要想像這個企劃能夠為誰提供價值，並站在接受價值的人這邊，把自己當成企劃的受益者，就可以實現能「搔到癢處」的企劃。這就是企劃領域中的「感知」境界。

從這種「感知」領域中獲得新的想法之後，能否將之實現，就是只能拿出平凡成果的人與能拿出卓越成果的人之間的差異所在。

在我開始向大眾介紹U型理論的三年前，曾經從幾位朋友那裡聽到同一個人的名字。這個人說的理論和U型理論的內容有些相似。他就是倉田學先生。倉田學先生曾擔任過《里庫路特》（Recruit）徵才雜誌的編輯，創辦過《Travail》、《FromA》、《Jalan》、《AB-ROAD》等熱門雜誌與資訊網站，又被稱做「創刊男」。

在倉田學先生的著作《MBA課程沒教的「創刊男」工作術》（日本經濟新聞社）中，記錄了相當有趣的企劃方法，正好就是「感知」的表現，故我想在這裡分享他的故事。

倉田學在開始企劃新事業時，會先把自己當成消費者，傾聽周圍的訊息，模擬消費者的行為。他認為這是很重要的事。他在旅行雜誌《AB-ROAD》創刊前一個月才就任編輯長，那時發生了一段故事，介紹如下。

在創刊號完成之後，我馬上著手整理、確認雜誌第二期會用到的材料。我嘗試扮演一個想到歐洲旅行的消費者，在都心附近繞來繞去。

當時還沒有網路，所有的旅行社都集中在都心。我先在地下鐵虎之門站下車，走到外堀通這條路上，把所有旅行社的手冊都拿來看一遍，若看到覺得寫得不錯的手冊，就夾在腋下帶走。有些很厚的手冊介紹整個歐洲的狀況，也有些很薄的手冊只介紹單一個城市。於是我手上的手冊越來越多，藉由這樣的實際體驗，讓我看到了各種平時不會注意到的資訊。

我光是一個早上就拿到了不少手冊，裝手冊的紙袋頗有份量，得左右手交替著拿，到中午時已經覺得有些累人了。我趁著休息時把手冊一個個拿起來看，發現同樣的行程，有的旅行社只要三萬日圓，有的卻要五萬日圓。然而就算向旅行社詢問為什麼會有那麼大的價差，他們也回答得很曖昧，讓我有些生氣。

這時我實際體會到了「規劃出國旅遊行程的時候，最好還是能在自己家裡慢慢比較」這種旅行者會有的強烈心情。

倉田學先生的這種做法，正是前面提到的「站在他人的視角」。在這個例子中，他在自己的心中增加了「想出國旅遊的人的視角」，在用這樣的視角觀察當下狀況，以進入「感知」的境界。

當然，我們也可以用問卷調查的方式，瞭解想要出國旅遊的人會拜訪幾家旅行社，會花多少時間在研究要去哪裡。但是，就是因為倉田學先生有實際研究過出國旅行行程的經驗，才能夠從旅行者的視角，實際體會到「規劃出國旅遊行程的時候，最好還是能在自己家裡慢慢比較」這種強烈的心情，並在這樣的體驗與心情下，使各種創意與發想陸續湧現出來。

倉田學先生在他寫的書中提到，他會試著「扮演消費者」、「想像消費者的心情」，並將採訪他人時聽到的事情寫在A3紙上，用漫畫般的對話泡泡來表示這些人的心聲，徹底做到「感知」的境界。有興趣的各位，請您一定要閱讀看看。

8　如何輕鬆達到「感知」狀態

在前一節中我們提到，「看見」是一種意識狀態而非行為，故我們沒辦法像切換開關的ON/OFF那樣，刻意從「下載」切換到「看見」狀態。

「感知」狀態也類似。我們從「下載」切換至「看見」狀態的動作只能被動發生；同樣的，從「看見」進入「感知」狀態也是被動發生的現象。

因此，除了等待之外，我們什麼也做不到。但就像從「下載」轉變至「看見」時一樣，仍有一些方法可以讓我們進入「容易發現流星的狀態」。

本書將容易讓人進入「感知」狀態的狀況整理如次頁的「圖表3－10哪些狀況容易讓

圖表3-10　哪些狀況容易讓人進入「感知」狀態

案例
A. 原本對自身狀況無自覺的自己突然注意到自身狀況時
A-1. 由自我內省注意到自己的狀態
發現自己的原始意向或需求時
發現自己的想法在不自覺中被限制，或者在不自覺中預設了前提時
A-2. 由他人的回饋或診斷結果注意到自己的狀態
被別人指出自己也有隱約察覺到的事實時
看到完全符合自己的狀態的診斷結果時
B. 注意到他人眼中的自己是什麼樣子，或者察覺到他人所處的狀況是什麼樣子
B-1. 從他人的自白或故事中實際感受到共鳴
聽到他人的自白時
聽到他人的故事時
B-2 從相同的體驗實際感受到他人的狀況
在經歷與他人的立場、角色相同的狀況時
試著站在他人立場、扮演相同角色模擬狀態時
對方的狀況讓自己回憶起過去的經歷，並重新建構兩者時
B-3 察覺到他人心情時的感受
察覺到他人純粹且正向的意向時
察覺到他人情緒上的表現，感受到他們的情緒時
感受到他人純粹的喜悅、煩惱、痛苦時
C. 認知到從事件、外部環境的角度看向自己與自己周圍的人們時會是什麼樣子
C-1 進入系統內部
感受到自己是系統（≒循環性的因果關係）的一部分時
C-2 正面面對可能會發生的未來
想像自己或對自己來說很重要的人碰上最糟糕的結局時
實際感受到自己或對自己來說很重要的人碰上危機時
可以想像到今後會發展成什麼樣的狀況時

人進入『感知』狀態」。

以下將依照表中的分類，一一說明哪些狀況下，容易讓人進入「感知」狀態。

A 原本對自身狀況無自覺的自己突然注意到自身狀況時

不是只有在自己與他人之間，或者是自己與環境之間，才會產生「感知」狀態，自己與自己之間也可能會產生「感知」狀態。當我們在考慮與自己或自己周圍的環境有關的事時，有時會突然發現自己腦中有種靈光乍現的感覺，將自己與周圍的狀況似有若無地連接起來，這就代表我們進入了「感知狀態」。

其中一種方法是靠自我內省（回顧自己是用什麼方式看待事物，自己又是什麼樣的人），另一種則是藉由他人的回饋或個性診斷等心理評估結果，將自己過去的行為，與周圍的人們對自己的評論連接成線，融會貫通，產生「原來就是這麼回事啊！」的領悟。

●A—1 由自我內省注意到自己的狀態

和自己的意見或主張不同，我們有時對自己的狀態並沒有明確的自覺，沒有充分意識到某些狀況。事實上，在自己未能清楚察覺到的無意識領域中，存在著自己最純粹的意向與需求，以及囿限自己思考的預設前提。

當我們能夠藉由內省的動作，深刻反省自己，察覺到在這個無意識領域的深處有什麼樣的想法時，就代表我們達到了「感知」的狀態。

讓我們回顧一下凱絲美公司的案例。在第一次的活動的反思中，我說「要發現自己『覺得他人沒有希望』，就像是要聞到自己的體臭一樣困難。還請各位好好想想，各位的心中深處是否隱藏著對他人的失望呢？」這時，銷售部門的年輕員工田中先生這麼回答。

「我感覺到自己對周圍人們的失望。我覺得身邊沒有人靠得住，所以凡事都只能靠自己。雖然我常對其他人說『你們只會把責任推給別人』，但其實我自己也是這樣啊。」

像這樣有辦法從不同的角度實際感受到自己的姿態，就是所謂的「自省下的發現」。

● A－2 由他人的回饋或診斷結果注意到自己的狀態

如果您是因為來自周圍的評論，或者是在健康診斷、個性診斷等心理評估結果的觸發之下，進入「感知」狀態的話，便屬於這類情況。

前者的話，比方說周圍的人對您說「你有〇〇的一面呢」之類的話時，您突然驚覺到許多場合下都有人對你這麼說，看來自己似乎真的有這麼一面，使您實際感受到自己真的是在一直重複相同的事。

後者的話，比方說你發現自己稍微運動一下之後，就會出現心悸、頭暈目眩的症狀，隱約覺得「自己身體好像不太好」，並猜測「可能是因為運動不足」。而做了健康檢查後，被告知自己可能有心肌梗塞的瞬間，除了驚訝之外，還會有「果然如此」的感覺。

不管是前者還是後者，一開始都沒有明確意識到問題所在，只隱約覺得似乎有這麼一回事，直到接受到某種外界刺激，譬如說收到別人的回饋，或者收到診斷結果之後，才有種「我想得果然沒錯」的感覺，進入「感知」的狀態。

反過來說，如果連隱約的感覺都沒有，那麼就算別人給予意見回饋，通常也讓人摸不著頭緒。譬如在層次一的「下載」時，就無視掉這些狀態；或者，即使是發生了晴天霹靂般的大事，卻認為這與自己無關，而停留在層次二的「看見」狀態。能否進入層次三，取決於是否能感受到點與點連結起來的感覺。

B　注意到他人眼中的自己是什麼樣子，或者察覺到他人所處的狀況是什麼樣子

這是當自己站在對方視角，實際感受對方狀況時的狀態。一般而言會用「我懂○○的心情！」或者是「這個故事讓我很有共鳴！」之類的方式表達。

不過，這裡指的並不是藉由推測而理解對方，而是指實際感受到對方心情時的狀態。

● B－1　從他人的自白或故事中實際感受到共鳴

當對方將內在所感受到的東西或內心深處思考的東西表達出來，也就是自白的時候，或者是述說他們的故事時，便會進入這種狀況。

在凱絲美公司的例子中，我們透過「世界劇演」讓每位員工多次自白，讓他們一再地進入層次三的「感知」狀態。

引導師在工作坊中扮演競爭對手的角色，說出「看來今年的凱絲美也不是什麼威脅啊」之類的話，讓業務自嘲「這可不是能一笑置之的事。在第一線的業務場合，確實有其他公司這麼說我們」，聽到這些話的人的心境；聽到有員工自言自語說「太辛苦了，這一年的生活不想再來第二次」的社長的心境；在行銷部門與業務部門對立時，聽到有人一邊哭一邊說著「為什麼明明大家都是同一個公司的員工，都想要讓公司變得更好，卻要這樣互相叫罵呢？」時，行銷部門與業務部門員工的心境等等，皆屬於這裡提到的感知狀態。

我們之所以會覺得明明從來沒有見過、完全不認識的創作歌手給人很親近的感覺；看電影或戲劇時看得很投入，帶入自己的感情；閱讀偉人傳記時，覺得裡面寫的心情就像是在說自己的心情一樣，就是因為當我們這些觀眾在聆聽創作歌手的歌詞，或者觀看電影、戲劇、傳記的故事時，主人公等人真誠率直的自白，讓做為聽眾的我們進入了層次三的「感知」狀態。

●B—2 從相同的體驗實際感受到他人的狀況

這是當我們站在他人的立場、扮演他人的角色時，獲得相同經驗、體驗類似情境，或者想起過去的自己曾有過類似經驗，再將這些經驗重新建構後所得到的感受。

當我們站在對方的立場、扮演對方的角色時，可藉由這樣經驗進入層次三的「感知」狀態。比方說當我們有了孩子時，才實際感受到「父母的心情」；有了部下以後，才體會到「那個時候上司給自己的忠告是什麼意思」等等。奧托博士將其比喻為「脫掉自己的鞋子，再穿上對方的鞋子」，換言之，「感知」就是實際穿上他人鞋子時的感覺。

我念大學時，曾去做協助捐血工作的志工，那還真是一次「穿上他人鞋子」的體驗。我們引導捐血車進入大學校園內，把學生們都叫出來捐血，並在接待捐血者的地方準備了「熊貓布偶裝」。我一開始覺得「熊貓布偶裝只是用來騙小孩子的玩意兒」。我那時還是個思想有些不成熟的年輕人，甚至還有些歧視穿著布偶裝工作的人們（現在想起來，還真想挖個洞鑽進去。真的十分抱歉）。

看不起穿著布偶裝的人，卻又有著旺盛好奇心的我，自己穿起了「熊貓的布偶裝」，在校園內走動了起來。這卻讓我有了人生未曾經歷過的體驗。許多女學生一邊說著「啊——好可愛——」一邊靠近。那是我的人生中，唯一一次被那麼多女性一邊歡呼一邊把我團團圍住的經驗。除了相當驚訝之外，也覺得十分高興。

不僅如此，還有許多男學生過來和我搭話「你這個打工的錢要怎麼算啊？」，或是指著我大聲喊道「哦——是熊貓、是熊貓耶！」。這也是名為「中土井僚」的我未曾體驗過的事。

而我也在這三十分鐘內，盡情的擺動身體、擺動手腳，扮演一個稱職的「熊貓」角色。三十分鐘前我還有些輕視穿著布偶裝工作的人們，三十分鐘後的我卻覺得「這是一個多麼有夢想的工作啊」。那種感覺至今我仍記憶猶新。

如上所述，穿上對方的鞋子（或者是玩偶裝）時，看到的世界和原本自己想像中的樣子完全不同。在那之後，我看到穿著玩偶裝的人們時，便能夠體會到他們的心情了。

另外，即使沒辦法站在這個人的立場，有時候也可以透過類似的體驗，拓展我們感知的範圍。

不管是小學生們的「工作體驗」活動；或是在丈夫的衣服內塞進重物，要他們在階梯爬上爬下，讓他們體驗孕婦的不便之處的「孕婦體驗」活動；還是扮演各種職業的人，體驗各種職業的收入與支出、過著什麼樣的生活，瞭解到這個職業是否需為了賺錢而不得不辛苦工作，又該怎麼做才能從為五斗米折腰的狀態中脫離出來等等，這類模擬各種職業的「現金流遊戲」，也都屬於「感知」的活動。

最後，別人的自白固然容易讓自己回憶起過去的記憶、重建過去的記憶；不過就算對方沒有自白，當我們透過眼睛或耳朵看見到對方的狀況時，也可能會回憶、重建自己的記憶。舉例來說，在東日本大地震發生時，就有許多曾是阪神淡路大地震災民的民眾馬上飛奔至災區擔任志工。這些人如果不曾經歷過那樣的災難，或許就不會去做志工了，但就是因為他們有阪神淡路大地震的經驗，曾親身體會到災難的嚴重性，所以沒辦法坐視不管。這不就和我們前面提到的情境一樣嗎？這裡的重點在於，我們不是由自己的記憶去推測對方的狀態，而是自然而然地喚起對方的狀態。

●B－3 察覺到他人心情時的感受

當對方表現出他最純粹的意向、喜怒哀樂等感情時，如果我們可以感受到對方最純粹的喜悅、最真實的煩惱、痛苦的話，就代表我們進入了感知狀態。如果對方沒有主動自白，我們的頭腦卻也可以理解到對方的心情的話，就代表我們進入了層次三的境界。

即使我們在理性上知道父母的叮嚀是一種愛的表現，平常卻會嫌父母很煩。當我們在某個瞬間突然察覺到「那些叮嚀也代表著他們的愛吧，只是他們不善於表達而已」，感謝的心情突然湧上心頭時，我們就進入了感知的境界。

C 認知到從事件、外部環境的角度看向自己與自己周圍的人們時會是什麼樣子

前面的介紹中，A是藉由與自己有關的事進入「感知」的狀態，B則是藉由與他人間的關係進入「感知」狀態。

而C是當我們把原本發生在自身外側，看起來與自己完全無關的事件，當成自己的事——或者說實際感受到自己也是這個事件的一部分時候，進入了「感知」的狀態。

●C－1 進入系統內部

當我們實際感受到自己是「循環性的因果關係」（≒系統）的一部分時，便進入了「感知」的狀態。在系統性思考中，會用「進入系統的內側」來表示這種狀態。「進入系統內側」後，社會場域會達到層次三的「感知」狀態。越多相關者進入系統的內側，會使社會場域的變化速度越快。

第一章中我們介紹了美國汽車租賃策略的始末，就是一個例子。當初，以通用汽車為首的美國汽車製造商，認為中古車大型量販店的營收大幅增加，與新車市場的營收沒有關係。也就是說，他們把中古車販售系統置於自己的外側。

不過，在通用汽車的調查之下發現，雖然租賃販售使新車販售的營收在短期內獲得了提升，卻也造就出了巨大的中古車市場，使新車販售營收逐漸萎縮。而且，為了突破這種狀況，提升當下的銷售額，汽車廠商又提出了租賃期更短，租金率更低的方案，以確保銷售額。結果卻造成中古車的魅力變得更高，使新車的市場更為萎縮，陷入惡性循環。

也就是說，原本認為可以提升營收的租賃銷售方案，卻在未來堵死自己的出路。汽車廠商注意到了這樣的系統，切身體會到這並不是其他人帶來的問題，而是自己造成的問題。這種實際感受到自己是系統的一部分的情況，就被稱做是「進入系統的內側」。

這個例子有趣的地方在於，通用汽車將租賃方案的期間從三十六個月延長到四十八個月，並廢止了兩年的租賃方案。但卻有很多品牌經理、品牌分析師認為這會使當下的營收與獲利大幅下降，進而強烈反對這個方針。

他們在聽過相關說明後，應該可以理解租賃販售所造成的惡性循環才對，但他們卻容易被營收與獲利的數字綁住，排斥這些數字的變化。雖然他們理解系統，卻沒有進入系統的內側。像這種只有在理性層面上理解系統的狀態，就表示他們只停留在層次二的「看見」。除非他們實際感受到自己也是系統的一部分，才能進入層次三的「感知」。

●C－2 正面面對可能會發生的未來

當我們穿著自己或家人的「未來的鞋子」時，便屬於這種狀況。舉例來說，日本男性罹患癌症的機率為五三％，女性為四一％，換言之，每兩個人就約有一個人會得到癌症。不過，如果我們身邊幾乎沒什麼人得到癌症，或者覺得自己還很年輕，不太可能得到癌症的話，就會覺得這個兩人中有一人得到癌症數據只是個數據而已，和自己沒什麼關係。

不過要是在某次健康檢查的結果中，發現自己或家人身上有腫瘤的話，就會突然發覺自己不得不接受這樣的現實，實際感受到自己正面臨著自己或家人死亡的未來。這時，我們不只是在理性上瞭解這種狀態，而是穿著未來的鞋子，實際感受到這樣的未來。

不僅負面情況如此，正面情況也一樣。當我們被幸運眷顧，碰上十分難得的好事時，常會覺得「沒什麼實感」，這就是因為我們還停留在層次二的「看見」。

沒想到自己有一天會結婚的女性突然被男友求婚，並答應結婚後，一段時間內可能還沒什麼實感。不過當她和男友一起尋找新家、購買家具時，便會逐漸產生自己將要結婚的實感。這類案例相當常見。這種對未來產生「結婚後過著夫妻生活」的實感，就代表著他們進入了層次三的「感知」。

以上是關於「感知」的解說。在這個流程中，轉換是一大重點，我們將在第四章以後介紹容易進入「感知」狀態的方法。

第5節
【流程四】自然流現（Presencing）

1 自然流現是與「未來」相遇的瞬間

第四個流程「自然流現」位於社會場域的層次四（參考次頁的「圖表3－11 U型理論的七道流程（自然流現）」）。這個流程與前幾個流程相同，皆與「內在狀態」有關。

層次四的「自然流現」位於U型理論模型的底部，我們會在這個流程中捕捉正在生成的未來，造就出新創的事物。故這個流程可以說是U型過程的根基。

雖然這個流程是U型過程的根基，不過不同人對於自然流現的見解卻也有所不同，主要可以分成兩大類。如我們在第二章中提到的，一類人認為「U型理論感覺很難理解，沒什麼共鳴」，另一類人則認為「我完全可以瞭解這個理論在講什麼，簡直就是在說我自己的經驗，太讓我吃驚了」。

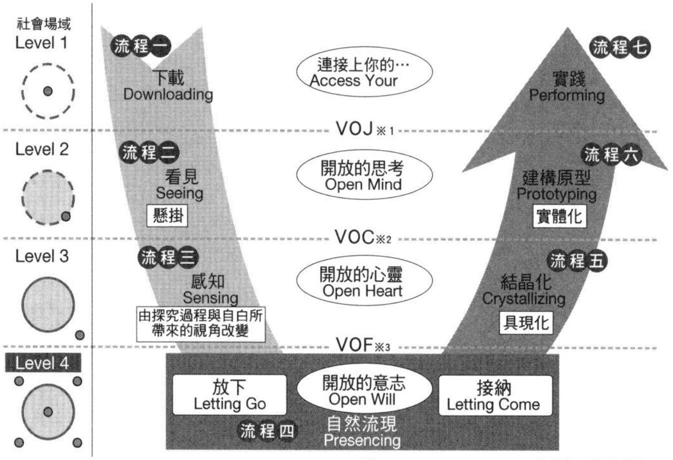

出處：U型理論，經PICJ修改了部分內容

※1 VOJ：Voice Of Judgment的縮寫。評判之聲。
※2 VOC：Voice Of Cynicism的縮寫。嘲諷之聲。
※3 VOF：Voice Of Fear的縮寫。恐懼之聲。

圖表3-11　U型理論的七道流程（自然流現）

這兩類人的看法之所以會差那麼多，主要就是因為相關經驗的有無。而且就算有相關經驗，也很難用言語將其表現出來。當然，就算是原本覺得這很難懂的人，只要實際體驗過一次，就可以一口氣瞭解U型理論是怎麼一回事了，敬請放心。

奧托博士在《U型理論》中提到了體驗過自然流現這個過程的人的感想，引用如下。

> 我不曉得該怎麼說明我的經驗。在這個過程中，我的存在本身就好像變成了慢動作鏡頭，寧靜而緩慢，卻是真實的自己，還感覺到自己與超脫自我的某種偉大存在相連。（P45）

在《正在生成的未來》（P 112-113）一書中，用以下的敘述說明這種狀況。

> 自然流現之所以那麼難以理解，不是因為它是個抽象概念，而是因為這種感覺很難以形容。（中略）每個人感受到自然流現的方式都不同。舉例來說，彼得・聖吉說，他在團體內發言的時候會有種「忘我」的感覺。「我就是聽眾，聽眾就是我。我認為那時候我所感覺到的事，正是只有在那個瞬間才會發生的事」。羅納斯・歐查塔在瓜地馬拉願景工作坊中分享被殺害之胎兒的骨頭的故事後，全場陷入一片寂靜，他說這就像是「房間內存在著精靈」、「這個瞬間，我們與精靈融成了一體」，而這樣的體驗也與他們後來的成功有所關聯。約瑟夫也曾在下加州感受到「意識與廣義上的知識提升」，說道「自己與動物的界線，以及自己與廣大世界的界線全都消失了。打開了內心，讓原本深藏在心中的想法釋放出來，從自己過去的經驗中解放，抓住接下來的人生目標」。

U型理論的特徵就在於難以用言語說明。而且，因為每個人對它的體驗各有不同，所以也很難聚焦在某個特性上、將其分類、並加以分析。大致上來說，達到自然流現境界的過程可分成一個個流程，而這個過程又和創新有密切關係，這兩點就是U型理論的特徵。

換句話說，**如果能夠實踐U型理論的話，任何人都有辦法達到自然流現的境界，並在這個境界中產生創新。**

因此，本書並不會致力於分析自然流現這個「現象」，也不會致力於證明自然流現與創新之間的關係，最多只會提供一些實踐這個過程時所需的暗示與解說，幫助您在這個過程上前進。

雖然這些是實踐這個過程時需要的暗示，但這些暗示可能會讓您有「好像懂，又好像不太懂……」的感覺。請您當成是在買新衣服那樣，因為無法確定新衣服是否適合自己，所以先試穿看看的心情，試著挑戰看看進入自然流現境界的過程就可以了。

2 自問「我是誰，我要做什麼？」

到達自然流現的境界後，可以做到什麼事呢？最後又能創造出什麼樣的新事物呢？

由奧托博士為首的U型理論實踐者們所寫的書籍內容，加上我自己做為教練、引導師實踐U型理論的經驗，以及我自己的日常生活經驗等等，可以整理出一些結果，列舉如下：

- 湧現出劃時代的想法與靈感。
- 找到個人的願景，且相當相信這個願景會成真。
- 做為一個領導者而覺醒，擴展領導者的存在的表現。
- 即使前後都是死路、進退兩難，也能夠保持心情穩定，活力充沛地進行下一步行動。
- 提升自我接納，促使真實的自我展開行動。

- 出現非衍生自過去經驗的行動模式。
- 提升團隊、組織的一體感、團結感。
- 團隊、組織的下一步，就是在高度共鳴的共識下，執行劃時代的想法。
- 產生出團隊，組織的共同願景……等等。

這些結果每個人都想要擁有。聽到U型過程可以讓人獲得這些結果，或許會讓您覺得「這聽起來也太夢幻了吧？」。當然，並不是每次達到自然流現的境界時，都會得到所有上述效果。不過，只要多次潛下U型過程的山谷，抵達越深處的自然流現狀態，就越有可能獲得這些效果。

反過來說，自然流現的結果就像夢幻中的事物般，在日常生活中相當少見。而U型理論的可能性的核心，就在於提升自然流現的機率，甚至可以造成典範轉移。

那麼，創新究竟是從何處誕生的呢？奧托博士把焦點放在（大我）。在《U型理論》中（P 75-76）有提到以下的論述。

所有的人類都具備能夠進化的特性。認識到自己不是一個人，而是兩個存在，這是很重要的事。基於過去的經驗而生成的自己與社會確實存在，但我們卻可以對未來的探索，

> 讓自己、人類、地區社會進入更高的層次。這不也代表著未來的我們可以進入更高的層次嗎？這裡讓我們把一開始的自己稱做習慣性的自己（小我），第二種自己稱作高層次的自己（大我）。
>
> 當這兩種「自己」交會時，我們便可以感受到自然流現的本質。（中略）U曲線的底部有一個很重要的關卡。通過這個關卡，就像是穿過縫衣針的孔一樣。要是沒辦法通過這個關卡的話，一切的改革與努力都會流於表面。表面上的改革缺乏改革的本質，缺乏未來理想中的「自己」。而為了生成這種高層次的「大我」，我們需捨棄「自我」（ego），捨棄習慣性的「自己」（小我）。
>
> 當習慣性的「自己」與高層次的「自己」交流時，便可連結到遙遠但確實存在的理想未來，找到適當的道路或提示，解決無法已過去的經驗解決的問題。
>
> 也就是說，新型態的領導技巧中，最重要的是找到層次更高的「自己」。
>
> 若要用一句話來說明U型理論的根本原理，那就是與「大我」產生連結。當連結到「大我」的時候，未來便會出現在我們的眼前，而在未來的引導之下，我們便可捕捉到創新。

奧托博士在這本著作中，引述了好幾位領導者說的話，用各種方式描述同樣的事。其中，麥可·雷這個人物曾針對這個重點提出更為深刻的描述（P 216-217）。

U型底部的領域便相當於布萊恩．亞瑟所說的「與內在睿智的泉源連結」。若想要連接上存在（Presence）、創造性，或者是能力的真正源頭，就必須跨過位於U型過程底部的門檻才行。

為了多瞭解這個泉源是什麼，我和約瑟夫．雅沃爾斯基（Joseph Jaworski）一起拜訪了麥可．雷（Michael Ray）。他在史丹佛商學院開設提升企業創造力的課程。從數年前開始，我便聽說有許多人在聽了他的課之後，人生改變了許多。《First Company》雜誌中介紹他是「矽谷內創造力最豐富的男人」，這讓我們很想知道他課堂上的學生是如何在他的幫助之下，連結到創造力的源頭的。

當我們問他「請問您究竟是怎麼做到的呢？在您促進人們真正提升他們的創造力時，最不可或缺的活動是什麼呢？」時，雷這麼回答「在每一堂課中，我都會向聽眾提出兩個根源性的問題，並打造出能夠認真討論這些問題的學習環境」。隨後他便開始說明這兩個問題，分別是**「大S的自己（大我，Self）是誰？我應做的工作（Work）是什麼？」**。雷以「大S的自己」（Self）這個詞來表示最好的自己，這是用來代表超越了狹義自我、達到「可能的最佳未來」時的自己。同樣的，「大W的應做工作」（Work）指的並不是現在的工作，而是自己的人生目的，代表來到這個世界上的您所肩負的使命。

麥可・雷的話中，讓人覺得有趣的是，他並沒有過問每個人的才能或在技術領域上的表現，而是藉由認真詢問學生「大S的自己」(Self）與「大W的應做工作」(Work）等提問，引導出學生們的創造力。

當我們持續下潛至U谷時，「自己原本是誰呢？我應做的工作是什麼？」這兩個趨近根源的提問的答案就會逐漸浮現出來。奧托博士在訪問過包括麥可・雷在內的各個領導者之後，做出了這樣的結論。

只要能找到這兩個趨近根源之提問的答案，是達到前述的自然流現境界，就會出現效果，達到創新。或許短時間內您還沒辦法接受這樣的想法，甚至想要提出反駁。

這些東西彼此間真的有關係嗎？你真的可以斷言它們一定有關係嗎？要是在這些問題上鉅細靡遺討論的話，想必會是一個持久戰，所以這裡就讓我們先接受「U型理論就是建立在這樣的前提下」的論點，繼續看下去吧。

3 將未來的「蜘蛛絲」拉向自己

接下來我想繼續說明什麼是自然流現。在《U型理論》中（P 215），用以下的方式描述自然流現。

自然流現（Presencing）是Sensing（感知）與Presence（存在）的合成字，意指連接上「最佳未來的可能性」的源頭，再將其帶回現在。當我們進入自然流現的狀態時，可以看到可能在未來成為現實的事物。進入這個狀態之後，我們便可感受到真正的自己、真實的自己（Authentic Self）。自然流現，就是一種現在的自己與「正在生成的未來」中的自己交流的行動。

在許多層面上，自然流現都與感知（Sensing）有相似之處。兩者都是要人（在物理上）將視角從組織內側移至組織外側。重要的差別在於，感知是將視角擴及當下的整體狀況，而自然流現則是將視角移至整個「正在生成的未來」的源頭，也就是能產生未來的可能性源頭。

奧托博士以「圖表3－12 自然流現」來表現這個概念。

從層次一到層次三，都是從過去的框架、或者是現在的視角看事情，而層次四的「自然流現」，則是將視角轉移至「正在生成的未來的源頭，也就是能產生未來的可能性」，與前三個層次有很大的不同。

這或許可以想成是，未來的可能性會像「蜘蛛絲」※般垂向自己，而這個蜘蛛絲可以把我們帶往以過去或當下的視角所看不到的世界。

※譯註：典故源於芥川龍之介的短篇小説《蜘蛛之絲》。作中的蜘蛛絲是釋迦摩尼佛為拯救在阿鼻地獄受苦的犍陀多，而從極樂世界垂下蜘蛛絲，欲藉此救他脱離阿鼻地獄。

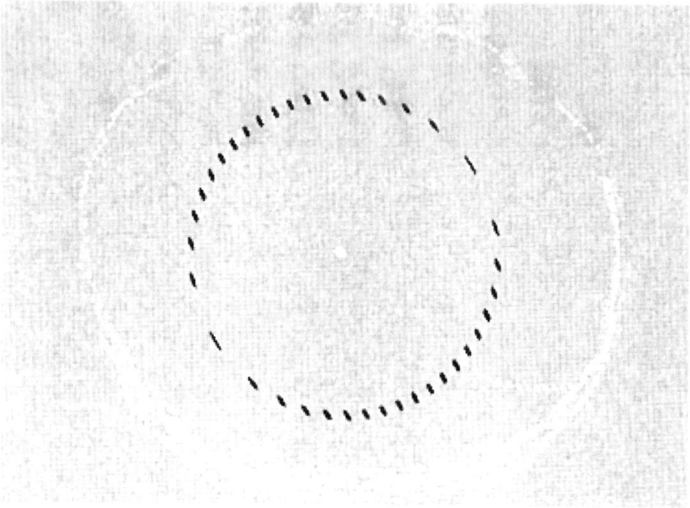

取自《U型理論》（C・奧托・夏莫著，中土井僚、由佐美加子譯，英治出版）P219圖11-1。

圖表3-12　自然流現

奧托博士認為，只有當我們抵達層次四的「自然流現」時，才有辦法找到第一章中所介紹的「新興複雜性問題」的解決之道。

重看一次「新興複雜性」的三個特徵（「不曉得問題的解決方法」、「不曉得問題的全貌」、「不曉得誰是主要的利害關係人」），可以知道碰上這類問題時，就像是在暴風雪中的雪山遇難般，能見度很差，基於過去的經驗建構而成的地圖完全派不上用場，只能靠手腳探索周圍情況慢慢前進。當我們處在這種狀況下時，能否提升手腳探索的精密度，便成了生死存亡的關鍵。就像是遇難時可以依靠指南針指引我們方向一樣；身處於「新興複雜性問題」中時，能否站在「正在生成的未來的源頭，也就是能產生未來的可能性」的視角看待問題，才是解決問題的關鍵。

藉由非衍生自過去經驗的「蜘蛛絲」連結至「大我」，探索未來的可能性。這就是自然流現的本質。

4 從「京都最糟的學校」脫胎換骨，成為「日本第一」的故事

前面我們提到了自然流現的定義與意義，不過都是些比較抽象的說明，或許不大好懂。接下來為了讓讀者更能掌握自然流現是什麼樣的狀態，我將藉由故事來說明這個概念。如同《正在生成的未來》一書所述「每個人感受到自然流現的方式都不同」，故我盡可能用比較簡單的例子介紹。

所謂的自然流現狀態，就像是凱絲美公司的例子中，在社長的強勢詢問「我想知道各位是否能在十二月底以前盡一切努力挽回局勢。我需要你們每一個人的答覆！」後，我們打開每一個便利貼，看到所有便利貼上面都寫著「〇」的瞬間，周圍卻一片沉寂，安靜到連水滴滴落的聲音都可以聽得清楚。在那個場域中，我們可以深刻感覺得到難以言喻的「意志」正在形成；或者像是宮澤小姐說出「今天的活動實在讓我熱血沸騰……」，低下頭沉默了一陣子，然後臉上落下了一滴滴眼淚，沾濕了她放在膝蓋上的手的瞬間。

還有，我的母親和我通電話結束後的隔天，她到奶奶的墓前和她說「我要活下去」時，也是抵達自然流現境界的瞬間。

如同第214至215頁的「圖表3－13 各案例的社會場域深化」所示，不管是哪個案例，都須從「下載」開始，經過多次的「看見」、「感知」之後，才抵達「自然流現」的境界。

另外，自然流現的過程中，通常在通過幾次層次較淺的境界之後，才能抵達層次較深的境界。而這個過程的所需時間也不大一定，有些像凱絲美公司那樣，可以在極短的時間內抵達很深的層次；有些則需花上數個月、數年，反覆經歷過數次較淺層的自然流現，時機成熟時，才有辦法進入較深層的境界；或者是在多次自然流現的經驗的累積之下，如細水長流般，自然而然地使社會場域產生變化。

接著，我想講一個在各式各樣地糾結下，經過長時間的努力，最後獲得奇蹟般勝利的故事，並用這個故事做為題材，說明自然流現的境界。用故事的方式呈現出他們抵達自然流現境界的過程、在那個瞬間發生的事，以及他們從中掌握到的未來可能性。我認為這樣可以讓您對這個自然流現的理解更為立體。

這裡我想提的是，日劇「School☆Wars～愛哭鬼老師的七年戰爭～」的主角原型，伏見工業高校橄欖球隊前教練，山口良治先生的故事。他也曾在ＮＨＫ的「Project X～挑戰者們～」中登場。

昭和四十九年（一九七四年）時，伏見工業高校是一個聚集了許多不良高中生的學校，甚至被稱做「京都第一不良學校」。

山口良治先生前往伏見工業高校赴任，如前所述，他一邊流著淚一邊帶領這群高中生，讓伏見工業高校橄欖球隊從一個弱小的隊伍搖身一變，最後在全國大賽中獲得冠軍。

在這個熱血故事的背後，有一個很重大的轉折點，那就是與當時的橄欖球名校，花園高校的一役。

山口先生在以教師身分赴任的半年以前，曾是日本的代表選手。他原本以為在他赴任當天，會受到所有隊員的熱烈歡迎，但當他實際抵達時，發現操場上一個人都沒有。在那之後，不管他怎麼叫大家來練習都沒有人理他，甚至還有人一邊揮舞著棒子一邊說「你怎麼還在啊？信不信我揍你！」。還有人說「你那麼有名的人來這裡幹嘛！那麼有名的話，為何不去其他比較厲害的學校教橄欖球啊！為什麼要來這種地方勒？先說好，我們絕對不會聽你的」，衝突可說是相當激烈。

這種情況下，他想著「讓他們打一次比賽，隊員們應該就會振作起來了吧」，於是邀了其他學校的隊伍準備打一場練習賽。但到了當天，隊員們卻私下說好全都不出席，山口教練只能向對方選手低頭道歉。當天對方教練邀他一起去喝酒，鼓勵他「忍一忍、忍一

社會場域			案例	
			凱絲美公司	與母親的對話
層次三		感知	A. 與社長對話時 ●聽到「如果只是在拖延問題的話，不如直接把事業收掉」這個提案之後，瞭解到事情嚴重性，於是把公司的各種狀況據實以告的社長。 B. 第一次工作坊與反省時的狀況 ●年輕的王牌業務員說出他的發現「雖然我常對其他人說『你們只會把責任推給別人』，但其實我自己也是這樣啊。」。 C. 第二次工作坊的狀況 ●業務負責人說「在第一線的業務場合，確實有其他公司說『凱絲美根本不是我們的對手』」的瞬間。 ●業務部門與行銷部門對立時，哭著訴說「明明大家都是同一個公司的員工，為什麼要這樣互相叫罵呢？」的總務女性。 ●聽到業務部門的員工自言自語說「太辛苦了，這一年的生活不想再過第二次」的社長。	B. 被告知罹患帕金森氏症之後、通電話之前 ●閱讀醫生給的小冊子時的母親。 ● 和正在當護理師的阿姨討論，聽到阿姨給了一大堆建議時的母親。 C. 通電話途中 ● 詢問母親「你是不是覺得很不安呢？」時的我。 ● 母親擔心之後父親要照顧自己，形成老人照護老人的狀況而感到不安。知道母親有這種想法後的我。 D. 通完電話後 ●正面面對母親死亡時的我。
層次四		自然流現	A. 與社長對話時 ●聽到「如果只是在拖延問題的話，不如直接把事業收掉」這個提案之後，瞬間陷入沉默的狀態。 C. 第二次工作坊的狀況 ●在社長「我想知道各位是否能在十二月底以前盡一切努力挽回局勢。我需要你們每一個人的答覆！」這樣的逼問之後，攤開大家的便利貼，發現全都是「○」時，周圍陷入一片靜寂的瞬間。 ●宮澤小姐說「今天的活動實在讓我熱血沸騰……」，低下頭沉默了一陣子，然後臉上落下了一滴滴眼淚的瞬間。 ●年輕的王牌業務員說到「剛才，宮澤小姐說她很喜歡凱絲美的時候……」，之後卻再也說不出話來的瞬間。	D. 通完電話後 ●通完電話後的隔天便到奶奶的墓前對她說「我要活下去！」的母親。 ●兩天後的電話中，聽到母親對奶奶說「我要活下去」的我。

圖表3-13　各案例的社會場域深化

社會場域			案例	
			凱絲美公司	與母親的對話
層次一		下載	**A. 與社長對話時** ●社長說，自從他就任後過了十個月，都一直找不到有效的手法改進公司營運狀況。 **B. 第一次工作坊與反省時的狀況** ●在世界咖啡中只能獲得的表面性的意見。 **C. 第二次工作坊的狀況** ●在告知大家「為了加強參與意願，請大家休息五分鐘好好思考」之前的狀態。	**A. 被告知罹患帕金森氏症之前** ●發現自己有帕金森氏症的症狀，譬如在平坦的地方也會跌倒之類的，卻以為「只是因為年紀大了」。 **B. 被告知罹患帕金森氏症之後、通電話之前** ●在大家面前總是笑嘻嘻的母親。 ●雖然父親與哥哥一直要母親「做這個、做那個」，母親卻完全沒有那個心情照著做。 ●要母親「不要隨便聽其他人說的話」的父親與哥哥。 **C. 通電話途中** ●雖然有些尷尬，卻故作堅強的母親。 **D. 通完電話後** ●在網路上搜尋帕金森氏症的資料，而幾乎沒碰工作的我。
層次二	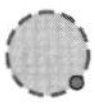	看見	**A. 與社長對話時** ●對於社長「用三小時加上半天的時間，為公司擺脫赤字」的要求感到懷疑，而從各個角度詢問狀況的狀態。 **B. 第一次工作坊與反省時的狀況** ●在超過十分鐘的活動中，試著探求過去未曾意識到的自我放棄狀態。 **C. 第二次工作坊的狀況** ●告知大家，為了加強參與意願，先休息五分鐘。 ●決策團隊與現場員工的對立。 「有什麼話想說就快說出來！」vs.「叫我們『快說！』我們也說不出來」。 ●業務部門與行銷部門的對立 「拿出數據證明商品賣得出去」vs.「要拿出數據可沒那麼簡單」。 行銷部門鞠躬感到驚訝低頭表示「很抱歉我們以前做出來的商品都賣不出去！但這次請各位一定要幫忙賣賣看！」，讓業務部門大吃一驚的狀態。 「根本是三流業務嘛！」與「你們才是都沒有在聽到客戶的心聲！」之類的互相叫罵。	**A. 被告知罹患帕金森氏症之前** ●注意到母親的手正在顫抖的父親。 **B. 被告知罹患帕金森氏症之後、通電話之前** ●得知母親罹患帕金森氏症的雙親與哥哥。 ●由郵件知道母親罹患帕金森氏症的我。 **C. 通電話途中** ●聽到母親故作堅強地說著自己狀況的我。 ●忍著不說「不要在奶奶的墓前求她帶你走」，而只是靜靜聽完母親說的話的我。 **D. 通完電話後** ●在網路上搜尋帕金森氏症的資料，知道了更多疾病新資訊的我。

忍」，山口教練的眼中滲出淚水，一邊哭著一邊大口喝下啤酒。

他每一天都在苦惱著「該怎麼做，才能讓學生們願意參加練習呢？」。於是，他們就在完全沒有經過像樣練習的情況下，參加了官辦比賽「春之京都府大會」。首戰對手就是前一年的全國大賽第二名，名門．花園高校。

就像山口教練想的一樣，比賽開始後只過了四十秒，伏見工業高校就接二連三地被對方得分，隊員們個個狼狽不堪。看到隊員們的樣子，山口教練在心中嘲諷「就是因為你們不聽我的話，才會落得這種狼狽的下場！」。

教練為此而焦躁不安，場上隊員們卻一分也拿不到，比數從一開始的20比0、40比0，差距越來越大。下半場過了十五分鐘後，分數來到了80比0，差距十分誇張。這時候，山口教練的內心深處突然湧上了一陣強烈的感受「這些狼狽不堪的孩子們現在是什麼樣的心情呢？在場上輸得那麼慘，一定很不甘心吧，一定在咬牙切齒吧，一定覺得自己很丟臉吧。之前我到底又為這些孩子們做了什麼呢！」山口教練首次把思緒的矛頭朝向自己，他想起自己以前從沒為這些孩子們做過什麼，只是一直擺著架子對他們說「我是代表日本的選手！我是教練！我是你們的老師！」之類的話而已。當他察覺到這一點時，突然覺得「真的很抱歉」，落下一顆顆豆大的眼淚。

在那之後，伏見工業高校仍持續被對方得分，結束時的比數為「112比0」，創紀錄的大敗北。山口教練把這些垂頭喪氣緩緩走向長凳，卻又裝做自己很堅強的隊員們叫來，對他們這麼說。

「辛苦你們了，沒有受傷吧？應該覺得很不甘心吧。」

這時候，原本對山口教練態度最差的隊員突然捶著地面嚎哭大喊「我超不甘心的！」，就像是被他的情緒感染般，其他二十名隊員也跟著大哭。

於是隊員們一一說著「我好不甘心啊！教練！請你帶領我們贏過花園高校！」，山口教練則回答他們「我一定會讓你們贏的。跟著我腳步吧！」，在場的人們像是融為了一體。

在這之後，伏見工業高校以「打倒花園！」為口號，開始了地獄般的練習。隊員們成功挺過了嚴格的練習，在一年後的京都府大會一路打到決賽，並在決賽中與花園高校再次碰上，並漂亮地以18比12擊敗對方，成為京都第一。

數年後的伏見工業高校在全國大會上獲得了冠軍，成為名副其實的橄欖球強校。而電視節目中也提到，那些在對上花園高校時獲得奇蹟般勝利的隊員們，在進入社會以後，也活躍於各個領域。一開始對山口教練態度最差，卻在比賽後捶著地面嚎哭大喊「我超不甘心的！」的隊員發揮他的領導能力，成為了一位創業者，僱用了許多員工。一位從來不曾在別人面前哭過，被說是京都第一不良少年的隊員看了那場比賽後流下淚來，一年後他成為了日本高中選手代表，後來還成為了一名老師。而他之所以會成為老師，就是因為山口教練曾對他說過「只有曾經是不良少年的你，才知道不良少年心理在想什麼。能夠把他們導回正途的只有你而已！」。就是這句話讓他選擇了老師這條路。

5 「邁向未來的起點」生成的瞬間

自然流現是一種連親身體驗過的人都難以用言語形容的奇妙感覺。每次感受到的層次都不一樣，有時的層次很淺，有時的層次很深。如前所述，一般來說，很難用言語說明「自然流現究竟是怎麼一回事」。

不過至少有一點是可以用言語表達的。**與「下載」、「看見」、「感知」等，僅限於個人內在體驗的流程不同，自然流現超越了個人的框架，像共鳴般能夠影響到其他人。**

舉個比較好懂的例子吧。欣賞電影、看到某個感動人心的場景時，會有想要流淚的感覺，想必有不少人有這樣的經驗。這是因為，這個場景可能在自然流現的狀態下誕生的。

另外，不管是畢卡索的畫、莫札特的歌曲、甘地的演講，在這些人的肉體消逝之後，他們的作品仍能夠震撼人心。這也是因為這些作品都是在自然流現的狀態下，由「大我」中產生的。

創作歌手Mr. Children的櫻井和壽先生曾用「在我放空自己，什麼都不思考的狀態下，會感覺到（發自自身內在的）某些聲音。這些聲音就會從我自己的內在汲取出某些東西，而這些汲取出來的東西，又會和聽眾的某些東西產生連結」這段話來表現這種感覺。也就是說，對他而言，曲子是在無意識的狀態下自然而然形成的，而這種無意識下的某些東西，會與聽眾產生連結。

我認為若用U型理論來說明的話，就是指以「大我」創作出來的曲子，會與聽眾產生連結的意思。剛才我們提到了伏見工業高校的例子，這雖然已經是四十年前的故事了，卻還是讓人熱血沸騰；凱絲美公司的例子也一樣，即使不是凱絲美的員工，在聽到這個故事時，仍有許多聽眾聽得熱淚盈眶。這就是由自然流現所帶來的，超越個人框架的共鳴。

另外，在達到自然流現狀態之後，常會發展成非衍生自過去經驗的狀況。這常是產生轉折點的契機，用「就在此時，歷史開始轉動」這種話來形容也不為過。譬如說，原本不管怎麼叫都不來練習的橄欖球隊隊員們，彷彿換了一個人一樣拚了命地在練習，並在決賽中打敗了曾經讓他們吃下慘敗戰績的花園高校，這種戲劇化的結果只能說是奇蹟。

這是非衍生自過去經驗、迎向前所未有的可能未來的起點。奧托博士用「正在生成的未來」來描述這樣的瞬間。雖然大部分的情況中，並不會發生像這些故事般戲劇化的結果，但即使是一般的會議中，也可能會出現層次比較淺的自然流現，使會議的討論進入新的局面，或者更能深入到下一個層次，使會議的最後可以得到讓所有參與成員都覺得「沒錯、就是這樣！」，充滿自信、深信不疑的結論。

進入自然流現狀態的過程不一定會那麼浮誇，有時會在一點一點的累積之下逐漸形成。和社長用下載式的方式，由上而下下達命令，部下們卻陽奉陰違相比，讓員工們進入自然流現狀態的話，才能讓他們發揮個人的主體性，漸進而確實地改變組織的面貌。

如果這就是自然流現，那麼，進入自然流現的狀態的入口又在哪裡呢？為了回答這個問題，讓我們再回顧一遍伏見工業高校的例子。

山口教練與不良少年隊員之間，從彼此對立到和解，使全體隊員融為一體，邁向勝利的道路。在這個成功的故事中，由山口教練與隊員們的覺醒，以及對於「自己原本是誰呢？我應做的工作是什麼？」這兩個根源性問題的回答，可以看出他們進入自然流現狀態的過程。

1.下載「都是你們的錯，誰叫你們不聽我的話！vs. 你為什麼不去別的學校！」

山口教練

「我是代表日本的選手！我是教練！我是你們的老師！」

「就是因為你們不聽我的話，才會落得這種狼狽的下場！」

隊員

「你那麼有名的人來這裡幹嘛！先說好，我們絕對不會聽你的。」

「練習賽的時候大家一起罷賽吧！」

2. 看見被遠超過預測的得分差距震懾

伏見工業高校一直是0分，卻一直被花園高校得分。

3. 感知 把矛頭轉向自己，從對方的視角觀看自己，與開放的心靈連結

山口教練

「在場上輸得那麼慘，一定很不甘心吧，一定在咬牙切齒吧，一定覺得自己很丟臉吧。之前我到底又為這些孩子們做了什麼呢！」

「真的很抱歉。」

隊員

「明明很不甘心卻沒辦法表達出來，覺得這樣的自己很丟臉。」

「跟著這個人前進吧。」

4. 自然流現 所有崩潰大哭，融為一體，連結上開放的意志

一開始對山口教練態度最差的隊員大喊著「我超不甘心的！」，崩潰大哭，其他二十名隊員也跟著大哭。

像這樣一一列舉出來後，確實可以看出他們正逐漸潛入U型過程的低谷，那麼最關鍵的，進入自然流現狀態的入口又在哪裡呢？在U型理論中，將這個入口稱做「放下」（Letting Go）。

6「放下」（Letting Go）之後出現的未來

我們平常用「放下」這個字時，通常是指將某個自己的所有物「從自己手中放開」，譬如說「放下這部車」、「放下這棟房子」等等。不過在U型理論中，這裡的「放下」（Letting Go）卻有著比「放開手中的所有物」更深一層的意思。

說得極端一點，就是指放下「執著」。說得確切一些，**就是放下對某個事物的「Identify」（認同感）**。

在我們人類的生存機制中，會盡我們所能地，使我們「認同」的事物能夠存續下去。雖然自己的肉體只是一塊物質，但我們卻會把它當成「自己本身」，對其產生認同感，故我們會盡可能維持肉體的機能。不僅如此，我們也會把自己的孩子當成自己的一部分，甚至把孩子生存的優先程度列在我們之前。

因此，我們會在不知不覺中擔心起孩子們的行為，要是沒有好好念書的話也會發很大的脾氣。不僅如此，我們對待某些有認同感的事物時，也會把它們當成自己的一部分。譬如說，當自己的手機遺失、摔壞的時候，想必很多人也會驚慌失措吧。

另外，看到陌生人的車子被撞傷時，或許只會覺得「這個人真倒楣啊……」。但如果是自己的車子被人撞到的話，就可能會抓狂暴怒，大罵對方「你這傢伙到底怎麼開車的啊！」。這就代表我們不是只把「手機」和「車子」當成一塊物質，而是把它當成自己的一部分。

除了物質之外，我們也會對自己的思緒或個人形象產生認同感。要是有人否定自己的思緒的話，就會有受傷的感覺。然而，要是一味地守著自己的個人形象，便永遠都無法超越現狀，把自己限制在一定的範圍內，請把這個當成一個忠告。我們有時會用「從心所欲、自由自在」之類的話來形容在某個領域中達到頂尖的人，若換個說法的話，就是指它們能夠放下對所有事物的執著，讓自己不備認同感束縛。

奧托博士認為，當我們放下名為「認同感」、放下使其生存的執著時，就達到了自然流現的狀態，而可以發現正在生成的未來。

最近社會上開始流行起「收納整理」的行動，這樣的行動也包含了類似的觀點。越是整理，就越能夠放下對事物的執著，在精神上也越容易接受正在生成的未來。

7 超越恐懼之後，看到的是「出乎意料之外的未來」

在前一節中提到，當我們從層次一的「下載」進入層次二的「看見」，以及從層次二的「看見」進入層次三的「感知」時，分別會碰上名為VOJ（Voice Of Judgment：評判之聲）與VOC（Voice Of Cynicism：嘲諷之聲）的阻礙。而當我們跨越了這些阻礙時，便可分別達到「開放的思考」與「開放的心靈」的境界。

同樣的，當我們從層次三的「感知」進入層次四的「自然流現」時，也存在著某種阻礙。那就是「VOF」（Voice Of Fear：恐懼之聲）（請參考次頁的「圖表3－14三個障礙與三種可能性」）。

當我們達到層次三「感知」的境界時，過去的框架會崩解，使自己能從自己以外的視角觀察眼前的狀況。若我們碰上的問題複雜性越高，就越能感覺到處理這類問題的困難。在處理這類複雜問題時，常容易讓人陷入糾結。

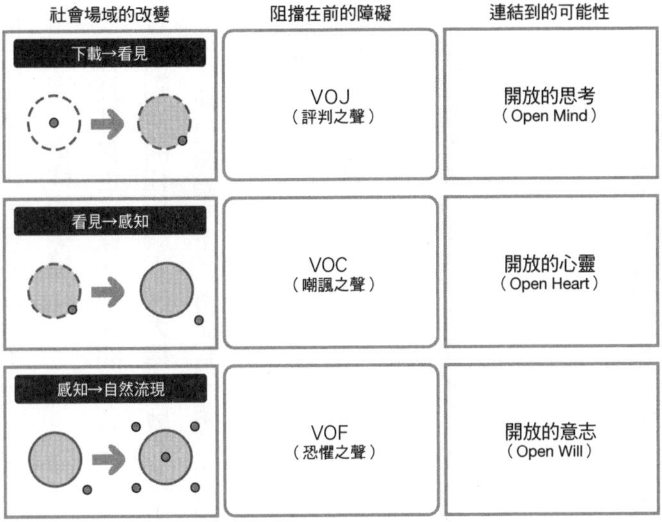

圖表3-14　三個障礙與三種可能性

有時候維持現狀並不能改善情況，甚至還可能使狀況惡化。即使如此，改變現狀也不是能輕易做到的事。在多數情況下，改變現狀常伴隨著一定的風險，需在一定的覺悟下才能夠實行。而在改變的過程中，也常讓人有種戰戰兢兢的感覺，像是在恐懼著什麼一樣。這就是前面提到的VOF。

在凱絲美公司的例子中，最初佐藤小姐其實一直猶豫著要不要請我以引導師的身分幫忙解決公司的問題。而最後她終於下定決心，安排了對話的環境，讓工作坊大為成功。她在工作坊中的最後說的話，表現出她一開始的糾結有多大。

「其實，舉辦這次工作坊讓我感到很忐忑不安。我擔心要是這次工作坊失敗的話，就再也沒有讓公司改變的機會了。」由此可以看出，她是在跨過了VOF的障礙後，才能鼓起勇氣安排這樣的環境。

社長其實也一樣。他詢問所有員工是否有覺悟時，曾想過「只要有一個人畫×，他就會立刻動身前往位於本棟大樓高層的董事長室，直接向董事長宣告『請收掉凱絲美這家公司』」。他也跨過了可能會成為「讓公司倒掉的社長」的恐懼之聲，向員工表達了他的決心。

前面提到，「放下」（Letting Go）指的是放下對某種東西的「Identify」（認同感，認為該事物是自己的一部分的感覺）。不過，這種認同感越深，要放下時就會產生越大的恐懼，使我們越難放下。

就像是在玩沒有綁安全繩的高空彈跳一樣，**當我們跨越恐懼，胸懷覺悟持續前進時，能夠到達自然流現的境界，接納非衍生自過去經驗的可能性（Letting Come）**。

我自己就曾經數度下潛至U谷，碰上VOF的阻礙。而當我實際做了一次高空彈跳後，接納（Letting Come）的都是不在事前可預測範圍內的事物，這些事物也以超越我想像的方向發展。

奧托博士說，**當我們跨越恐懼，抵達自然流現境界時，就會連結上「開放的意志」**。**連結上「開放的意志」**，就代表著我們連結上了大我。《少年維特的煩惱》的作者，同時也是劇作家、自然科學家、政治家、法律學家的歌德，用以下詞語說明連結到「開放的意志」時的狀態。

人們在做決定前會猶豫。
隨時都有可能會退縮，總是在做徒勞無功的事。
當你決定要率先行動、創造出新事物時，代表了一個事實。
不曉得這個事實的話，會錯過許多出色的想法或計畫。
不過，只要你下定決心，連神都會幫助你。
以前不曾想過的事，會一一出現在眼前。
在你下定決心後，會發生一連串的事，
包括所有你預期不到的事件、與意想不到的人物碰面、物質上的支援等等，
許多連作夢都想不到的事情，
就這樣成為了你的一部分。
不管是你做得到的事，還是你認為你應該做得到的事，現在就放手去做吧。
勇氣中蘊含著天賦、力量……以及魔法。

約翰・沃夫岡・馮・歌德

U型理論之所以被稱做是「能夠實現非衍生自過去經驗的未來」的創新理論，就是因為它能夠連接上這種「開放的意志」，打開一條途徑，接納各種從未預見過的事件。

8 從「死亡」中誕生的領導力

讓我們再回到伏見工業高校的例子，山口教練與隊員們分別放手了哪些東西呢？我認為山口教練過去一直執著於「我以前是日本代表選手」、「我是教練」、「我是老師」等個人形象；而隊員們則執著於對山口教練的敵對態度，看到他時只想到「你是敵人！」。

山口教練從一開始想要責備隊員們「就是因為你們不聽我的話，才會落得這種狼狽的下場！」的心情，轉變成想要責備自己「之前我到底又為這些孩子們做了什麼呢！」的心情，讓自己進入開放的心靈，使「真的很抱歉」的想法充滿心中。這個時候，至今建立的個人形象才開始倒塌，不再把這些隊員當成「總是不聽我話的不良少年」，而是把這些隊員當成一個人來看待。

假設他沒有放下他的個人形象，在比賽結束之後，或許會大聲喝斥隊員們「就是因為你們不聽我的話，才會落得這種狼狽的下場！懂了吧！」，或許會因為很生氣而完全不與隊員們交談，自顧自地離開比賽會場。我們可以想像得到，這種狀態下的山口教練，不僅無法縮短他和隊員們的距離，甚至還會讓他與隊員們的關係越來越險惡。

在他決定要放下個人形象的瞬間，說出了「辛苦你們了，沒有受傷吧？應該覺得很不甘心吧。」這麼一句話。把自己內心感受到的心情表達出來，而非讓它一直停留在自己心中。對一般人來說，或許還是會稍微排斥去做這樣的舉動。

山口教練原本就是一個器量很大的人，或許本來就比較不會排斥表達出這種事。然而，之前自己明明一直擺著架子，突然要轉變成和原先態度完全不同的溫柔樣子，應該還是會有些不習慣吧。不適應這樣的自己也是人之常情。但像這樣打破自己的個人形象，跨越這種不習慣的感覺，表達出自己真正的想法，正是所謂「放手」的瞬間。

而對於隊員們來說，在慘敗給對手之後，應該會覺得「很不甘心卻又不敢表現出不甘心的自己很丟臉」吧。正當他們把思緒的矛頭指向自己時，山口教練說出「辛苦你們了，沒有受傷吧？應該覺得很不甘心吧。」這句話，讓隊員們的心中湧出了「如果是這個人的話，我願意跟隨」的心情。隊員們從山口教練的視角中，看到了他對隊員們的關愛。這種心情讓隊員們對山口教練的敵對心態開始崩解，吐露出「好不甘心啊！」的心聲，放下了對山口教練的反抗心。

特別值得一提的是，山口教練原本是日本代表隊的選手，想必有一定的人格魅力，在這之前應該也帶領過許多隊伍在賽場上獲得佳績才對。然而，如果他保持那個「過去的自己」，就沒辦法帶領伏見工業高校橄欖球隊的隊員們邁向勝利。換言之，山口教練過去的領導方式沒辦法應用在這些隊員身上。

我認為，就是因為山口教練放下「過去的自己」，迎接「新的自己」，讓他的領導方式提升了一個層次，才讓他成為一個能夠率領這些不良少年，在橄欖球場上贏得勝利的教練。

我想，隊員之間也會出現互相領導的效果，讓他們能夠撐過嚴酷的練習，培養出同伴間的情感。不僅如此，當他們進入社會後，不管是成為創業者，還是成為能理解不良少年心思的老師，都能以自己的方式成為一個領導者。而使他們改變的轉折點，正是他們就「自己原本是誰呢？我應做的工作是什麼？」這兩個根源性提問提出答案的瞬間。

山口教練在NHK的節目「Project X」中說過這樣的話。

「小畑（原本對山口教練態度最差，也是第一個崩潰大哭的隊員）那時邊哭邊大喊著『好不甘心啊！』。我覺得那一聲大喊，就像是新生伏見工業高校橄欖球隊的第一聲啼哭。到今天，這個聲音仍迴盪在我的耳邊。每當我想起那時的事時，小畑就像是站在我的眼前一樣。」

伏見工業高校橄欖球社後來的表現，已非過去的框架可以解釋，亦難以用成長之類的詞彙來說明，用「浴火重生」來形容說不定還比較恰當。不只是隊員們，連做為領導者的山口教練自己也獲得了重生。

奧托博士在《U型理論》中說了這樣的話。

> Lead與Leadership的語源皆來自印歐語系的Leith這個字，原本是「出發」、「跨過出發點（門檻）」，以及「死亡」的意思。有時候，當我們放下某件事時，也會有種「赴死」的感覺。然而我們從深層的U型過程中學到的是，要是沒有改變，或者說沒有跨過那個門檻的話，就不會有新的事物誕生（P 157）
>
> 勇氣是在我們要「赴死」的時候才會顯現出來。勇敢向虛無的空間跨出第一步，往初次見到的未知領域前進，這才是領導力的本質。（P 496）

不管是誰，要離開自己熟悉的領域，往外跨出第一步時，都會覺得不大舒服。可能心中還會出現「要是繼續做下去，還真不曉得自己會變成什麼樣子」、「真的不會死嗎？」之類的想法。

但就是因為我們能夠向虛無的空間跨出第一步，才能看到正在生成的未來。這就是U型理論的本質。對於活在現代，需要經常面對三種複雜性問題的我們來說，這就像是能引領我們探索深奧智慧的蜘蛛絲一樣。

第6節
【流程五】結晶化（Crystallizing）

1 從發生的最好的未來可能性，結晶出願景與意圖

從第五個流程「結晶化」開始，就會進入U型曲線的右側，逐漸往上浮起，也就是第三流程的U型過程「創造（Creating）：迅速、即興地行動」。在前四個流程中，我們致力於轉換行動的源頭。相較於此，從第五個階段開始，我們會透過自己這個容器，將正在生成的未來具體化，形成一條道路（參考圖表3－15 U型理論的七道流程（結晶化））。

「結晶化」是一個比較少見的詞，在《U型理論》中（P 251），奧托博士用以下敘述說明這個流程。

所謂的結晶化，指的是藉由最佳的未來可能性，使願景與意向明朗化。結晶化與一般描繪願景的過程不同。結晶化發生自自我的覺知與深層內在；而一般的願景描繪則可能發

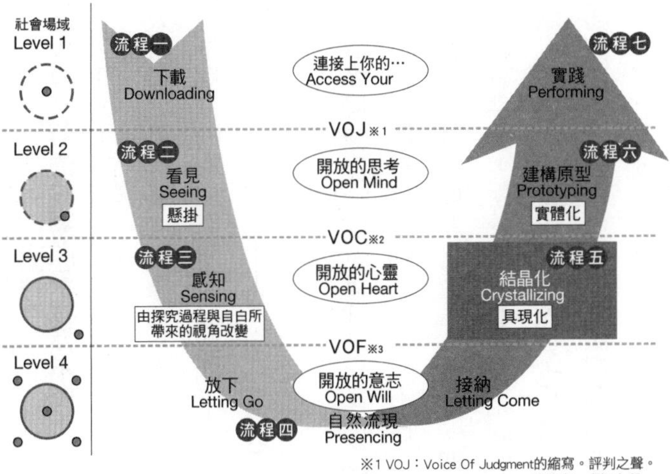

※1 VOJ：Voice Of Judgment的縮寫。評判之聲。
※2 VOC：Voice Of Cynicism的縮寫。嘲諷之聲。
※3 VOF：Voice Of Fear的縮寫。恐懼之聲。

出處：U型理論，經PICJ修改了部分內容

圖表3-15　U型理論的七道流程（結晶化）

生在任何層次，在下載情境下也可以描繪出願景。（中略）在團體的U型過程中，出現靜寂的瞬間，就代表進入了自然流現的狀態，這時成員們的認同感會產生細微的變化，每個成員都可以感覺得到，某種能讓所有人合作行動、與過去不同的基礎正逐漸形成。到這裡，還只是感覺到某種可能的未來而已。經過自然流現的經驗之後，不管是個人還是團體，都已做好了將這種可能化為現實的準備，感受到「我們無法不這麼做」的心情。而化為現實的第一步，就是將願景與意向明朗化、結晶化，將想要創造出來的東西用具體的語言表現出來。

這段說明包含了太多抽象的詞語，或許會讓很多人摸不著頭緒。總之，這段說明想傳達的重點就是，**要是沒經過自然流現的流程的話，就不會出現結晶化這個過程。換言之，結晶化與一般的規劃願景截然不同。**

我們常可看到某些非常優秀、可以列在商學院教科書上的願景，實際上卻像畫在紙上的大餅般只是空談，就像聖經上說的，陷入「我們為你們吹笛，你們卻不跳舞」的狀態。從U型理論的觀點看來，這些願景之所以像是空談，就是因為沒有經過自然流現的流程。

在《正在生成的未來》中（P 160）曾用以下敘述說明這種「沒有力量的願景」。

許多願景從一開始就注定了失敗的命運。這是因為願景的策畫者從沒有力量的場域出發，不論他們有意識到這點。（中略）從U型理論的角度看來，許多團體在策畫願景時，仍停留在「U的極左上處」，這是一個很大的問題。此時，策畫願景的人們對於眼前的事實並沒有共識，對於現實並沒有相同的責任感。如果問題對這些人來說是「外部」的東西的話，他們所策畫出來的願景也只是「外部化的願景」，而無法察覺到自己也是造成這個問題的原因之一，自然也無法規劃出能夠恰當處理問題的革命性戰略。

事實上，幾乎所有組織（特別是營利事業）在策畫願景的時候，都會有以下的既定觀念，以及由此引發的混亂狀況。

- 大家的意見分歧嚴重，卻一直重複著無意義的討論。每個人都只想自掃門前雪、都只想評論別人哪裡做得不好，而沒有當事者的自覺。大家的想法無法融為一體，卻在檯面下互相誹謗中傷。在這種不健全的狀態下，為了讓大家「在相同的目的下，朝著相同的目標前進。不要把注意力分散到與此無關的事情上，各自扮演好各自的角色」，進而想策畫出一個共同的願景，但卻因為成員之間沒辦法產生共鳴，難以生成產生願景的土壤。
- 「願景是領導者應該要告訴我們的東西，自己只要跟隨這樣的願景就好」的既定觀念過於強烈。如果領導者沒有告訴下屬願景是什麼的話，下屬會感到不滿；但即使領導者告訴下屬願景是什麼，下屬也無法產生共鳴，形成陽奉陰違的狀況。或者下屬只會照著領導者告訴他的願景去做、只會做已經整合好的業務，而沒有熱情去開創新的業務。
- 當員工們對領導者說「領導者應該要告訴我們願景是什麼」的時候，領導者卻會覺得這只是員工們不想主動找事情來做的藉口，才把矛頭指向領導者，要領導者幫他們決定願景。而為了讓員工們不再有藉口不做事，領導者只好制定出諸如「顧客第一主義」、「業界市佔率第一」、「當地第一名店」等「理所當然卻毫無新意，不過要是做得到的話倒也不是壞事」的願景。但這卻會使員工們陷入放棄思考的狀態，不曉得該選擇什麼樣的技術路線（Roadmap）才能夠實現這樣的願景，於是只好繼續嚷嚷著「看不到願景」。然而這只會讓領導者責備員工「思考技術路線是你們的工作！你們怎麼可以什麼事都依賴我呢？這樣是不對的！」，輕視員工的能力。

- 許多組織有著「願景＝目標」這樣的既定觀念，會把公司上市、營收達到○○日圓當成願景。特別是公司上市的願景容易達成共識，可以讓大家一鼓作氣衝出業績，達成目標。但員工們常對「為什麼要上市呢？」這種問題的答案沒有共識、沒有共鳴，大家只是為了達成這個目標而努力工作而已，沒辦法在上市之後創造出更有魅力的目標，最後導致組織團結力下降。實現上市目標後，做為功臣的優秀人才紛紛流出，想在上市企業的安穩環境下工作的人們紛紛加入，使公司陷入大企業常見的「大企業病」的僵化狀況。
- 「要提出什麼樣的願景呢？」討論這個問題時，由於每個人的價值觀與過去的框架有很大的差異，而這些又會反映在個人的意見上，使得經營團隊不容易產生共識，過了好幾年仍在重複同樣的議論。相對於其他的董事或幹部，如果社長的地位越高，其他人就越會表現出期待社長「登高一呼」決定願景，但這卻會讓社長感到很不舒服，只好「自作主張」地把「自認為很棒」的目標當成願景。董事、幹部以下的人或許覺得「這和我想的不一樣，我也沒那麼贊成這個願景，但既然社長這麼說了……」，而跟著附和這樣的願景。這種「勉強答應的模式」重複多次之後，底下的人就會漸漸產生「社長是一人獨裁」的共識，使得之後公司做決策的時候，底下的人越來越被動，只會附和社長的決定。

看到這些描述，不曉得是否會讓您有「我們公司就是這樣！」的共鳴呢？

就我看過的例子而言，除了有真正理念並依此經營的企業之外，幾乎都會落入這樣的模式。有些企業因為業績很好，所以沒有顯現出這些問題，但這種模式仍潛藏在檯面底下。人們常揶揄「高營收可以遮掩公司缺點」，在大部分的案例中，業績下降時，這些缺點就會像白雪融化後露出的泥土般，紛紛顯露出來。

2 願景是逐漸摸索出來的，而不是刻意定出來的

那麼，為什麼幾乎所有組織都會陷入這樣的陷阱呢？我認為這是因為，他們沒有注意到關於願景的最大誤解。

這個誤解是「願景可以透過討論得出」，以及「只要用言語明確表達出來，使其不至於產生誤解，就可以像是手旗信號或摩斯電碼般，將願景傳達給每一個人」。

特別是對於未上市公司來說，若他們的目標是上市的話，便容易產生這種與願景有關的誤解。公司若能成功上市，便可以獲得更廣泛的資金來源，享有更高的社會信用，對於多數企業來說是很大的優點。而且不只企業能享受到上市的好處，公司上市時，股價會短時間內大幅上升，使得擁有自家公司股票的員工因為資本利得而身價大漲。在許多案例中，新創公司的上市，就像是運動員打進奧運一樣，有種達成偉大目標的浪漫，所以在成功上市時會有很大的成就感。

另一方面，上市後，做為一個「公開」的企業，公司會被要求揭露各種資訊，並受到各種限制，且股東們也會要求公司要持續提升業績，與未上市時相比，公司會失去很多自由，這是上市的缺點。

所以，上市是只有一小部分的企業才得以越過的障礙。而隨著企業的上市，公司與個人都可以享受到其優點，當然也得承受其缺點。也因此，如果以上市做為公司願景的話，公司內部常會出現不同意見。

舉例來說，在社長慎重考慮是否要上市後，認為「為了實現自己的夢想，需要更多人投資，所以上市是必要的」、「為了讓組織之後也能夠持續大幅成長，需要保持人才的高品質。如果可以成為上市公司，確立品牌的話，就可以招募到更好的人才」、「考慮到自己的年齡，大概也只能再做十年社長。希望可以藉由公司上市，引進外部經營者，建立起公司的社會信用」。於是社長在自己心中確立了上市的目的。

當社長把他上市的目的向其他董事們報告時，多數情況下，董事們只有在邏輯上理解了社長說的上市目的，卻沒有產生共鳴。換言之，並沒有到達「感知」的流程。

這是因為，不管是想要積極投資、擴大規模，還是缺乏人才的危機感，或者是做為現任社長的時間已剩下不多的急迫感，都是站在社長的立場所看到的狀況。就結果來說，上市的「願景」也只是社長由上而下的思維所決定的東西。

社長提出「願景」，員工服從。除了公司上市之外，這種模式也常見於各種情況。不過在公司上市的時候，這種模式特別容易演變成特殊的發展。上市後，員工們可以獲得包括資本利得在內的各種「浪漫」，因此每個員工們會因為各種目的而支持上市這個目標，甚至還會進入狂熱狀態。

但全體員工會支持上市，並不是因為這是社長在謹慎思考後，所描繪出來的全體共同目的，只是因為社長與員工的個人目的剛好相同，剛好利害一致，才會得到所有員工的支持。因此，有些人在拼命努力讓公司上市，獲得資本利得，提高身價之後便辭職；也有人只要上市後便已很滿足，開始尋找下一條路。在一些例子中，公司上市之後，沒有提出上市之後有哪些目標，於是，公司的組織執行力逐漸下降，數年後業績便一蹶不振。

這是因為，上市只是一個目標，卻被公司當成一個願景。或者說，上市對每個人來說意義都不大一樣，卻又一頭熱地推動公司上市，才會導致這樣的結果。

上市這種目標很好理解，但如果要認真討論起「是否必須以上市為目標？為什麼要以上市為目標？」的話，往往很難討論出個結果來。這是因為，**願景代表的是「您期待什麼樣的未來？為什麼會有這樣的期待？」。當價值觀不同時，就會有不一樣的願景，這是一個社會複雜性很高的命題。**

願景無法透過討論決定，只能在對話中誕生。而且，不只是打造願景，在推動願景的時候也需要持續對話。

這是因為，真正的願景只有在下潛至U谷，連結到源頭——也就是連結到大我的時候，才能顯現出來。

當我們處於層次一的「下載」與層次二的「看見」狀態時，仍停留在邏輯思考的流程，故自身內在還無法孕育出新價值觀下的願景。關於真正的願景、有力量的願景應有哪些特質，在《正在生成的未來》一書中有以下的敘述（P 170）。

這幾年，越來越多人開始用願景這個字了，但大多已偏離了原意。**願景並不是什麼崇高的理想，也不是為了鼓舞其他人而說出的言詞。願景是一種很實際的手法。願景最單純**

的定義，是將自己想創造的事物形象化。有力量的願景並非從思想中誕生，而是從泉源，以及與泉源緊密相連的能力孕育出來的。有力量的願景，是只有在當下這個瞬間才能夠表現出來的深層目的。水管上裝的噴嘴一樣可以大幅增加水柱的力量，願景也一樣。明確的願景可連結上自然流現的過程中顯現出來的使命感與能量，使我們更能聚焦關注的重點。

當願景出現在我們的社會場域中時，可以讓待在那裡的人們萌發出新的價值觀或價值基準。當公司領導者的內在萌發出新的價值觀或價值基準時，應該也要想辦法讓幹部與其它員工像自己一樣，從內心中萌發出這樣的願景才行。

就算想要用討論的方式說服其他人，對方也只會停留在層次一的「下載」或層次二的「看見」，沒辦法觸動到他們的心靈，最後只會得到「講再多也說不清」的結果。若希望對方的內心中也能萌發出同樣的願景，就必須藉由互相問答，傾聽彼此說的話，瞭解這些話的背景，真正做到對話才行。就像馬丁．路德．金恩（Martin Luther King, Jr.）的「我有一個夢想」演講一樣，讓聽眾們一同進入層次四的「自然流現」狀態，才能做到有效的對話。

關於真正的願景，在《正在生成的未來》中（P 161），作者之一的約瑟夫．雅沃爾斯基提出了以下的敘述。

當人與人，或者是人與整體場域連結在一起時，場域的氣氛會出現變化。在這個空間中產生的願景是值得信賴的。人們不需要完全瞭解這個願景，只要能夠感覺到大我的存在，遵照這個大我去做就可以了。在某種意義上，**真正的願景是逐漸摸索出來的，而不是刻意定出來的**。

回頭看伏見工業高校的例子。我們很容易想像得到，要是他們沒有慘敗給花園高校，沒有進入自然流現的境界的話，當山口教練站出來大喊「我是前日本代表隊的選手！我會帶領你們獲得全國第一！」，提出願景的時候，不會有任何隊員想要跟隨他，反而還會更加反抗，更加疏遠他。

在凱絲美公司的例子中，嚴峻的經營狀況持續了近十年。可以想像得到在這段過程中，公司高層提出了許多個願景，並嘗試說服員工們接受這樣的願景，實際上卻一直沒辦法改變局面。

相較之下，當所有人都在便利貼上表明「絕對要做！」這個意願的瞬間，才是凱絲美的願景與意向真正誕生的時刻，這就是所謂的「願景是逐漸摸索出來的，而不是刻意定出來的」。

從這些故事我們可以瞭解到，過去我們所說的願景，常無法用來描述某些領域的事物，同時，結晶化這個過程可能也潛藏著某些令人期待的可能性。

接下來，就讓我們進一步介紹結晶化的內容。

3 一流的藝術家所描述的結晶化過程

在抵達自然流現的過程中，「放下」（Letting Go）是很重要的步驟；相對的，**在實現結晶化的過程中，「接納」（Letting Come）也是很重要的一環。**

Letting Go這個單字在這裡是「讓」的意思。直譯的話，Letting Go就是「讓它離開」；而Letting Come就是「讓它前來」的意思。

若問Letting Go是「讓什麼東西離開」的話，應該要離開的就是會產生執著的小我。「讓小我離開」之後，空白與靜寂的降臨，會讓我們進入自然流現的狀態。在這個一片靜寂、什麼都沒有的空白中，「讓某些東西前來」就是這裡說的Letting come。

「放下」（Letting Go）與「接納」（Letting Come）有時會在與事件相遇的瞬間就發生，不過，只要當事人與事件主動進行U型過程的時候，這兩個動作都需要有意圖地執行。我們常會用「下定決心」之類帶有覺悟的詞語來描述「放下」（Letting Go）這個動作，相較於此，「接納」（Letting Come）這種「讓它前來」的感覺，則和覺悟的感覺不大一樣。

「讓它前來」的感覺是當自己在自然流現的狀態下時，透過自己這個容器，賦予「想要生成」的未來一個形狀的作業，這就是結晶化的流程。奧托博士說明結晶化的流程時，曾提到「使用雙手的智慧」的重要性。

長久以來，我們已習慣用頭腦思考出答案，認為智慧與想法都是思考之後的產物，這樣的概念早已根深蒂固。不過對於許多畫家、音樂家，或者是進行創作活動的其他藝術家來說，讓自己的手腳隨著由自己的內在中湧出的某些東西舞動，再從中編織出作品，是創作時很重要的過程。

U型理論的結晶化過程，正好與藝術家進行創作的過程相同。

結晶化的過程並不難理解。我們在前面曾提到創作歌手Mr. Children的櫻井和壽在電視節目上說過的話。櫻井和壽在NHK教育頻道的一個節目「THE SONGWRITERS」中，接受主持人佐野元春的訪問時，曾說過一段耐人尋味的話。

佐野先生問他「你作曲的時候，是會先作詞還是先作曲呢？」時，櫻井先生馬上這樣回答。

「我大都會先作曲。我覺得我會把我想訴說的事、想唱出來的事、想吶喊出來的事化為某種印象，然後歌曲便由此誕生。首先，旋律會在我的腦中慢慢形成，接著我會漸漸抓到音調，然後自己哼哼看他的旋律，可能還會隨便用一些英文喊出來。而嘴巴的開合，聲音的緩急，會自然而然地表現出憤怒或溫柔的心情，然後我再把這些聲音轉變成自己的歌詞。」

聽到櫻井先生的這段話，讓我確信「這就是結晶化的過程！」。他所創作的詞與曲完成度很高，讓許多人為之癡迷。然而這些曲子並不是先在頭腦中設計好，然後填上樂譜與歌詞，而是透過彈奏吉他的指尖，以及隨興附和的歌聲，像是憑感覺摸黑前進般，藉由自己這個容器，將湧現出來的「什麼」具體表現出來。

有些雕佛師會說，他們雕的不是佛像，而是削除多餘的部分，讓沉睡在木頭中的佛的姿態顯漏出來；有些陶藝家會說「自己的雙手最瞭解要創造出什麼樣的作品」。我認為，這些都是在說明他們結晶化的過程。

另外，櫻井先生也說了這樣的話。

「透過音樂、透過歌唱、透過歌詞，我會想要試著突破個人這個界限。這能讓我能夠體會到某種心理情結、體會到喜歡上他人的感覺、體會到不同的人格等等。突破這個界限時，我便能用音樂與言語描寫出連結人與人之間的強烈感情。（中略）讓自己進入什麼都不思考的狀態，只是單純面對這些音符，然後讓這些音樂導引出原本深藏在自己心中的某些東西，這些被導引出來的東西，就會成為我與聽眾的連結，共享彼此的感覺，這就是我一直以來的目標。」

他一直重複著類似的話，在節目中多次表現出「我是在無意識中創作的」的想法。對他而言，所謂的創作活動，其實是在無意識中讓某些東西自然而然地顯現出來，而這些顯現出來的東西便會成為他與聽眾間的連結。

我們常會認為，一個人可以由自身原本的思想與技能，創造出過去不曾出現過的某種東西。**然而U型理論認為，空出一條道路，讓我們想看到的東西透過自己這個容器湧現出來，才是真正的創造。**這不只代表著新的典範轉移理論，也是超一流實踐者們的共通秘訣。

4 結晶化的步驟

或許會有人想問「雖然隱約知道結晶化是什麼，但不曉得結晶化這個步驟在實務上究竟該如何操作呢？」

不同的藝術家、不同的創作活動，結晶化的方法也各不相同。有些人會用腦力激盪（Brainstorming）的方法結晶化，有些會像在創作舞蹈般任意擺動身體，有些則會用手將黏土任意捏成各種形狀，方法要多少有多少。

以下將介紹奧托博士在工作坊中所使用的方法。為了讓各位比較能夠想像具體的情況，我會以我自身的故事做為例子進行說明。

我所參加的奧托博士的工作坊約有八十位參與者，我們在美國波士頓室內的一間旅館內一起度過了四天。奧托博士除了解說什麼是U型過程之外，也設計了各種活動，讓我們能夠親身體驗U型過程的七道流程。譬如說看電影、在二月的寒冷天氣中，兩兩一對在波士頓散步，每天早上還一起做冥想等等，活動相當多樣化。

透過這些活動，我們能夠親身體驗到U型過程的每個流程，經過感知、自然流現、結晶化之後，自己的願景便自然而然地出現。以下除了介紹這些流程的具體做法之外，也會提到我的內在心境的詳細變化，希望可以藉此與您分享在結晶化的過程中獲得願景的過程。

場景1【感知】直視那個只為了滿足自我而活著的自己

讓我產生重大轉變的，是奧托博士在工作坊第二天時的解說。他說「當您數度潛入U谷之後，領導者的眼前會出現一個選擇。那就是『自己的生命要為了自己而活，還是要為了社群而活』的選擇」，這句話直擊我的胸口，讓我有種全身僵住的感覺。

說到有誰是為了自己而活，那就是我了。我為了參加工作坊，為了自己的成功，特別跑到波士頓來學習U型理論。不僅是這次工作坊，不管是自己人生的哪個流程，不管用多漂亮的詞彙來描述，都沒辦法遮掩自己只為了滿足自己而活著的事實。

我看到了那個為了滿足自己的私利，特別跑到波士頓來，坐在工作坊會場的椅子上的自己；以及滿足了自己之後，回到日本繼續舉辦各種活動的渺小的我。這是透過其他人的角度看到我的狀態，也就是層級三的「感知」狀態。

場景2【自然流現】懷抱著「動搖」的心，一個人沉默度過的時光

在我看到這個渺小的自己時，心中產生了很大的「動搖」，不管博士在台上說了什麼，我都聽不進去。我抱著這種難以言喻的不舒服感直到隔天，參加了數個工作坊之後，有一個半小時的時間沒和任何人說話，一個人度過獨處、靜默的時間。

在這段時間內，有些人到外面散步，也有些人窩在旅館的房間內，我則是坐在旅館寬廣大廳內的紅色沙發上，度過這段時間。這個旅館建在流經波士頓市內的河流河畔，從大廳往外看時可以眺望到河流。

我坐在沙發上發呆時，太陽光從窗外照了進來，讓飛舞在空中的灰塵也閃耀著光芒。我看著這些灰塵的時候，突然有種「這些灰塵和自己，在本質上好像沒什麼兩樣」的想法。當這句話出現在我的腦海中時，眼睛突然流下淚來，感覺胸口突然一陣熱。雖然不曉得為什麼腦中會浮現出這句話，也不曉得自己到底發生了什麼變化，但我感覺到，自己已經放

下了原本在心中的憂鬱情緒，而且心中有某些東西正在改變。過了一陣子，在鐘聲之下，沉默的時間也隨之結束。

場景3【結晶化】透過想像，迎來真正的願景與意向

在獨處、靜默的時間結束後，回到會場時，我保持著沉默，進行了名為可視化（Visual-ization）的工作坊。這是一種在奧托博士的言語引導下，讓自己的想像延伸開來的結晶化方法。

工作坊的過程中，我坐在椅子上，閉上眼睛，一面深呼吸，一面讓自己放鬆。我依著奧托博士念出的言語引導，想像自己站在一道門前。我一面感受這道門的質感，一面把手放在門把上。奧托博士詢問，當我們打開門的時候會看到什麼樣的風景呢？此時，出現在我眼前的是深夜的日本墓地。門的另一端有一條筆直的石板路，在天色全黑的夜晚鐘，有好幾個石碑立於我的眼前。我看到的就是這種有些詭異的風景。奧托博士的引導過程中，要我們仔細看見這個風景，然後一步步地踏向這片風景，於是我從椅子上站了起來，一步步地朝這片風景走去。然後，走在石板路上的我停在一個石碑的前方。奧托博士要我們想像那裡有一個箱子，當我們打開這個箱子時，裡面會有一張寫著某些訊息的紙條，請我們試著讀出紙條上的訊息。我順著他的指示，將手伸向墓碑前方的箱子，打開箱子之後，讀

出紙條上的訊息。我說「去死吧」。那就是我的內心在結晶化後的結果。

場景4【建構原型】具體化迎來的願景與意向

我在可視化的過程最後得到了「去死吧」這句話。我認為這代表只為了自己而活著的人生即將結束，未來的人生要為了社群而活著。這是第三天的下午發生的事，我在剩下的一天半中持續探究著能告訴我下一步該怎麼走的線索。這時一個想法從我的腦海中浮出，那就是將《U型理論》翻譯成日語版，就像奧托博士創立了自然流現研究院一樣，在日本建立起自然流現研究院的日本據點。

我馬上和同在工作坊內的商務人士提出這個想法，並討論我們能做什麼。到了工作坊的最後，進入閉幕時間時，全部八十個人圍成一個圓圈，手牽著手，一一說出這四天的感想，確認彼此的收穫。

輪到自己時，我說了以下的話。

「過去，我的人生只為了自己而活。今天，我要結束這樣的生活方式，把我剩下的人生用在日本的社群。我打算把U型理論翻譯成日文，把U型理論介紹給日本人，並在成立自然流現研究院的日本據點。」

說出這個宣言之前，我的雙腳一直在顫抖，但話說到一半時，不知為何豆大的淚滴一顆顆留下，站在我左方的白人女性則像是鼓勵我般加大了握手的力道。說完之後，雙腳的顫抖也跟著停止，強烈的意志從自己的心中湧現而出。奧托博士帶著笑容拍拍我的肩膀，給了我一些鼓勵的話。

在參加工作坊以前，我從來沒有想過要把U型理論翻譯成日語。回到日本之後，也不覺得有哪間出版社會想要出版一本六百頁的學術書籍，正當我不曉得該怎麼辦的時候，以英治出版的原田英治社長為首的許多人給了我許多建議與支援，過了約兩年之後，終於順利出版了這本書。一般社團法人自然流現研究院日本社群成立，由和我一起翻譯這本書的由佐美加子擔任代表理事，我則擔任理事，在這樣的體制下持續經營到現在。

5 最後點終於連成了線——史蒂夫．賈伯斯所闡述的結晶化旅程

雖然這次介紹的結晶化故事只是我個人的體驗，但我認為這可以幫助各位瞭解奧托博士所使用的結晶化方法具體而言是怎麼一回事。

從深刻感覺到自己只為了自己而活的「感知」狀態開始，進入了獨處、靜默的時間，發現到「自己和灰塵的本質其實沒什麼不一樣」，放下那個把渺小的自己囚禁起來的自己，進入自然流現的狀態，開始產生一些細微的變化，這些變化在結晶化之後得到「去死吧」

這句話，並打開了新旅程的大門。

要是沒有這樣的體驗，現在的我就不會向日本的各位介紹U型理論，也沒有機會寫下這本書。這說明了那個瞬間，正好就是非衍生自過去經驗的未來誕生的時刻，也是我首次明白到這就是我應做的工作。

結晶化是藉由放下連結到泉源，在自然流現的狀態下感受正在生成的未來，然後將這些可能性賦予生命的過程。

結晶化發生時，通常會給人一種摸不著頭緒的感覺，在大多數情況下，連當事人都不曉得這代表什麼意義。不過到了下個流程「建構原型」時，樣子便會逐漸成形。在連續嘗試錯誤的過程中，會覺得自己像是一下往東一下往西般四處徘徊。

蘋果電腦的已故創業者史蒂夫．賈伯斯曾在史丹佛大學的畢業典禮演講中，說明了這種嘗試錯誤過程的本質。

我們沒辦法透過預測，將點與點連接起來。而是在之後回顧時，才會注意到點與點已經連了起來。因此我們必須相信，這些點在未來一定會用某種方式彼此相連。可能是靠自己的毅力、命運、人生、業力……什麼都好，總之要相信它。在我們前進的途中，點和點一定會彼此相連，即使因此而和他人走上了不同的道路，你也能夠胸懷自信，帶著自己的真心繼續前進。這會讓你的人生變得與眾不同。（中略）不要讓其他人的意見、雜音等掩蓋了發自我們自己內心的聲音。而其中最重要的是，要擁有遵從自己的真心與直覺的勇氣。真心與直覺早以明瞭我們為什麼會想要成為那樣的自己。其它一切事物都是次要的。

結晶化後產生的願景與意向，與真心和直覺相通，可以讓自己的內心產生沒有任何根據的確信。但就是因為沒有任何根據，所以像史蒂夫．賈伯斯的話一樣，容易被其他人的意見影響。

即使如此，若我們遵從結晶化後得到的願景與意向，最後便可讓點與點彼此相連。在這層意義上，U 型過程或許可以說是朝著未來前進，將許多孤立的點彼此拉近，再一一連接起來的旅程。

第7節 【流程六】建構原型（Prototyping）

1 為想法（Idea）與靈感（Inspiration）賦予外型的訣竅

第六個流程「建構原型」與「結晶化」相同，是U型曲線右側爬升過程的其中一部分（參考「圖表3－16 U型理論的七道流程（建構原型）」）。

到這裡我們介紹過的各個流程中，前面四個流程與其說是介紹如何行動，不如說是著重在如何轉換行動的源頭。而前一節中介紹的第五個流程「結晶化」，也是著重在如何將自己所感覺到的正在生成的未來明確化。由此看來，至今所介紹的各個流程多著重在意識狀態或精神層面上，並沒有真正提到該如何行動。

與此相較，建構原型這個步驟中，就是一邊嘗試錯誤，一邊輸出內容的過程，著重在如何提高輸出內容的品質，或者說是著重在「行動層面」。然而，並不是在毫無方向地嘗

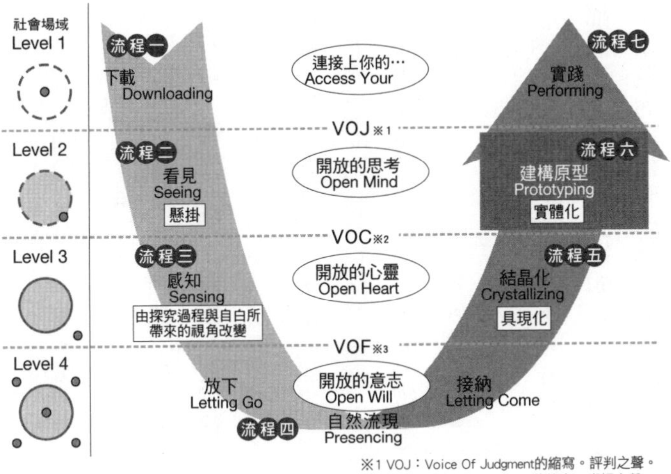

出處：U型理論，經PICJ修改了部分內容

※1 VOJ：Voice Of Judgment的縮寫。評判之聲。
※2 VOC：Voice Of Cynicism的縮寫。嘲諷之聲。
※3 VOF：Voice Of Fear的縮寫。恐懼之聲。

圖表3-16　U型理論的七道流程（建構原型）

試錯誤就好，在這個過程中需要的是「能夠持續連結到潛藏於自身內在深處的直覺源頭與強大的意志，並根植於其上，傾聽它們對於自己的行動的回饋的能力」（《正在生成的未來》P 179）。而這個過程中要求我們「在理解整體、訂立出計畫之前就要行動，讓寄宿於頭腦、心靈、手腳的智慧融為一體，為我所用」（《正在生成的未來》P 178）。

也就是說，**建構原型這個流程無法與感知、自然流現等流程切離，而是在透過這個過程，連結到產生思緒的源頭，才能完成這些流程。**

像這樣一步步說明U型理論，可能會讓人覺得不大好理解。但製作出劃時代商品、提供劃時代服務的人們都認為，他們是在靈光一閃之下，興奮地投入工作，然後以此為基礎，反覆嘗試錯誤，才得到最後的成果。

從旁人的角度看來，為了讓自己的能力接近這些「天才」，他們會試著模仿這些天才的行為，試著瞭解這些天才用了哪些知識（Knowhow），然而他們卻會忽略最重要的一點。那就是，**這些天才們並不是只靠毫無方向地嘗試錯誤就能做到這些事，在天才們的創新過程中，靈光一閃、興奮、嘗試錯誤等過程之間，存在著不可分割的緊密關係。**

近年來，我們越來越常看到許多企業以「創新」、「改革」等字眼作為號召，設置創新推進室等專屬部門，希望能夠計畫性地產生創新事物，使做事方式變得更加優化、更完善，並使之能夠在其它部門重現。當然，讓做事方式優化是很重要的事，但要注意的是，改變做事方法並不代表一定能夠帶來創新。

關於這點，《正在生成的未來》中有一段耐人尋味的敘述（P 180）。

> 一般來說，要開始做什麼事的時候，首先要做的應該是瞭解這件事的做法。但要是每次都照著這種模式去做的話，就不會產生真正的創新。除此之外還有另外一種想法，那就是**將創造的過程當做學習的過程。一開始的時候，我們會假設成功會需要那些條件，但這我們只把它當做假設。**羅伯特・弗里茨（Robert Fritz）用「創造與調整」這個詞來說明創

造過程的本質。如果真的要創造出新的東西的話，總之先試著做做看，然後一邊做一邊調整，這是沒辦法從他人那裡學來的。

透過這種建構原型的過程，我們可以反覆進行多次較小的「U」，也就是感知與行動，藉此提升自己的意識、改變行動，有時還會改變願景。高說這是「建構原型與反覆」，而布萊恩・亞瑟則用「順其自然、迅速行動」的方式來表達這個概念。這個創造的過程可能短至數小時，也可能長達數年。

反覆進行小型「U」，逐漸推進原型的建構，這樣才能在維持與源頭聯繫的同時，讓靈光一閃、興奮、嘗試錯誤形成一個良性循環。

另外，在建構原型過程中，為了讓實際行動更為有效，我們會想要參考操作手冊之類的東西。然而，只有在靈光一閃下、乘著興奮的心情，才會出現高品質的嘗試錯誤結果。所以並不會出現「照這個步驟做，一定能順利建構出原型」之類的狀況。在完成改革、打造出劃時代的項目之前，必須經過多個連續的小型「U」，換言之，從「結晶化」到「實踐」之間，我們需一邊反覆進行小型「U」一邊前進，這就是建構原型的「期間」要做的事。

奧托博士在《U型理論》中也有介紹在建構原型的「期間」應有的心思與態度，以及能夠提高建構原型過程之品質的技巧與提示，卻沒有提到應該要在何時結束、如何結束，發生什麼事的時候就代表即將結束等事項。

對於建構原型的「期間」，奧托博士曾做過以下描述。

這是「來自未來」的行動，也就是感受到某些感情，感受到自己被什麼東西感召，進入那個空間，然後在「現在」這個瞬間開始行動，將那裡出現的某種東西結晶化，製作出新東西的原型，再把它拿到現實，這個過程可能會花上數年。（中略）重點在於，有時候花了許多年在思考，卻沒有進展，這時請不要嚴格地責備自己。最重要的永遠是下一個瞬間的行動，也就是「現在」將要做什麼，僅此而已。（P 270）

絕對不能緊緊裝著自己當初的想法不放，最初的想法只是讓自己開始行動起來的一種想法而已。我們應該要持續向這個世界學習，瞭解每件事物之間的交互作用，反覆琢磨我們的想法才行。（P 523）

這樣聽起來，或許會讓您覺得U型過程裡的建構原型就只是嘗試錯誤而已，和「建構原型」這個字給人的印象相差很多。但事實上，U型理論中的建構原型流程所著重的部分，是與過去的商務技能及方法論很少涉足的領域，我們甚至可以說，這種獨特性就是U

型理論之所以會是創新理論的理由。

這裡說的獨特性包括以下三種。

1. 透過結晶化以及在其之前的各個流程，使我們與「正在生成的未來」產生連結塑造形狀。

2. 引發「頭腦的知性」、「心靈的知性」、「雙手的知性」，並將之整合。

3. 從我們和宇宙的對話編織出新的事物。

光看文字，或許很難看得懂這些句子是什麼意思。我們之後會一一說明這幾點內容，不過這裡我想要著重在說明U型過程與過去方法不同的地方。

如果組織規模很大，那麼在開始推展新的計畫時，通常會先訂出目的與目標，再討論應該要用什麼樣的方法推展這個計畫。在能夠設定目的、目標、方法的計畫中，這種推展計畫的方式會有充分的效果。

不過，當我們必須推展連方法都還停留在假說流程的計畫時，就只能用嘗試錯誤的方式慢慢前進了。傳統上，這種狀況下，我們通常會為了檢驗仍停留在假說流程的方法是否恰當，先進行短時間內的「先導計畫」（Pilot Project），得到結果之後，再判斷之後是否要進行下去。

然而，雖然U型理論中的建構原型雖然與嘗試錯誤的狀況很像，建構原型卻不是照著這樣的步驟完成的。畢竟在U型過程的流程中，或者說在抵達自然流現的境界、然後將結晶化的願景與意向實體化的一連串步驟中，行動是很重要的一環。簡單來說，建構原型這個流程在做的事，就是將想像中獲得的靈感加上具體化的事物。**因此，為了判斷我們假設的方法是否能有效幫助我們達成目的的先導計畫，在本質上與U型過程的建構原型流程有所不同。**

關於這點，奧托博士認為「**先導計畫要是沒有成功的話便沒有意義，然而建構原型的目標卻是放在學習的最大化**」。

就結晶化後得到的願景與意向而言，若想要讓學習最大化，並使其具體化，那麼前面提到的三種獨特性（與正在生成中的未來的連結、三種知性的整合、和宇宙之間的對話）會是非常重要的要素。

2 「『憑直覺』決定航行方向」是創新的第一步

就像是蘋果公司創造出來的Mac、iPod、iPhone等產品一樣，如果我們將「感覺即將出現，卻又還未誕生『某種東西』登場」這件事稱做創新的話，那麼當我們在進行創新活動的時候，是不是就不能像組裝塑膠模型的時候一樣，預先知道該怎麼完成我們的目標呢？如果我們可以預先知道該如何完成我們的目標的話，就表示「我們已經知道答案了」，也說明了這並不是「感覺即將出現，卻又還未誕生」的東西。

由此看來，U型理論中的創新過程與製作塑膠模型的步驟與方法可說是完全不同，而是比較接近藝術家創作作品的過程。

奧托博士在《U型理論》中用以下敘述描述這件事。

> **對我們而言，新的東西一開始只是一種感覺，然後這種感覺像是被引導到某個地方一樣，形成一種我們能模糊瞭解的知覺。與其說我們能知覺到「為什麼」，不如說我們能感覺到那是「什麼」。**雖然知道做哪些事可以引導這種感覺，卻無法知道為什麼要這麼做。直到我們實際運用雙手與心靈的知性去接觸，我們的頭腦才開始理解這種新的東西是什麼。（P 270）

> 當我們基於過去的模式行動時，在事情發生開始以前，就已經知道「為什麼」會發生這件事了。也就是說，我們是從頭腦開始活動的。頭腦命令我們要照著已確立的步驟行事。（P 271）

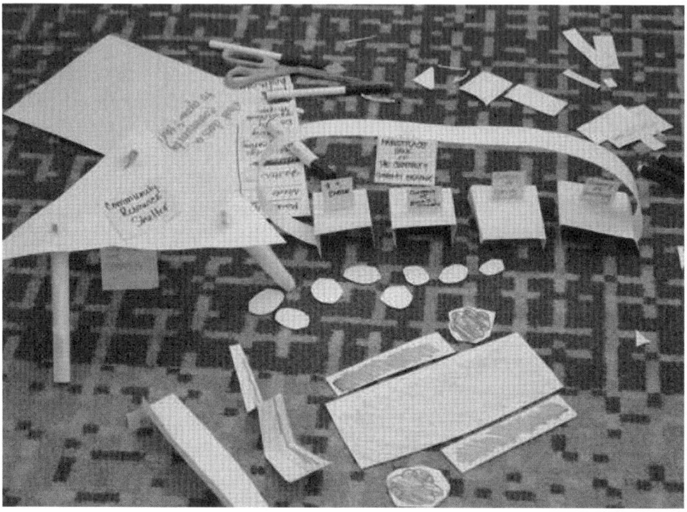

照片3-1　建構原型的例子

我把這種不是基於「為什麼」，而是基於感覺到「什麼」而行動的概念，稱做「『憑直覺』決定航行方向」。下潛至U谷，進入自然流現的境界，感覺到「正在生成的未來」，再將其結晶化成願景與意向。雖然難以用言語描述清楚，卻可以「隱約」感覺到想做的事、想試著做的事、試著去做做看會比較好的事等等。

將這種「隱約」感覺到的事、想到的事「交給雙手任其發揮」，使其顯現出外型，獲得來自周圍的回饋，然後和宇宙反覆對話，提升嘗試錯誤的品質，這就是建構原型的過程。

上方的「照片3－1建構原型的例子」是奧托博士在由他所引導，為期兩日的「全球論壇」中，於建構原型的流程做出來的東西。

從第一天到第二天的早上，他下潛至U谷底，經過結晶化的流程後，在下午時便以「歡迎大家自由參加」的形式找了許多人一起加入計畫，將關心他的作品的人結成一個團隊。新的團隊成員之間彼此對話，並依照對話內容，馬上裁切紙張、黏貼成這個計畫中想像的成品模樣。在製作如上圖照片般的作品時，各團隊之間彼此給予回饋，並依照這些回饋制訂各團隊的行動計劃，直到論壇結束。

從隱約的感覺（心靈的知性），進入任由雙手隨意操作（雙手的知性）的狀態，再進入從周圍獲得回饋（頭腦的知性）的狀態。這一連串的動作，一共使用到了「頭腦的知性」、「心靈的知性」、「雙手的知性」這三種知性，並將其整合成最後的結果。

另外，這個過程中，**我們會數度下潛至小型「U」，讓「心靈的知性」變得敏銳澄明，提升我們連結到「正在生成的未來」、成功建構原型的機率。**

3 以U型過程創造出劃時代的購物推車

做為建構原型的具體做法，U型理論採用了產品設計公司IDEO公司（http://www.ideo.com/）實際使用的方法。

奧托博士所創立的自然流現研究院內，有不少人就是IDEO的資深成員，因此許多IDEO所使用的方法都被用在U型理論上。

另外，奧托博士的U型理論講座中，曾使用由ABC新聞所拍攝，記錄了IDEO公司實際情況的介紹影片做為例子說明建構原型的概念（在YouTube搜尋「IDEO Shopping Cart」，便可找到這段影片。https://www.youtube.com/watch?v=M66ZU2PCIcM）。若您能觀看這個影片的話，應較能想像實際操作起來會是怎麼回事，這裡僅簡單做個介紹。

這段影片名為「在五天內創造出一個新的購物推車」。影片中，由史丹佛大學的工程師、哈佛大學的MBA畢業生、語言學家、行銷專家、心理學者、生物學專家等多位專業人士組成團隊，他們藉由實地觀察使用情況、腦力激盪等方式精煉他們的想法，創造出購物推車的原型。

【步驟1分享對問題的理解】

分享目前所有可獲得的、與購物推車有關的問題與資訊。像是目前的購物推車有什麼樣的問題、可能會發生什麼樣的事故、發生頻率又是如何等資訊等等。

【步驟2分成許多個小組，在使用現場徹底觀察】

分成許多個小組，前往使用購物推車的現場。他們不只觀察顧客的使用情況，也試著訪問整理購物推車的作業員。他們還拍下了使用推車時的樣子，觀察得相當徹底。這個步驟的特徵在於，各領域的專家不會只靠腦中的想像提出假說、不會想要馬上解決問題，而是親臨使用推車的現場，用自己的眼睛觀察、用自己的耳朵傾聽、用自己的雙手接觸，藉此蒐集相關資訊。

【步驟3觀察的分享】

他們將在推車使用現場拍攝到的照片貼在牆壁上，一面看著這些照片，一面分享他們在現場感覺到的東西。不同領域的專家分享他們蒐集到的資訊時，可以讓彼此獲得新的視角，使每個人都能夠為自己一開始觀察到的現象賦予新的意義。

【步驟4藉由腦力激盪產生新的想法】

他們持續畫出新設計的購物推車，然後把它貼在牆壁上。這時候，他們先不對各種購物推車的方案做出批判，而是專注於設計出更多種推車，並將每一種想法的優點寫在便利貼上，貼在設計圖的旁邊；也有人會在便利貼上寫下「關於這個想法，要是改成怎樣怎樣做的話會更好」之類的評論，然後貼在設計圖的旁邊。反覆操作這些動作，便可讓大家的想法層層相疊，從一個點子中冒出另一個新的點子，形成一個良性循環。

【步驟5製作試作品】

分成多個小團隊，將腦力激盪的時候產生的點子製作成試作品。動起雙手，切開鐵管，製成近似於購物推車的形狀，然後焊接起來，製作成可以直接觸碰到的產品。

影片中提到一個想法，就是在購物推車內裝上條碼掃描機，讓顧客自己可以掃描購買的商品，不過在試作品階段時，只要做出能代表這種裝置的東西，讓他們可以在展示產品的時候說明這個概念就行了。所以他們用蓮蓬頭來代替麥克風，將嬰兒的娃娃擺在購物推車上，表示小孩子坐在上面的樣子。這樣不僅容易讓人想像實際使用的狀況，也讓人覺得比較有趣。

【步驟6反覆地試作與接受回饋，得到最後的完成品】

製作試作品，接受回饋，重複多次這個過程之後，便可讓想法變得更完善，得到最後的完成品。

經過這些步驟之後，最後完成的購物推車雖然看似與隨處可見的不鏽鋼製推車沒什麼差別，但卻可以把籃子直接放在上面，也搭載了條碼掃描機，可以說是相當特別的產品。

建構原型過程著重的地方在於，**計畫領導者並不會用指示、命令的方式要團隊成員做事，而是用一連串步驟引導成員們提出想法。而且，為了讓擁有不同經驗的專家們在討論時不會陷入空轉，引導師必須讓所有人關注同一件事，動手製作同一件物品，以降低社會複雜性的問題。**

或許您也發現了，這個建構原型的過程，就是在實踐U型過程。在「步驟1分享對問題的理解」中，大家紛紛說出自己已知的資訊，讓原本處於下載情境的自己做好進入「看見」狀態的準備。而在「步驟2分成許多個小組，在使用現場徹底觀察」中，到現場用自己的眼睛觀察使用狀況，並訪問相關人士，以獲得可以顛覆既定觀念的資訊，進入「看見」狀態。在「步驟3觀察的分享」中，讓所有人分享從各個不同角度觀察到的事物，使每個人對於同一件事物可以產生新的想法——也就是說，讓人們可以體會到從不同的角度觀察購物推車時，會有什麼樣的想法，藉此進入「感知」的狀態。

雖然這段過程中沒有提到自然流現的情況，不過當他們休息時、坐車時、在家裡淋浴時，或者是睡覺的時候，都會與購物推車保持距離，放下自己原本執著的想法。我們可以想像得到，這種狀態下的他們很有可能會達到自然流現的狀態。

在「步驟4藉由腦力激盪產生新的想法」的流程中，將自己的想法以繪畫的方式表現出來，以促進其結晶化。在「步驟5製作試作品」中，如文字所示，建構出產品原型。

影片中雖然沒有提到，但他們去現場觀察使用情形後的回程途中，應該也會彼此交談，潛入小型「U」底下才對。或者我們也可以追溯至這個購物推車計畫的開頭，從那時起，參與成員們一定數度潛下至小型「U」的谷底，然後在某個時間點突然結晶化，得到「讓我們來改造購物推車吧！」的想法，然後進入前面提到的步驟1至步驟6的狀態。

由這個影片中我們可以想像得到，參與者們藉由多次的小型「U」型過程，連結到正在生成的未來。他們動員了「頭腦的知性」、「心靈的知性」、「手腳的知性」等三種知性，並加以整合，讓我們也能感覺到現場的真實感。

看完這個例子，可能會讓您覺得建構原型這個流程只有在開發商品的領域才會出現，但事實上並非如此。當我們想要開始一項新的計畫時，若碰上三種複雜性（動態複雜性、社會複雜性、新興複雜性）都很高的問題，這種建構原型的方式便可有效率地解決問題。

U型理論的一位實踐家，亞當·卡漢在印度所倡導的「未來計畫」（Bhavi ya Project，Bhavi ya在梵語中是「未來」的意思）中提到，若想解決這三種複雜性很高的問題，就需要按照這種建構原型的步驟去做。

近年來，印度這個國家雖然經濟起飛，但在高速發展的背後，有四十七％的孩子沒有達到標準體重，並有營養失調的問題。為了改善它們的狀況，這個「未來計畫」召集了政府相關機構、NPO、NGO、企業等各種利害關係人，共九十七名成員齊聚一堂，一起討論這個問題該如何解決。**這些成員的背景各有不同，他們在自己的領域內都有一定的專業知識，可見這個團隊的社會複雜性很高，不容易達成共識。在這種狀況下，要靠言語來讓大家找到共識是相當沒有效率的事，還容易造成對立。**因此，他們試著將目標形象化，讓成員們容易感受得到這個團隊可以達到什麼樣的目標，在感覺上取得共識，打造出容易推展下一步行動的環境。

我們將在「第六章U型理論的實踐〔組織、社群篇〕」中介紹建構原型的實際操作方法，若您有興趣的話敬請參考。另外，您可以在YouTube上看到「未來計畫」的介紹影片（http://www.youtube.com/watch?v=3w3Yx86bDck）。

4 「偶然的一致」是創新的一部分

前面介紹的建構原型時的三種獨特性中，最難理解的應該就是「從我們和宇宙的對話編織出新的事物」這點吧。關於這點，《U型理論》中引用了《First Company》的共同創辦人，阿倫・韋博（Alan Webber）所講過的話如下。

> 事實上，宇宙是相當樂於助人的地方。如果你對你自己的想法抱持著開放的心靈，宇宙就會幫助你。宇宙會教你怎麼改善你的方法。然而，有時宇宙給你很糟糕的建議。仔細

傾聽宇宙告訴你的是，仔細分辨哪些是有用的建議，那些是有害的建議，這也是冒險的一部分。最好不要關閉自己的心靈，自以為是地認為「這個想法已經十分成熟了。如果進展不如預期的話，就別繼續做下去了」。然而，如果每個人的意見你都接受的話，大概也會瘋掉吧。（P 524）

如同這段話所說的，在U型理論中相當重視偶然的一致，又稱做同步性（Synchronicity），在《正在生成的未來》中也有提到這個概念。

這在使目的結晶化，以及建構原型的過程中，是很重要的一個層面，卻很少被提及。有時當我們連結上深層的目的泉源時，我們會發現人與人之間有驚人的「偶然的一致」。在卡爾．G．榮格（Carl Gustav Jung）的代表作品《同步性——超因果律》中，將同步性描述為「兩件以上的事，在機率以外的某個原因之下，以有意義的形式偶然同時發生」。（中略）我們可以將同步性想成是故意與偶然、計畫與運氣、因果律與超因果等相反概念之間的連結。

英特爾的大衛．馬希（David Marsing）曾對約瑟夫說「同步性就是對可能會發生的事打開心靈」。（中略）同步性雖然無法控制，但並非沒有規則。事實上，U型理論最大的成果之一，就是讓同步性的力量以能被信賴的形式運作。這是在保留過去習慣的看法之下，以打開心靈為始，從自然流現的過程中「接受使命」之後，使其持續發生。（中略）成功的創新，與單純的等待奇蹟發生並不相同。他們把奇蹟的發生當成成功的過程中的一個必然，只是靜靜地接受它而已。阿倫．韋博所說的「宇宙就會幫助你」就是這個意思。（P 191）

對於從理論推導出答案，或者是很重視科學邏輯的人來說，或許會覺得這種神祕主義般的思考方式有些難以接受吧。就我自己而言，在我還是一個被灌輸「要分析得比客戶更多、更清楚，才是顧問的價值」等想法的顧問公司員工時，不僅無法接受這種非科學的思考方式，還很討厭，甚至蔑視這種想法。

然而，當我在職場上燃燒殆盡，辭掉最初的公司之後，也開始自我改變，數度下潛至U谷，我所遭遇的一連串的偶然，就像是必然般。即使到了現在，我仍可以感覺到我的日常生活中到處都可以看到同步性。

而讓我感到驚訝的是，像是公司經營者、創作者等，在工作上需要越多創造性，以回答出沒有標準答案的問題的人們，就越需要把同步性運用在工作上。他們通常不會大聲說自己相信同步性的存在。但他們會說，在過去多次經驗中，他們可以感覺到某種想法或某種靈感，會像自己的同伴一樣飛奔而來。

某個上市公司的經營者，在創業的父親突然去世之後，做為第二代經營者繼承事業，活躍於業界。一手打造這間公司的父親曾在他小時候對他說「總之，祈禱就對了。只要祈禱，就不會有過不去的關卡」。於是這位經營者養成了每天睡覺前都會在床邊祈禱的習慣。有趣的是，不管是他還是他的父親，都沒有信仰特定的宗教，不崇拜神，也不崇拜佛，卻很重視祈禱這件事。而實際上，他們在數次遇到困境時也都能順利度過，很難說只是偶然。

聽過這麼多例子，也經歷過許多事之後，讓我也逐漸能感覺到存在於日常生活中的同步性。有時候我會在街上碰到我一直想要見的人，有時在我百思不得其解而悶悶不樂的時候，看到電車拉環上的廣告詞，突然發現那正是現在的自己需要的話語。就在前幾天，我對於自己新訂立的計畫突然有個新的點子，進而開始思考這麼做會有哪些風險，正當我沉思著「這麼做真的行得通嗎？代價會不會太高呢？」，悶悶不樂地走在車站月台上時，一位臉上穿洞的金髮年輕人走在我的前方，他的 T 恤背後印著「Why so serious?」（為什麼你要那麼嚴肅呢？）這幾個字，讓我不由自主地笑了出來。於是做好了開始新計畫的心理準備。

每個人相信同步性的程度都不大一樣。一般來說，我們可以用「向周圍張開天線」的方式來表達這個概念，也就是多重視發生在自己周圍的事的意思。而奧托博士說的「和宇宙對話」，又是更高層次的概念，這是要我們把自己置於偶然性的中心，與自身周圍的所有事件共舞的意思，而這個過程本身就是一件很有趣的事。

就是因為這個過程可以讓我們獲得原本不存在於自己腦中的想法或靈感，使它們具體化，故我們可以藉此發展出「感覺即將出現，卻又還未誕生」的創新。**特別是在三種問題複雜性（動態複雜性、社會複雜性、新興複雜性）都很高的狀況下，通常不管我們再怎麼用頭腦思考，都找不到解決的方法。當我們的思考陷入進退兩難的窘境時，若能接受名為同步性的偶然的引導，那麼找到出口的可能性便相當高。**

不要把同步性這個概念想成是神秘主義、沒有科學邏輯的選項，進而排斥它，而是應該要把它當成能夠幫助我們在難以找到出口的情況下，為我們指出一條明路的工具，把它帶在身邊。

第8節 【流程七】實踐（Performing）

1 一直唱同一首歌仍不會感到厭煩，這就是一流歌手的實踐（Performing）

第七道流程就是最後的「實踐」（參考「圖表3－17 U型理論的七道流程（實踐）」）。

聽到「實踐」這兩個字時，腦中會浮現出甚麼樣的感覺呢？如果用字典查詢「實踐」這兩個字，可以得到「親自實行主義、理論。『例：將理論付諸實踐』」（大辭泉）的解釋。而「實行」、「實踐」、「實施」的差別如以下所示。

「『實踐』通常用於表示親自實行理論、德目。譬如說『理論與實踐』、『實踐神的教誨』等等。『實行』的使用範圍最廣，不過通常不會用在與倫理有關的事情上。譬如說『孝行的實踐』如果改成『孝行的實行』的話就會讓人覺得不大自然。而『實施』則是指實行已預先計畫好的事，或是既定事項。譬如說『實施減稅計劃』、『實施考試的期間』等等。」

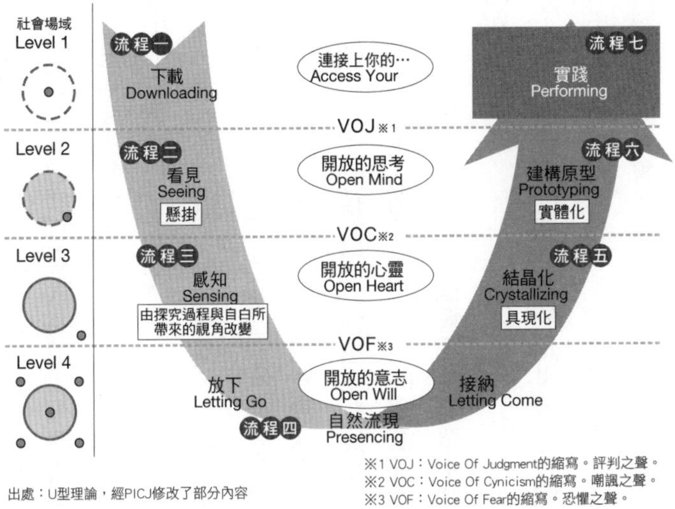

圖表3-17　U型理論的七道流程（實踐）

與之相較，原文Performing的動詞Perform在辭典中有著「1.表演（戲劇）。扮演（角色）。演奏（歌曲、樂器）。2.執行（任務等）。行動。達成。進行〈儀式等〉。完成（約定、命令等）。實行。履行」（Progressive英和中辭典）的意思。

我在翻譯《U型理論》的時候，相當煩惱Performing這個字該怎麼翻譯比較好。Performing在這裡指的是將誕生於「正在生成的未來」的靈感透過建構原型的過程產生外型，實際顯現於這個世界上。這種神聖感，與預先計畫好事情再實行不同，而是像演奏樂器般有種即興表演的感覺，故我認為把這個字翻譯成「實踐」會比較洽當。

奧托博士對於這個流程的說明有許多抽象的部分，常會讓人有「像是理解了，又像是沒有理解」的感覺。「實踐」是一種與每天的活動息息相關的行動，然而他擔心大家會用過去我們熟知的PDCA循環或改善活動等既有框架來理解這個概念。

假設用影片的方式呈現U型理論七道流程的實行過程，那麼我們或許可以透過影片，看出前六個流程有哪些特徵。但是「實踐」這個流程的影片中，我們或許只會看到有人在工作，有人在演戲、演奏樂器、有人在運動、有人在做家事，換言之，只能看到當事者在做某些行動，難以看出這些行動有什麼樣的特徵。

這就像一般人在看世界花式滑冰大賽的電視轉播時，頂多只能看出當天選手們的狀況好不好，選手的技能與其他選手相比是好是壞之類的事而已。但對於「實踐」花式滑冰這件事的選手本人而言，每一次的表演都不一樣，而且自己的內在與周圍的狀況在每一個瞬間都會出現變化，每一個瞬間都與眾不同，故選手們會無時無刻地感覺到難以用語言表現的新穎感。

過去，我在一個社群的讀書會上介紹U型理論的時候，有一位參與者說了一個耐人尋味的故事。他是一位企業經營者，在參加這個讀書會之前，曾經出席過一個聚集了許多企業經營者的聚會。歌手石川小百合是那個聚會的參與者之一。她自己也有經營一間公司，故她是以一個企業經營者的身分出席這場聚會的。

那場聚會中的一位參與者，向石川小百合詢問了一個許多人都很想問，卻不怎麼好意思開口的問題。那就是「您唱了那麼多次《津輕海峽．冬景色》這首歌，會不會膩呢？」。聽到有人問出這個問題，在場的人們都覺得「沒想到真的有人敢這樣問啊」。然而，對於這個問題，石川小百合的回答相當好。

她露出驚訝的表情，這麼回答。

「我從來不覺得膩。因為每次我唱這首歌的時候，看到的風景都不一樣。要是我覺得唱膩的話，或許就是我應該要引退的時候了。」

這真是個讓人忍不住拍手叫好的超一流答案。從我們這些旁人的眼光看來，她數十年來似乎都唱著同一首歌，但對她來說，每次浮現在眼前的都是不一樣的、嶄新的風景。

石川女士的話，正明確體現出了實踐的本質。《津輕海峽．冬景色》是一九七七年的歌曲。想必創作這首歌的過程中，無論是歌詞還是歌曲，都是下潛至U谷，連結上泉源，然後經過結晶化、建構原型的流程之後，才得以完成的產物。

石川女士自己也一樣，從她以歌手的身分出道開始，在《津輕海峽．冬景色》這首歌曲之前，曾出過十四張單曲。想必她也是以歌手的身分，反覆經歷了多次建構原型的過程，最後才與《津輕海峽．冬景色》這首曲子相遇的吧。

歌壇上有好幾首著名的歌曲能夠賣到一百萬張，不過能在四十年來一直被觀眾喜愛的歌曲就相當少見了。作品本身固然有其厲害之處，然而做為歌手的石川小百合的「實踐」更是擁有壓倒性的品質，使得這首歌獲得了空前的成功。

2 在日常生活中，就必須不斷琢磨能產生革命性新創的原石

奧托博士希望讓大家能在實踐的流程中，理解這種旁人不易理解的，「看似相同，實則不然的東西」。

說得誇張一些，要是沒有理解「實踐」的本質、沒有體會到上述概念的話，不僅無法完成U型理論的實踐這個流程，也無法理解U型理論是什麼。

為了讓大家更能理解「實踐」的概念，奧托博士在《U型理論》中做了以下說明。

（若想要理解什麼是實踐的話，）可以試著想像演戲的樣子。如果您有實際站在舞台上的經驗的話就更好了。之所以這麼說，是因為演員們不僅是在導演的指示下表演，演員之間也會交流意見，並在這個過程中提升自己的演技，使整個齣戲劇變得更好。有時候他們會主動地加上一些東西，或者省略一些東西。戲劇可以說是一個活生生的東西。在一個時間與空間的場域中保持自我、磨練自我、讓自己的行動變得更加洗練。經過多次排練，

準備在第一次開幕時做出最好的表現。在這之後表演仍會持續進化，不過在這之後的進化便包含了來自觀眾的能量與自然流現的元素。所謂的「實踐」，就是連結到一個包含了觀眾與我們的地方，並活躍於那個地方所產生的場域。（P 280）

在建構原型之前的流程，都還只是練習場或實驗室，或者是在特定計畫中進行的活動，相較於此，破繭而出，在相對公開的場合表現出來，在正式登場的舞台上，與相關人士或場域內的其他人一起互動，這個流程就叫做「實踐」。這個過程中，不是只要把嶄新的「某種東西」展現出來就好，而是更應該注重表現過程的「品質」。

如果沒有石川小百合這位超一流歌手的實踐，那麼《津輕海峽・冬景色》就不會在過了四十年後仍為眾人所喜愛。同樣的，「獅子王」之所以能成為音樂劇名作，也是因為劇團的團員每天不停的精進他們的實踐過程。要是他們的演技「死亡」的話，獅子王也沒辦法到各地巡迴演出。另外，Mac、iPod、iPhone等革命性產品之所以能誕生，也是因為生產這些產品，推廣這些產品的實踐過程日益精進。要是這個過程「死亡」的話，這些產品也沒辦法普及至世界各地。

看到這裡，可能會讓您覺得只有在演藝界、運動界，或者是著重於個人表現上的領域才可以看到「實踐」的效果，但事實上，實踐的概念也能夠在組織或社群中實現，這也是U型理論的特徵之一。

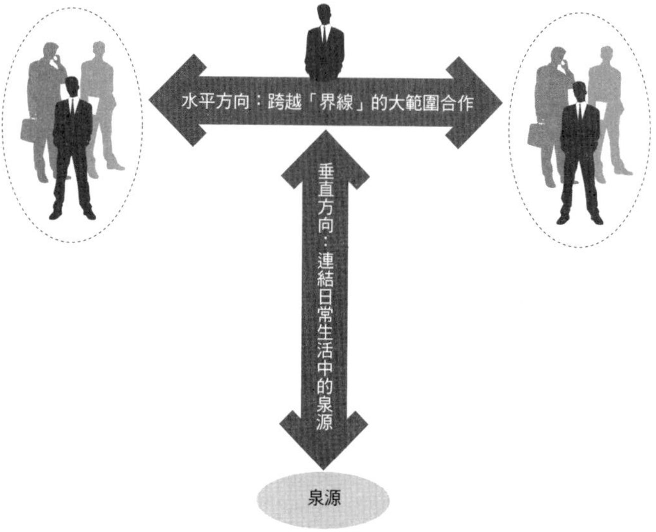

圖表3-18　往水平方向與垂直方向展開的『實踐』的原則

奧托博士並非像工程師般，機械性地說明U型理論的一連串過程都在做些什麼，而是把它比喻成生態系的進化過程。由正在生成的未來中顯現出來的進化之種，在被撒播在土壤中後會一一發芽，然後長成一整片森林。其中有些種子可以成功長成大樹，卻也有些種子在發芽後沒多久就乾枯而亡——奧托博士將人類社會比擬做生態系中各種生命的興盛與衰弱。

奧托博士認為，「實踐」這個流程，就是讓在建構原型之前各流程所長出來的芽，與其他動植物、太陽、風雨等周圍環境產生交互作用，最後形成一棵將根深扎在土壤內的大樹的過程中，需注重的原則。

接著，我們會介紹在組織與社群內，促使他人進入「實踐」流程的原則。

3 在社會生態系統中「實踐」的原則

「實踐」的原則如同「圖表3－18往水平方向與垂直方向展開的『實踐』的原則」所示，可以朝著水平方向（跨越「界線」的大範圍合作）與垂直方向（連結日常生活中的泉源）展開。

1. 水平方向 跨越「界線」的大範圍合作

當一個組織或社群進行商品開發、涉及全公司的改革計畫、導入改善業務的系統、社群活動、社會改革活動等活動時，可能會有某個人提出新的想法，想要將其結晶化，再透過建構原型的過程，產生創新。但在大多數的情況下，組織或社群並不會重視這個新的想法，而是無視它、輕視它，或者刻意置之不理。

然而在與權力鬥爭無關的情況下，「刻意置之不理」通常不帶有惡意。一般而言，反而是「不帶惡意」的置之不理佔多數。

當某個人想要開始執行一個新的想法的時候，在不知不覺中，周圍的人就會進入「旁觀模式」，或者是「評論模式」，想必大家也看過很多次這種狀況。「旁觀模式」的人們認為「我還不清楚這個人到底想做什麼，要是我突然摻和進去的話，說不定會造成他的麻煩不是嗎？」也就是「迴避參與這件事，並用各種理由正當化自己的消極姿態」；而「評論模式」的人們認為「自己雖然沒有能力幫忙負擔他的責任，但既然他都想了新點子，不如就站在評論的角度，指點他一些需要改善的地方吧」，也就是「只出一張嘴，沒有參與感的貢獻態度」。

如果周圍的人都擺出了這樣的態度，那麼提出創新的那個人就會覺得沒有人願意幫忙他，進而產生被孤立的感覺，可能就此放棄活動，也可能進入戰鬥模式，把其他人視為反對創新的守舊派，準備與這些人戰鬥。大概都不脫於這兩種結局。

要是這種情況出現多次，便會在公司內逐漸形成**「在我們公司內，想改變些什麼，只會得到失敗的結果」的詭異共識，使得大家都只想隔岸觀火。漸漸的，在想要做些什麼事的時候，要是沒有正式的說明，沒有透過正式的指示命令系統的話，就沒有人會想要幫忙，形成「大企業病」的僵化狀況**。

與之相較，一個有活力的組織會很重視邏輯性與合理性，但是大家會很願意幫忙完成。過去曾有一個公司客戶，他們的社長想要提升員工們對公司新方向的共鳴，於是請我幫忙設計了一個說故事大會（Storytelling），由社長說明自己過去的人生，以及對今後事業的看法。

社長向約五十名部長級幹部說起了他的故事，不過在會議剛開始的時候，部長們紛紛提出「為什麼現在要做這種事呢？做這種事又有什麼意義呢？」之類的疑問。這時有個部長出來說「先別管那麼多，聽聽看再說吧！」，於是說故事大會便開始了。結束後，有許多部長表示「我終於了解社長的心情了，有辦這場說故事大會真是太好了！」而最讓人驚訝的是，在問卷調查中，也有好幾個人提出「或許社長對於公司新的發展方向有些不安，但我們絕對會跟隨社長的，我們會全力支持社長，交給我們吧！」之類的意見。

一般的公司內各部門壁壘分明，在某些案例中，甚至連上下層之間也有很大的隔閡。不過這間公司的上下層間相對沒有隔閡，看到部長對社長說出「我們會全力支持社長！」之類的宣言，讓我有些訝異。聽到員工們這麼說，想必也帶給社長很大的勇氣吧。能夠如此宣言的部長們自然相當難得，但我認為能夠建立起這種良性上下關係的社長又更是厲害。

我們可以想像得到，這種跨越「界線」的姿態，是一種超越了邏輯，能從人類這種生命體中汲取出能量的姿態。而這些能量將會成為培養組織力，也就是培養每一天實踐能力的資源。

另外，這種「助他人一臂之力」的文化並非一朝一夕就可形成，我們可以想像得到，每天一點一點的累積，才是能達到這種境界的重點。每天累積所得到的成果，可以讓所有利害關係人在平時就自問「我們是誰，我們想成為誰？」，進而讓每天的行動保有一貫性，並持續下去。

以販賣戶外用品著名的巴塔哥尼亞公司，以其貫徹經營理念而著名。不僅是公司使命，他們也很重視核心價值的實踐。

在他們的核心價值中，有一項是「Integrity」（正直）。不僅是顧客，就連對供應商、同事、地球環境，以及所有的人事物，他們都必須抱著「正直」的態度與之接觸，這就是他們的實踐成果。

我曾與該公司的數位員工接觸，我可以感覺到他們每一位都散發著正直的氣息。每次我拜訪他們公司的時候，他們從來不會因為我不是這間公司的人而隨便敷衍我。

「環保主義」是巴塔哥尼亞公司的另一個核心價值。這個核心價值不僅可以讓所有員工都產生共鳴，也可以讓顧客產生共鳴，進而支持這家公司的產品，這是很值得注意的一點。超越了「界線」，藉由每天累積的「正直」，讓「助他人一臂之力」的行動不僅限於公司內，也讓公司外的人們對這樣的核心價值產生共鳴，這就是巴塔哥尼亞公司的厲害之處。

2. 垂直方向：連結日常生活中的泉源

進行創新活動的時候，在水平方向跨越界線是很理所當然的事。不過另一方面，在垂直方向上進行實踐的原則，更是U型理論的獨到之處。正是因為U型理論在垂直方向上的實踐有一定的原則，才讓U型理論在水平方向上的實踐原則有其獨特性。說到U型理論在垂直方向上的實踐原則，就像是鈴木一郎為了讓自己在每個打席上都能做出最好的揮擊動作，會維持每天的生活習慣，使自己隨時保持在最佳狀態。

也就是說，U型過程的精髓在於，在將想法建構成原型之前，不是只有走過一次U型過程的各個流程，而是要走過許多次。奧托博士說「重要的是，不要只走過一次U型過程，而是要走過許多次。某些情況下，可能每天都要經歷過一次U型過程的各個流程。早上開始工作前，聚集所有團隊成員（可以的話，請特別挪出一段靜寂的時間），將前一晚想到的東西提出來討論，確認當天要做哪些工作，那些地方要修正，請養成這樣的習慣」。

下潛至U谷，抵達自然流現的狀態，數度連結上泉源。習慣這個過程之後，於水平方向跨越界線，與其他人合作時，便不會陷入下載情境，也可在對話的過程中察覺正在生成的未來，彼此互相扶持，共同推廣活動。

彼得・聖吉曾說過以下的話。

要分辨出「創造」與「處理問題」在根本上的差異是很簡單的事。當我們在處理問題時，我們會想要將「不希望出現的東西」移除。

另一方面，在我們創造新事物的時候，我們會讓「真正重要的東西」被生存下來。除此以外，兩者幾乎沒有根本上的不同。

所謂「真正重要的東西」，如果只是把它當成一種理念而束之高閣，那麼它實際上並不存在。我們在第六章中會再次介紹聖吉說的話的意義，並進一步深入討論。這裡要強調的是，**只有數度下潛至U谷，達到自然流現的境界，順利結晶化之後，才能夠真正感覺到「真正重要的東西」的存在。**

當我們交錯運用水平方向與垂直方向的原則，拓展「實踐」的範圍，才能使其不僅止為「實行」或「實施」，而是像管弦樂團的演奏般，產生動態而和諧的改革，這就是U型理論的核心。

我們用一整個第三章，介紹了U型理論的七道流程。這個過程中，我們試著處理外表看不出來的內在狀態，或許和過去的工程師般的問題處理方式相比，有許多難以理解的地方，但因為我們發現了某些在成功案例分析中實現不了的領域，故我確信這就是真正能達到創新的道路。

第4章

U型理論的實踐（個人篇）

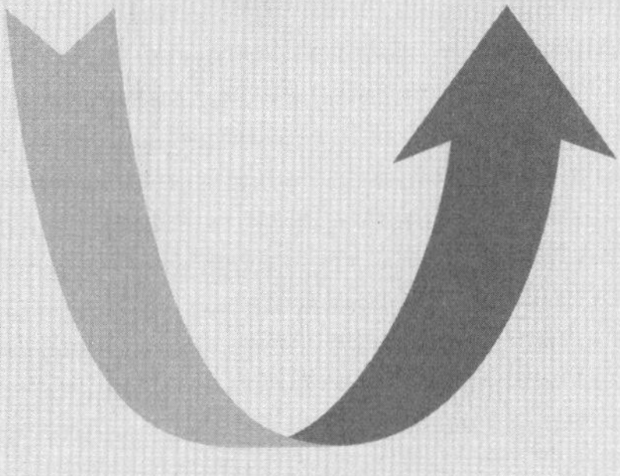

第1節 做為個人內在的轉變原理，運用範圍廣大的U型理論

U型理論是一種透過轉變來創新的原理。因為它是原理，所以應用範圍很廣。世界上的任何一種轉變與創新方法，都可以用U型理論來描述，而且U型理論也可以與其他方法或技術組合，對於創造新事物方面有很大的幫助。

從第四章到第六章，我們將著重於U型理論的實踐。從「個人」、「兩人搭檔、團隊」、「組織、社群」等三個層次，介紹具體實踐U型理論的方法。本章將把重點放在個人，也就是自己上面。

在「兩人搭檔、團隊」或「組織、社群」中，我們需要與其他人、其他集團的成員互動，因此這時的U型過程會著重在與相關者一起前進。然而在個人的層次上，我們應專注在自己一個人的進步。

在個人層次的改變上，包括以冥想為首的各種傳統修行方式、以戲劇訓練為基礎的各種方法等等，自古以來便存在於我們周圍。這裡我們將不再多花篇幅介紹能在其他地方學習到、或者需要學習時間的方法。

這裡要介紹的方法，不需要經歷過深層的自然流現境界，只要稍加訓練之後，便可一個人實踐這種方法。或許這種方法的步驟會讓您覺得有些困惑，但這種方法可以幫助您確實達到層次三「感知」的境界，迎接在層次四「自然流現」的狀態下生成的未來，請您一定要試試看。

第2節 某個少年轉變的故事：從原本一直很嫌惡的父親身影中，看到「自己真正的樣貌」

為了說明個人層次上的實踐方法，以下讓我們來看一個在個人狀態下進行U型過程的故事。

這是一個刊載在《常存於心的故事〈普及版第五集〉》（潮文社編輯部編／潮文社）這本書上，名為「父親是建築工人」的故事。這是由住在愛知縣，名為田財武男的便利商店經營者投稿的文章。一個高中生（少年A）以當建築工人的父親為題寫成作文，田財武男先生再從校長那裡聽到了這段故事。

少年A是縣立M高中的高三生，家中只有父母和他共三人，父親是建築工人。他的成績非常優異，深受老師、同學們的信賴，被認為是一個一定能考上國立大學的學生。

而他的煩惱，就是父親的職業是一位建築工人。他交給學校的文件中，若需要填入父親的職業，他便會填上公司員工。他一直很羨慕朋友的父親在上班時總是能穿西裝、打領帶，相較於此，當他看到自己的爸爸總是穿著滿是泥濘的安全鞋，還在鬆垮垮的褲子上套著綁腿，一副工人的樣子，就覺得很丟臉，讓他相當懊惱。以下引用書中的文章，描述這位少年A如何跨過這個心理情結。

「父親是建築工人」

（前略）

文章開頭寫著「我的父親是建築工人……」，內容則大致如下。

「我的父親沒有固定的休息日。除了雨天以外，不管是星期日還是國定假日，他都必須穿著那套工作服，開著那台破舊的車子去上班。

下班以後，他從頭到腳都佈滿了黑色的泥土。到家以後，他會先在庭院把衣服都脫掉，穿著一條內褲進浴室泡澡。這可以說是他的日常。

有時會有朋友來我家，但父親看到我朋友時也只是『哦！』地打聲招呼，然後就穿著一條內褲走向浴室。被朋友看到這一幕時，總讓我覺得相當羞恥，相當討厭。

『拜託一下，走到浴室的時候再脫啦！』有時候我會向父親抗議。

『好啦、好啦，抱歉啦。』他雖然會道歉，但沒過多久就恢復原狀了。

小學的時候，每到星期日，住附近的朋友們一定會跟著爸媽出門，有時是去購物，有時是去吃大餐，好像很快樂的樣子，讓我很羨慕，但我只能在玄關前目送他們。朋友們總是懷著既興奮又愉快的心情出門，看著他們的背影（大家的父親都好厲害啊），不禁讓我覺得有些自慚形穢，有好幾次甚至掉下淚來。上了國中之後，我已經對這件事不再抱有期待了。

偶爾碰上休假時，父親總是從一早就坐在電視機前喝著燒酎。

母親會一邊說著『你擋到我掃地了，去旁邊啦』，一邊拿著吸塵器趕他走。

『別在這礙手礙腳的。』

父親不會反抗，只是一手拿起燒酎，在房子裡走來走去。

當母親一邊說著『你偶爾帶兒子出去一下行嗎～』的時候，我便會回她『我一個人就行了』，然後用輕視的眼神看著父親。

父親則會說『你跟我個性合不太來，應該不會想和我一起出去吧～』。

『你怎麼只會賴在家裡給人找麻煩呢？就像一堆淋濕的落葉一樣……根本就是個大型垃圾！』母親偶爾會這樣碎碎念。

『原來如此，真的就像淋濕的落葉一樣呢哈哈哈……你形容得真好，哈哈哈……』父親卻附和著母親，並不生氣，還哈哈大笑。

我的父母之間常出現這樣的對話。我和母親一樣，覺得這種不體面的父親有和沒有都差不多。

從小學的時候開始，給我零用錢的都是母親，帶我去買東西的也是母親。參加家長教師聯誼會（Parent-Teacher Association）的是母親。運動會、發表會時也是母親來看我，從我有記憶開始，父親就從來不曾到學校來看過我。

不過有一次，我因為私事而到了名古屋一趟。我不經意地看向一棟高樓大廈的建築工地，卻在上面看到『○○建築公司』的文字，那是父親公司的名字。這就是父親的工作嗎。我停下腳步，仰望了這棟大樓好一陣子，突然看到了一個讓我相當震驚的景象。

在建築物的八樓，接近最高層的地方，我看到了綁著安全繩，努力工作的父親姿態。我像是被鎖鍊綁住了一樣，站在那裡卻無法動彈。

（那個酒鬼般的父親，居然在這麼危險的地方工作。要是一個不小心的話可能會出人命啊。

然而她老婆和兒子卻把他當成大型垃圾，還把他說成是一堆淋濕的落葉。即使如此，父親也不生氣、不罵回去，只是哈哈大笑地附和著……）

我一時間說不出話來，只感覺得到身體在顫抖。

在八樓工作的父親，從地面看上去就像米粒一樣大，然而此刻我卻覺得他看起來就像仁王像般巨大。」

語氣中帶著少許哽咽的校長繼續說了下去。

「我過去怎麼會用那麼糟糕的心態看待父親呢？不曉得母親有沒有親眼看過父親工作的樣子呢？要是有看過的話，應該就不會說他像一堆淋濕的落葉了吧。

不知不覺中，一滴滴眼淚從我臉上滑落。

父親勞心勞力，賭上性命養育我們長大。

默默工作的父親，從來沒有過一句抱怨的父親，只有放假時會喝一杯燒酎的父親。現在我才感受到他的偉大。

想到這裡，不禁覺得說話刻薄的母親心胸狹小，讓我覺得有些慚愧。

今天，我用自己的眼睛，確認到父親比任何人都還要像男子漢。我要把他值得依靠的樣子深深地印在腦中，比以前更加尊敬他，以身為他的兒子為榮。」

文章最後，他這樣結尾。

「我原本的夢想是竭盡全力地讀書，未來進入一流大學，在一流企業就職，例假日的時候可以帶著妻子和子女一起到一流餐廳用餐。但是今天，我決定要捨棄這個夢。

從此以後，我要像父親一樣，讓身上沾滿汗水與泥土，善用自己的雙手、勞動自己的身體。像這樣默默做事的父親，才是真正的男人應有的樣子，因此我決定要踏上父親的腳步。」

（後略）

以上是某個高中生與他的父親之間的心理糾葛故事。這裡我想請各位注意的地方是，他雖然沒有直接與父親面對面談論事情，卻能夠經歷一連串U型過程，並在最後得到「真正的男人應有的樣子」這點。我想將這個故事的情節比擬為U型過程的七道流程，藉此說明在個人層次上實行U型過程的時候，該注意哪些重點。

流程一【下載】討厭職業是建築工人的父親，覺得很丟臉

這個高中生覺得父親是建築工人這件事讓他感到很丟臉，對於在運動會或發表會時沒有來看他的父親，覺得他「沒來也沒關係」，也提到他很羨慕星期日時可以和父母一起出去玩的朋友。

依照U型理論的解釋，當我們處於下載情境時，會很嚴格看待自己接收到的資訊，以及他人表達出來的意見。用過去的框架判斷「啊啊，那種事我早就知道了」，或者「怎

麼可能發生那種事！」，進而抹煞這些資訊或意見。這種來自心中的聲音就是所謂的「VOJ」（Voice Of Judgment：評判之聲）。

實踐U型理論的時候，一開始擋在眼前的就是製個VOJ。當我們陷入VOJ的漩渦時，會不曉得自己已經進入了下載情境，只是一個勁地抹煞與自身框架不合的資訊，或者是刻意只接受符合自身框架的資訊。從前文可以看出，這位高中生便是被「我的父親給人的感覺很糟」、「建築工人是一個很髒、很丟臉的職業」的VOJ所蒙蔽了。

作文中雖然沒有描述，然而母親或許除了會對父親說出侮辱的話之外，也會說出稱讚或感謝的話。但即使如此，這位高中生卻很有可能因為被VOJ所蒙蔽，而沒有注意到這些話。若要讓自己進入層次二的「看見」狀態，就必須注意到自己的VOJ。換言之，就是不要對自己接收到的資訊妄下定論，而是要先懸掛起來不做評論，這點十分重要。

流程二【看見】在高樓大廈的建築工地看到父親工作的樣子

這位高中生經過一個建築工地時，無意間看到自己的爸爸在八樓高的地方工作，相當吃驚。這個瞬間，他便進入了「看見」的流程。他既然知道他爸爸是建築工人，應該也會知道他常在高處工作才對，然而當他親眼看到這是有多危險的工作的時候才大為吃驚，這點頗為耐人尋味。這明確地顯示出，在下載情境下知道某件事，和在看見狀態下親眼看到這件事的差別。

從作文中我們知道，他原本把意識的矛頭指向過去的框架，卻在這時把注意力拉回至眼前發生的事，讓他一時說不出話來。原本他認為父親的工作讓他覺得很丟臉，卻在這時產生了「那個酒鬼般的父親，居然在這麼危險的地方工作。要是一個不小心的話可能會出人命啊」的想法，也就是說，他連結上了「開放的思考」。

流程三【感知】不再只站在自己的視角看事情，而是能站在父親或他人的視角，感知事物的狀況

在這個故事中，這名高中生從層次二的「看見」進入層次三的「感知」時，並沒有花太多時間。有些轉換可能是瞬間的，也有些要花費幾年時間才轉能換成功。在這篇作文中，明確描寫出這名高中生脫掉自己的鞋子，再穿上他人鞋子時的樣子。他原本只站在自己的視角看待父親，之後轉變成能夠從父親或他人的視角看待父親。

當他還處於層次二「看見」的時候，看到父親在比自己想像中還要高的地方工作時大感震驚，一時說不出話來；而當他進入層次三「感知」狀態時，便開始覺得「我以前怎麼用那麼糟糕的心態看待父親呢？」開始能夠站在他人的視角看向自己。

要是這個高中生在看到建築工地裡的父親之前，和其他大人提到他覺得父親的工作讓他覺得很羞恥的話，其他大人或許會和他說「不可以說這種話。建築工人可是個風險很高的工作喔，等你長大之後就瞭解了」之類的話。這就是站在他人的視角看待身為高中生的自己的樣子。就是因為他能夠站在他人的視角看待自己，才會湧出「我以前怎麼用那麼糟糕的心態看待父親呢？」這樣的心情。

不僅如此，「父親勞心勞力，賭上性命養育我們長大。默默工作的父親，從來沒有過一句抱怨的父親，只有放假時會喝一杯燒酎的父親。現在我才感受到他的偉大」這段文字也表示他終於能夠站在父親的角度看待自己或看待狀況。他應該不會不知道「自己是父親養育長大」的這件事，但只有到他到達層次三的「感知」狀態時，他才能夠體會到父親默默工作養育自己的心情，感受到父親是如何照顧自己，就像是自己的事一樣。

而就像作文中提到的「不知不覺中，一滴滴眼淚從我臉上滑落」一樣，這位高中生進入了「開放的心靈」的狀態。雖然在層次二的「看見」時，他的腦中就已浮現出過去不曾有過的想法，但直到層次三的「感知」時，才真正出現新的感情。

那麼，究竟是什麼事讓他進入了層次三的「感知」狀態呢？作文中提到「只感覺得到身體在顫抖」，這就是進入層次三的標誌。我不確定他身體顫抖的原因是什麼，我猜想，或許是看到父親在那麼高的地方工作時，讓他覺得自己好像也站在高處一樣吧。如果是自己站在那裡的話，腳步很可能會連動都不敢動，然而父親卻能夠泰然自若的在高處工作，於是覺得父親的樣子「看起來就像仁王像般巨大」。

這相當於圖表3－10「哪些狀況容易讓人進入『感知』狀態」（P184）中的B－2「從相同的體驗實際感受到他人的狀況」。他看到站在高處時的父親時，回想起過去記憶中自己站在高處時是什麼樣子，使他對父親的既定印象徹底崩毀。

這個故事中，主角在偶然之下「從相同的體驗中感受到他人的狀況」。他運用了想像力，設法將自己置於那樣的狀況，讓自己進入容易達到層次三「感知」的狀態。

流程四～五【自然流現&結晶化】放下對「一流」的執著，產生跟隨父親腳步的新夢想

作文中雖然沒有明確描寫到進入層次四「自然流現」的瞬間，但我們可以從一段描述，推測出他進入這個層次的契機。那就是「我原本的夢想是竭盡全力地讀書，未來進入一流大學，在一流企業就職，例假日的時候可以帶著妻子和子女一起到一流餐廳用餐。但是今天，我決定要捨棄這個夢」，這表示他放下了執著，然後如「從此以後，我要像父親一樣，讓身上沾滿汗水與泥土，善用自己的雙手、勞動自己的身體。像這樣默默做事的父親，才是真正的男人應有的樣子，因此我決定要踏上父親的腳步」這段描述般，產生了一個非衍

生自過去經驗的新夢想，我們可以將它視為結晶化的過程。

看起來他似乎輕易放下了一直以來對「一流」的執著，但事實上，從層次三的「感知」到層次四的「自然流現」過程中，內心會有糾結也是很正常的事。

就像是從層次二到層次三的過程可能會花上數年一樣，從層次三到層次四的過程可能也會花上不少時間。重點在於，在放下對過去的執著，順利解開心中的糾結之後，就能夠依照自己最純粹的想法，回答出「我是誰，我要做什麼？」這個問題，並將此結晶化成自己的願景。

我們不曉得這名高中生最後有沒有成為建築工人。可以確定的是，如果不是有這個轉折點，讓他能夠開始認同父親的工作，就不會產生「我決定要踏上父親的腳步」這樣的心情了。像這樣朝著非衍生自過去經驗的願景前進，便能夠與過去未曾碰過的人事物相遇，這有很重要的意義。最後，他或許會成為建築工人，或許會踏上其它道路，無論如何，正在生成的新未來，會為新的他指出一條新的道路，這就是U型理論顯示出的轉變的本質。

流程六～七【建構原型&實踐】 新的嘗試錯誤與每天的實踐

作文中並沒有提到在高中生說出「我決定要踏上父親的腳步」之後，是否真的有踏上父親的腳步。不過至少，他的轉折點與他的決心，以「作文」的形式塑出了外形，這點很重要。這個將未來的藍圖明確化的過程，就是建構原型的流程。而他的作文以書籍文章的形式流傳於世，影響到社會上的許多人，就這點而言，應能成為各種創新的火種。這就像是透過U型過程，使自己做為一個無名的領導者，成為社會改革的一部分。即使我們不把眼光放得那麼遠，當他的學校老師看過他寫的作文之後，對待他的方式、或者是指點未來出路時，提供的資訊也會跟著改變。對這位高中生而言，要獲得不同於「竭盡全力地讀書，未來進入一流大學，在一流企業就職，例假日的時候可以帶著妻子和子女一起到一流餐廳用餐」這個夢想的資訊，應會變得容易許多。

以建築工人這種辛苦的工作為職業，藉此養大孩子。這個高中生還需要許多年才有辦法實踐這個夢想。然而在這段期間內所累積的經驗，全都會在建構原型的過程中，化為他身體的血肉，使他獲得比實踐這個夢想更為珍貴的果實。

一種人會抱著「我不想成為這樣的人」、「我不想做這個工作」這種想法，對自己的工作感到厭倦，只是像例行公事一樣照表操課。另一種人則會抱著「我想要成為像父親一樣，能以自己的工作為榮的人」的想法，以「這就是我的人生該做的事，是我的全部」的態度做好工作。這兩種人在做同一種工作時體會到的充實感，以及最後得到的結果都會有很大的差別。

第3節 實踐個人U型過程的重點

在個人層次上實踐U型過程時，不只可以消除許多讓您頭痛的煩惱或心理糾葛，可以為進退兩難的狀況找出一條新的出路，還能夠用於撰寫新企畫，發想新的商品、服務等需要創造力的工作。另外，如果想要表現出自己出色的一面，讓周圍的人們為之驚艷，譬如說想要提升領導能力，或者是想要提升自己在演講、演戲、演奏等活動的能力的話，U型過程的實踐都可以帶給您很大的幫助。

這些目標乍看之下完全不同，但事實上，要達成這些目標，都有一個共通過程。那就是抵達自然流現的境界，與藉由連接到源頭，使我們能超越「小我」，使「大我」產生轉變，如此一來，非衍生自過去經驗的靈感、動機、行動便會源源不絕地出現。

源頭與「大我」這兩個概念雖然不大容易理解，卻能夠讓您回答出難以回答的問題，讓您湧生出去過去不曾想過的想法、提升您的表現。這就是奧托博士所提出的U型理論的

層次轉換	障礙	轉換的重點	實踐方法（例）
轉換至「看見」狀態 層次一→二 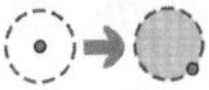	VOJ（評判之聲）	為了從自動反應的思考模式跳脫出來，需意識到以下三點。 ●觀察：注意到自己正在用自己的方式解釋，並試著觀察事物的原始模樣。 ●吐露：將VOJ全數吐露出來，直到覺得舒爽為止。 ●懸掛：在有新的發現之前，不要擅下結論，讓心中保持懸念。	□冥想：調整呼吸、以坐禪等方式進行冥想，培養客觀看待事物的能力。 □寫出來：將腦中出現的雜念或VOJ以文字的方式全部寫出來 □製作模型圖：製作模型圖，藉由將內容填入模型圖的過程，整理自己的思考，並將其視覺化。
轉換至「感知」狀態 層次二→三 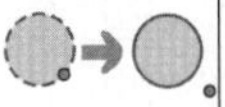	VOC（嘲諷之聲）	藉由內省，破壞過去的框架，引入新的視角。 ●立場、視角的轉換：站在他人或者是未來自己的視角，從其它立場看待事物或現在的自己。 ●瞭解自己（有意識或無意識之下的前提）的心智模型：瞭解自己在有意識或無意識之下形成的既有觀念。 ●探究各種事物的連結（系統）：探究是在什麼樣的因果關係下，形成了現在的狀況。	□看看別人的故事、進行訪談：訪問與自己有不同立場的人過去的經驗與體驗。 □模擬體驗、實際體驗：將自己置於特定狀況下，實際體驗別人的感覺。 □藉由系統性的思考進行內省：將系統以模型圖的方式表現，再藉由內省，提升自己與大我的連結，促進自己對心智模型的瞭解。
轉換至「自然流現」狀態 層次三→四 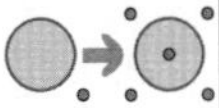	VOF（恐懼之聲）	藉由做好覺悟後的選擇、完全的自我接納、靜寂的時間，將過去對某事物的認同感、執著放下。 ●切斷退路：在做好覺悟的情況下，選擇丟掉會導致糟糕結局的執著。 ●完全的自我接納：不管發生什麼事，都能認為現在的自己很好，夠接受現在的自己。 ●靜寂的時間：暫時遠離現況，讓自己擁有靜寂的時間，回顧過去以來的各種想法。或是觀望、或是遺忘。	□在心中做出選擇並宣言：在能接受「新的道路可能會得到非理想的結果」的覺悟下做出選擇。若能將這種選擇宣言出來，會更加有效。 □接納的體驗：體驗完全的自己被周圍人們完全接納的狀況。或者試著回想這種情況。 □在靜寂與沉默下休息：確保自己有一段不需與任何人對話的時間。若能有數天的時間在大自然中度過的話會更有效。

圖表4-1　轉換社會場域的重點（個人篇）

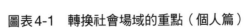

可能性。

我們已在第三章中介紹了各流程的詳細內容，以及該流程的原則。這裡將個人從下載情境到自然流現的過程中，轉換社會場域時的重點整理成圖表，可將其視為U型過程的指南，善加應用（參考「圖表4－1轉換社會場域的重點（個人篇）」）。

第4節　實踐個人U型過程的活動「突現式問題解決法」

透過「父親是建築工人」，我們大致可以瞭解到個人在U型過程中如何前進、如何消除煩惱，或者至少可以抓到一些感覺。以下要介紹的是當您碰上煩惱、糾葛、進退兩難的狀況時，可以幫助您找出新出路的活動（Work），也可以說是U型過程的實踐方法。

或許您會把這個活動視為體驗U型理論而做的「嘗試」，但我希望您可以直接將這個活動用於實踐U型理論，試著解決自己真正碰上的問題。這個活動依照U型理論的七道流程建構而成，我們特別著重在從層次三「感知」到層次四「自然流現」的設計，讓您能夠體會到轉移瞬間。

若想要深刻體會到這種感覺，會需要當事人物理性地移動位置。移動位置這件事，可以大幅影響深入層次三的程度。習慣這個做法之後，光是改變站立位置，就可以馬上改變看待事物的角度。一開始可能會讓您覺得有些複雜，不過在習慣之後，就可以在U型理論

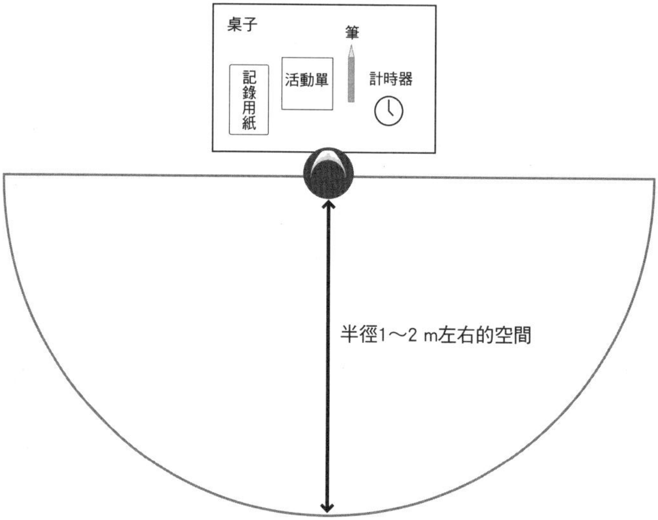

圖表4-2　突現式問題解決法的準備工作

的前提之下，依照您的方式進行改造，也可以產生同樣的效果。為了讓您能夠順利從層次三的「感知」抵達層次四的「自然流現」，請您一定要依照以下的步驟進行活動。

流程〇　準備可進行活動的環境

請參考本頁上方的「圖表4－2突現式問題解決法的準備工作」，準備以下活動用材料。

- 筆
- 活動單「圖表4－3突現式問題解決法」（可以自http://www.presencingcomjapan.org/usheet01.pdf 下載A4大小，

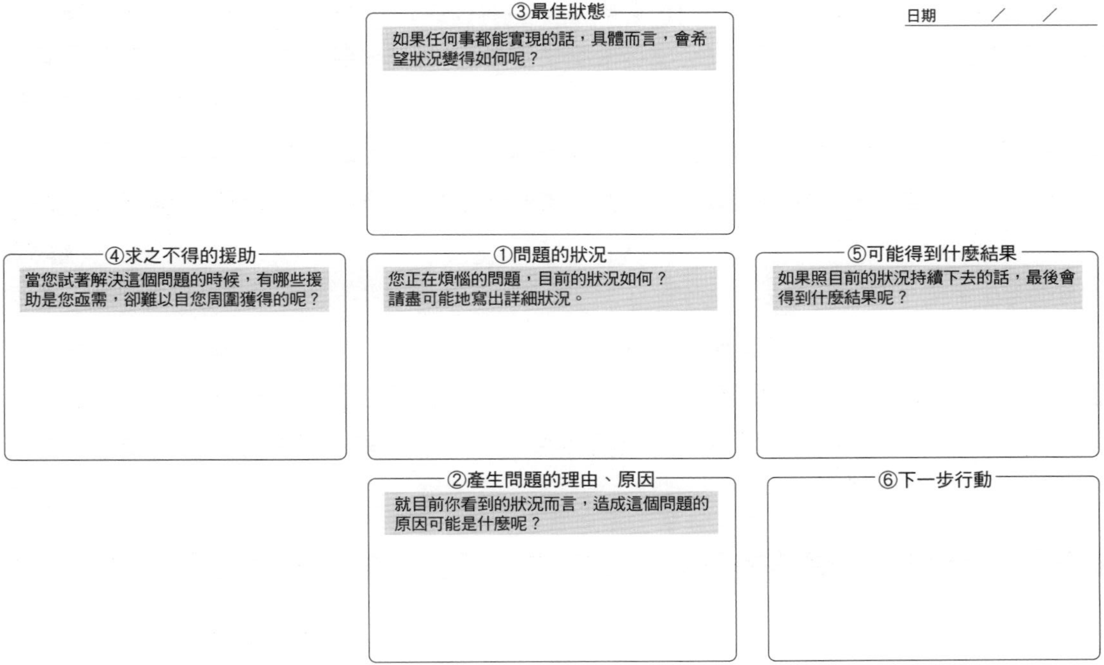
日期　／　／
③最佳狀態
如果任何事都能實現的話，具體而言，會希望狀況變得如何呢？
④求之不得的援助
當您試著解決這個問題的時候，有哪些援助是您亟需，卻難以自您周圍獲得的呢？
①問題的狀況
您正在煩惱的問題，目前的狀況如何？
請盡可能地寫出詳細狀況。
⑤可能得到什麼結果
如果照目前的狀況持續下去的話，最後會得到什麼結果呢？
②產生問題的理由、原因
就目前你看到的狀況而言，造成這個問題的原因可能是什麼呢？
⑥下一步行動

圖表4-3　突現式問題解決法

格式方便填寫的活動單）
・記錄用紙
・計時器（依情況需要）

流程一【下載】選定要處理的問題，做好要從下載情境跳脫出來的心理準備

《行動》

在活動單的「1問題的狀況」欄中寫下想要處理的問題的現況。

• 請選擇讓您很煩惱，「想要解決，卻解決不了」的問題，再將其現況填在「1問題的狀況」一欄。為了讓自己能釐清問題，請盡可能地寫出詳細狀況。

《解說》

實踐U型過程的第一道關卡，就是難以察覺到自己目前正處於下載情境。朋友的父親拿著竹刀強逼小孩子念書，可能他認為這種方法在那個時候是最好方法，但他卻完全沒有注意到自己正處於下載情境中。

就像這位朋友的父親一樣，許多人雖然想要解決問題，卻認為這些問題的解決方式只能在一個很狹隘的框架中找到，且對於自己的這種想法深信不疑。因此，能否意識到自己

極力想解決的問題的全貌，就是解決問題的第一步。

有些問題只要稍作思考就能找到解決方式，有些問題只要訂立好計劃並照著執行就可以解決，但這個活動要討論的並不是這類問題，而是擁有以下特徵的問題。

- 一直讓您很困惑，讓您很頭痛的問題。
- 之前曾使用過各種方法，卻都沒辦法解決，讓您感到束手無策的問題。
- 一直重複相同的模式，卻沒辦法從根本解決的狀況或問題。
- 目前正處於緩和狀態，但之後很可能會復發的問題。
- 雖然知道是什麼樣的問題，但事情的發展卻不如預期的狀況或問題。

雖然這個活動適合用來解決這些問題，然而當我們真正面對問題的時候，常會整個人陷入下載情境。若是如此，便容易持續沉浸在問題中，使無法改善狀況的期間拉得很長。不論問題是戒酒、戒菸、減肥、整理家裡環境，就算我們想要努力改善狀況，也沒辦法如預期般發展，甚至出現想要放棄的念頭。

在這種想要放棄的念頭的影響下，會讓人抱持著「就算參加這種活動，大概也只能暫時性地解決問題而已吧，之後就不會那麼順利了」的想法參加活動，使U型過程變得滯礙

日期 20XX / 5 / 12

③最佳狀態

如果任何事都能實現的話，具體而言，會希望狀況變得如何呢？

健康檢查的各個項目都能恢復正常值，找回對自己體力的自信。養成定期運動的習慣，使身體變得更輕盈，活動範圍變得更廣。讓自己能在工作時保有高度集中力，工作成果更為豐碩，獲得升遷、加薪。

私人生活也能更為充實，家庭關係與自己的興趣都可以獲得滿足。

④求之不得的援助

當您試著解決這個問題的時候，有哪些援助是您亟需，卻難以自您周圍獲得的呢？

可以在飲食、運動等各方面給予一對一指導的專業協調師（Coordinator）。

可以從家人或同事那裡可以獲得適當幫助，就像糖果與鞭子一樣，可以搔到問題的癢處可以互相鼓勵、在達成目標時也會感到高興的夥伴。

①問題的狀況

您正在煩惱的問題，目前的狀況如何？請盡可能地寫出詳細狀況。

健康檢查的結果一年比一年差，需要追蹤觀察的項目越來越多，而且就算想要戒菸、戒酒、限制飲食、多運動，也都沒辦法持續下去，難以改變長久以來的生活習慣。或許是因為身體不好，和年輕時相比，總覺得狀況很差，工作表現也下降許多。

⑤可能得到什麼結果

如果照目前的狀況持續下去的話，最後會得到什麼結果呢？

生重病，過著反覆住院出院的生活。

給家人添麻煩，工作也做不下去。

因為沒辦法工作，陷入收入不足的窘境，沒辦法給予小孩子充足的教育。

自暴自棄，過著成天憂鬱的生活。

②產生問題的理由、原因

就目前你看到的狀況而言，造成這個問題的原因可能是什麼呢？

工作上常需要加班，不得不以外食為主，又一直靠酒精和香菸紓解壓力，產生了依賴性。

之前也曾數度嘗試過要改變體質，但都無法持久。連自己都開始想要放棄了，一點幹勁都沒有。

⑥下一步行動

與家人對話，宣言要改善自己的體質。在Facebook上分享這張活動單，邀請想要改善體質的夥伴們一起加入。

尋找願意給予指導的協調師。為了降低花費，試著尋找願意用交換技術的方式給予指導的協調師。

圖表4-4　突現式問題解決法（範例）

難行。因此，一開始請依照前面的簡介，選定問題，設法讓自己從下載情境中跳脫出來，並下定決心要解決問題。這是很重要的一點。

流程二【看見】認識到自己身處於什麼樣的狀況，並將其寫出來

《行動》

填寫活動單的「2產生問題的理由、原因」、「3最佳狀態」欄。

- 請將目前您認為可能造成這個問題的原因寫在活動單的「2產生問題的理由、原因」一欄中。不需要仔細分析產生這個問題的理由或原因。只要寫出「要是那個人能夠再○○一點就好了……」、「還不都是△△的錯……」之類的話就可以了。
- 若問題能夠順利解決的話，可以得到什麼樣的結果呢？請將自己所認為、所希望的最佳狀態填入「3最佳狀態」一欄中。除了問題獲得完全解決之外，還可以思考看看有哪些更好的可能狀況，再將這種狀況填入「3最佳狀態」一欄中。只要是您心中希望看到的狀況就寫進去，就算是很難實現的狀況也沒關係。

《解說》

如果對於問題所造成的狀況有越多不滿，就越會用自己的觀點判斷問題的原因，並在

不知不覺中形成願望，希望狀況能轉變成自己理想中的狀態。將下載情境中，盤旋在腦內的想法寫下來，可以促進懸掛，是自己容易進入「看見」的狀態。

在您書寫的過程中，有可能會進入「咦——！」的狀態（層次二的狀態），也可能會停留在只將腦內想法如實寫下來的狀態（層次一的狀態）。無論如何，寫出來仍是很重要的一環。請盡可能詳細寫下自己的想法。

流程三【感知】將自己代入各種視角

《行動》

1在活動單的「4求之不得的援助」、「5可能得到什麼結果」欄中填入內容。

- 為了解決問題，實現心中的最佳狀態，您可能會需要某些特定的援助，但這些援助卻沒有那麼容易獲得，甚至幾乎不可能獲得，讓您產生想要放棄獲得這些援助的想法。請將這一類求之不得的援助填入「4求之不得的援助」一欄內。
- 試著想像，要是一直無法獲得來自周圍的援助，使問題無法從根本上改善的話，隨著時間的經過，事情會演變成什麼樣的結局，並將這種結局填入「5可能得到什麼結果」一欄中。

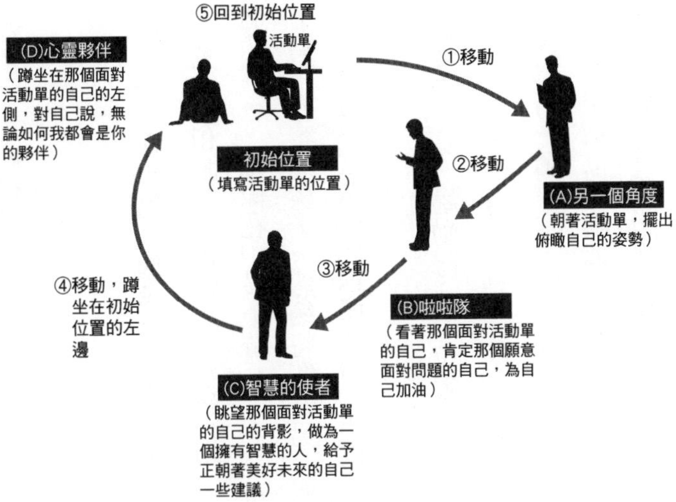
⑤回到初始位置
活動單
(D)心靈夥伴
（蹲坐在那個面對活動單的自己的左側，對自己說，無論如何我都會是你的夥伴）
①移動
初始位置
（填寫活動單的位置）
②移動
(A)另一個角度
（朝著活動單，擺出俯瞰自己的姿勢）
③移動
④移動，蹲坐在初始位置的左邊
(B)啦啦隊
（看著那個面對活動單的自己，肯定那個願意面對問題的自己，為自己加油）
(C)智慧的使者
（眺望那個面對活動單的自己的背影，做為一個擁有智慧的人，給予正朝著美好未來的自己一些建議）

圖表4-5　突現式問題解決法（改變位置）

•在填寫「5可能得到什麼結果」的時候，不用細究實際上是否真的會發生。即使只是空想之下的結果，只要覺得好像有那麼一點可能會得到這樣的結果，就把他寫進去。另外，也不要寫下那種很快就能夠想到，感覺很理所當然的結果。請試著跳脫出邏輯，寫出讓人覺得「難道不會變成這樣嗎？」的結果。

2 一邊改變位置（Position Change），一邊代入新的視角。

如圖表4–5所示，移動位置，試著站在不同位置，體會看到或感覺到的事物。

將面對活動單，在活動單上寫下內容的自己所在的位置命名為「初始位置」（Fisrts Position）。從這個「初始位置」開始，依序移動至「（A）另一個角度」、「（B）啦啦隊」、「（C）智慧的使者」、「（D）心靈夥伴」等位置，最後再回到「初始位置」。

●站在「（A）另一個角度」的位置，眺望在「初始位置」的自己

拿著筆和記錄用紙離開「初始位置」，站在能夠俯瞰初始位置上的自己的「（A）另一個角度」。想像在一段距離（1～2 m）之外，有一個自己正在看著活動單，並在活動單上寫下內容的樣子，然後將您對另一個自己的想法或感覺，寫在手邊的記錄用紙上。這裡的記錄是要當做備忘錄使用的，所以只要寫下自己想記錄的事情就可以了。

●站在「（B）啦啦隊」的位置，為在「初始位置」的自己加油

在「（A）另一個角度」的記錄結束後，移動到「（B）啦啦隊」的位置。從「（A）另一個角度」的位置，依照順時鐘的方向，移動到比「（A）另一個角度」還要稍微靠近初始位置的地點（70 cm～1 m）。站在「（B）啦啦隊」的位置時，請對還不曉得該怎麼解決這個問題，卻願意面對問題的自己給予認同與鼓勵。

和站在「（A）另一個角度」時一樣，想像在初始位置上，有一個面對活動單、在活

動單上寫下內容的自己。不同之處在於，站在「（A）另一個角度」時，是用俯瞰的方式看向初始位置上的自己，然後在記錄用紙上寫下任意內容；而站在「（B）啦啦隊」的位置上時，則是要試著鼓勵初始位置上的自己，肯定那個自己。

這裡說的「肯定」，指的是認同那個願意面對問題的自己，認同那個擁有優異資質與姿態的自己，也可以把它想像成單純的讚美自己。可以把肯定自己的內容寫進筆記，也可以不寫。

●站在「（C）智慧的使者」的位置，給予站在「初始位置」的自己建議

扮演完「（B）啦啦隊」之後，移動到「（C）智慧的使者」的位置。從「（B）啦啦隊」的位置，依順時鐘的方向，移動到「初始位置」的正後方。並使自己與「初始位置」的距離，大致和「（A）另一個角度」與「初始位置」的距離相同（1～2m）。想像自己正透過那個面對著活動單、在活動單寫下內容的自己的背影，看到了最佳的未來。請做為一個充滿智慧的人，提供建議給那個在「初始位置」上面對著未來的自己。

不管是什麼樣的建議都可以，不管有沒有可能實現都沒關係，只要有滿懷熱情地給予建議就可以了。若有必要，也可以記錄下來。

●站在「（D）心靈夥伴」的位置，對「初始位置」的自己說話

以「（C）智慧的使者」的身分給予建議之後，移動到「（D）心靈夥伴」的位置。移動到「初始位置」的旁邊，蹲坐在「初始位置」的左邊，使您的視線與「初始位置」的自己的視線同高，或者比他在矮一些些。想像自己正在看著「初始位置」的自己的側臉。

站在「初始位置」的自己的旁邊，像是隨時可以把他抱住一樣，試著將「不管發生什麼事，我都是你的夥伴」的心情傳達給他。

要是覺得想像自己成為自己的夥伴是很困難的事的話，也可以試著先想想看自己的「（D）心靈夥伴」是誰，然後把自己當成他，對「初始位置」上的自己說話，這時可以視情況把說的話記錄下來。

●最後坐回「初始位置」的位子上。

《解說》

為了超越過去的框架，引入新的視角，我們需要應用在「圖表3-10 哪些狀況容易讓人進入『感知』狀態」（第190頁）中所介紹的「B-2從相同的體驗實際感受到他人的狀況」與「C-2正面面對可能會發生的未來」。

活動單的「4求之不得的援助」、「5可能得到什麼結果」可以讓您明白到，當碰上這些問題的您得不到援助，讓這些狀況持續下去的話，最後會得到什麼樣的結果。

當我們被某些問題困住的時候，可能會胡思亂想，在不知不覺中描繪出「無論如何都想要迴避的結果」。藉由把這種「無論如何都想要迴避的結果」說出來，可以讓我們進入「C-2正面面對可能會發生的未來」的狀態，使我們較容易進入層次三的情境。若我們正面面對「5可能得到什麼結果」，穿上自己在不久的未來可能會穿上的鞋子，便能夠站在未來自己的視角看待現在的狀況。這時候，雖然可能會感到恐懼或憂鬱，卻也會湧出想要改變這種狀況的心情。知道如何導引出這種心情後，便能藉由改變位置（Position Change），穿上別人的鞋子，從別人的視角看待自己。

在改變位置的過程中，我們會實際移動身體到四個位置（「（A）另一個角度」、「（B）啦啦隊」、「（C）智慧的使者」、「（D）心靈夥伴」），眺望位於「初始位置」的自己，藉以獲得原本沒有的視角與資訊。

在這段過程中，如果有嶄新的想法或資訊從自己的內在湧出的話，便容易進入層次二的境界。另外，「實際移動到不同位置」可以讓我們比較容易穿上其他人鞋子，站在其他人的角度看見「初始位置」的自己。藉由從這樣的體驗，我們可以營造出「B-2從相同的體驗實際感受到他人的狀況」的情境，使我們較容易進入層次三的境界。

對於改變位置的體會越深，這個活動為您帶來的改變就越大。包括您對問題的看法、與自己的關聯性、距離感在內，都會出現很大的變化。

流程四～五【自然流現&結晶化】空出沉默的時間，迎接新的想像

《行動》

回到「初始位置」，給自己一段沉默的時間，之後開始寫下感受。

- **輕輕閉上眼睛，空出一段沉默的時間**

回到「初始位置」，用放鬆的姿勢輕輕閉上眼睛，反覆深呼吸多次。這個時候，請試著想像剛才站的四個不同位置上的人就在自己的周圍。

沉默的時間大約持續1～3分鐘即可，這段時間內請把手機關閉，讓自己能夠集中精神，建議可以用計時器計時。計時器的聲音不要開得太大聲，只要能讓您察覺到時間結束的音量即可。在沉默的期間內，不需要特別去思考某些事，可以試著想像自己在看著天空中飄動的雲，感受從自內心中湧出的東西。

●沉默時間結束後，將從自己內在中湧出的詞語或想像到的畫面寫在筆記本上。

在沉默時間結束後，馬上在手邊的筆記本上寫下從自己內在中湧出的詞語或想像到的畫面。這些詞語或畫面不需要很具體、不需要很漂亮。與其在深思熟慮後寫下這些東西，不如交給雙手任其自由發揮。

《解說》

在流程三之前，或許您的心中已經出現了某些想法，或者隱約知道下一步該怎麼做了。如果在這個時間點便已出現指引的話，那麼這個活動在流程三時便可結束。如果您覺得還需要更多指引的話，也可以繼續進行流程四以後的過程。

在流程三之前，我們已試著從各種不同的角度來觀察自己碰到的問題，這時心中應會出現各種不同的感覺。之所以要空出一段沉默的時間，就是要讓這些感覺逐漸熟成，讓心裡深處的「內在智慧」逐漸浮現出來。

試著不要用頭腦想出解決方法，而是讓方法從自己的內在自然而然地出現，達到自然流現的境界，使新的想法結晶化，並接納它。就像藝術家們一樣，先讓從內在湧現出來的東西自然而然地表現出來，之後再賦予其意義，這樣便能找出非衍生自過去經驗的解決方法。

流程六【建構原型】宣告新的做法，接受來自周圍的回饋

《行動》

依照浮現出來的想法規劃下一步行動，並從周圍獲得回饋。

- **從浮現的想法中選擇數個想法，做為下一步行動（Next Action）的依據**

一邊看著在結晶化的流程中寫下的筆記，一邊尋找能夠解決問題的方法。在尋找解決問題的方法時，可能會想到許多不著邊際、很不現實的想法，請試著用輕鬆的心態看待這些想法。

從這些想法中，選擇數個您想要實際試試看的想法，做為下一步行動的依據，將之寫在活動單的「6下一步行動」。

- **向周圍宣告你的下一步行動，接受來自周圍的回饋**

向周圍的人們說明自己寫在活動單上的問題，一直到您的「下一步行動」是什麼，並詢問他們對您的計畫的建議或回饋。若您能詳細介紹活動單上所寫的1～6，應較容易獲得具體而有效的建議或回饋。

《解說》

在建構原型的流程中，應著重於將結晶化流程中出現的想法建構成新的方法，以及尋求周圍的協助。

如果這個問題您很想解決，卻一直無法解決的話，那麼結晶化時產生的想法，將可成為新方法的提示，而來自周圍的幫助亦能成為解決問題的突破口。

即使您在這個活動之前便已接受到周圍的幫助，也可能會因為內心充滿了ＶＯＪ，使周圍的人覺得您眼光狹隘，不太能聽得進他們的話，進而不曉得要怎麼給您建議。

相較於此，若能透過這個活動，讓您進入懸掛的狀態，甚至抵達自然流現的狀態的話，便會讓周圍的人感覺您變得比較容易親近。另外，如果您能分享活動單上寫的１～６，周圍的人便更知道該如何與您接觸，進而幫助到您。有些人可能可以幫您實行您的「下一步行動」，有些人甚至可以提供與您的「下一步行動」有關的全新想法。

無論如何，若您願意分享您探究問題解決方法，便很有機會獲得在活動之前不曾接觸過的方法或支援。

階段七【實踐】實踐新的方法

實際實行透過建構原型所發現的新方法。從建構原型到實踐階段可能會需要很長的時間，但只要您能夠仔細檢討每次實踐的結果，逐次改善方法，便有可能找到能根絕問題的方法。

第5章

U型理論的實踐〔兩人搭檔、團隊篇〕

第1節 超越了「沒有愛（Love）的力量（Power）」與「沒有力量的愛」的協作

在第四章的開頭，我們提到U型理論是一種原理，故應用範圍相當廣。所謂應用範圍很廣，不只表示實踐方法有很多種，也表示U型理論可以應用在各種規模不同的對象上，包括個人、兩人搭檔或團隊、組織或社群、甚至是整個社會。

不過，多人實踐U型過程和一個人實踐時會稍有不同。「抵達自然流現的境界，連結上大我，迎接非衍生自過去經驗的靈感，再由此建構出新的答案」，到這裡是一樣的。不過在多人實踐U型過程的時候，還需要加上一些其它要素。

那就是「參與者需跨越因立場、扮演角色、主義、主張、文化、價值觀、見解的不同而形成的界線或高牆，在人與人之間形成連結，並在保持這種連結的情況下，活用各立場參與者的特徵進行合作」。關於這點，應用U型理論解決社會問題的引導師，亞當・卡漢在《力與愛：一趟引導社會改革的世界紀實》（日文版為英治出版，台灣中文版為財團法人朝邦文教基金會出版）中，引用了馬丁．路德．金恩的話，說明要如何由自己的體驗找出改革的本質。

> 沒有愛（Love）的力量（Power）會讓人魯莽地使用，而沒有力量（Power）的愛（Love）則會讓人感傷而無力。
>
> ——馬丁．路德．金恩

亞當．卡漢將Power定義為「生命中越來越激烈、越來越膨脹，以達到自我實現的衝動」，也就是為了達成自身目的的衝動、完成工作的衝動、想要成長的衝動等等；另一方面，他把Love定義為「想要將分離的事物合而為一的衝動」，也就是將原本零碎的事物，或者是看起來零碎的事物再次連結起來，形成一個完整事物的衝動。

而他也指出，不管是Power還是Love，都分別有著創造性的一面，以及破壞性的一面（參考次頁的「圖表5－1 Power & Love創造性的一面與破壞性的一面」）。他說，**當Power或Love兩者之一顯露出破壞性的一面後，兩者皆會加速朝著破壞性的一面發展，使破綻越來越大。**

圖表5-1　Power & Love創造性的一面與破壞性的一面

	創造性的一面	破壞性的一面
Power **「生命中越來越激烈、越來越膨脹，以達到自我實現的衝動」** • 達成自身目的的衝動 • 完成工作的衝動 • 想要成長的衝動	• 「做事的力量」(Power -to) • 能夠創造出更有價值的事物，能夠改變某些事物	• 「妨礙他人做事的力量」(Power -over) • 妨礙、盜取他人的自我實現 • 壓抑他人的表現
Love **「想要將分離的事物合而為一的衝動」** • 想要將原本零碎的事物，或者是看起來零碎的事物再次連結起來，形成一個完整事物的衝動	• 可以與人建立起深刻的羈絆，促進自己或他人的成長	• 過於感傷而缺乏執行力 • 使被壓抑的Power爆發出來 • 因缺乏執行力，而被當時有權力的人利用

出處：參考《力與愛：一趟引導社會改革的世界紀實》的資料製作

—做為一個引導師，亞當曾親臨社會複雜性高、很可能朝著暴力方向發展，形成激烈對立的現場，像是幫助種族隔離政策後的南非政府獨立、幫助內戰後的哥倫比亞政府與反政府組織對話等等。

而他所得到的結論就是，就算不能同時提高Power與Love的創造性的一面，也不能只著重於提高其中一項，而是要像雙腳行走那樣，有時把重心放在左腳，有時放在右腳。換言之，有時要把重心放在Power上，有時要放在Love上，之後再放回Power上……像這樣交互前進。他認為，這才是U型

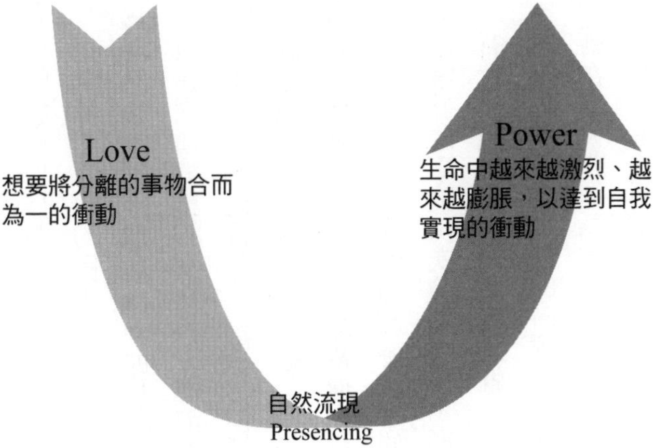
Love
想要將分離的事物合而為一的衝動
Power
生命中越來越激烈、越來越膨脹，以達到自我實現的衝動
自然流現
Presencing

圖表5-2　U型過程與Power & Love的關係

過程的本質。

也就是說，U型過程的下潛，就是引出Love創造性的一面的過程，而U型過程的上升，則是引出Power創造性的一面的過程（「圖表5－2　U型過程與Power & Love的關係」）。

人與人之間，常會因為立場、角色、主義、主張、文化、價值觀、見解的不同而失去連結、產生鴻溝，使Love破壞性的一面顯露出來。這時候如果想用有強力Power的策略來改善關係的話，效果相當有限，反而還可能使事態惡化。

不過，如果能和對方一起下潛至U型過程的低谷，達到層次三「感知」的境界的話，阻擋在雙方之間高牆便會開始倒下。而當抵達層次四「自然流現」的境界時，所有人便會在強烈的一體感之下，產生「就是這個」的意志，迎來新的願景，並朝著可能生成的未來前進，從U型過程的低谷中爬上來——也就能夠團結在一起，營造出能讓Power發揮創造性的一面的狀況。

在凱絲美公司的例子中，業務部門與行銷部門的立場與角色之間有很大的鴻溝，他們認為自己之所以沒辦法達到理想的結果，都是因為對方的錯，使Love顯露出破壞性的一面。但在擔任總務的女性員工邊流著淚邊說出「為什麼明明大家都是同一個公司的員工，都想要讓公司變得更好，卻要這樣互相叫罵呢？」的時候，業務部門與行銷部門之間，Love破壞性的一面便開始崩解。在這之後，在社長「**我想知道各位是否能在十二月底以前真心全意地投入工作，我需要你們每一個人的答覆！**」的逼問下，所有人都回覆了「絕對要做！」，此時瞬間的靜寂降臨，使場域生成了強大的一體感。這正是實現了Love「想要將原本零碎的事物再次連結起來，形成一個完整事物的衝動」的瞬間。

而當從凱絲美公司創立起就一直在這裡工作的宮澤小姐邊哭邊說著「我真的很喜歡這間公司，很喜歡凱絲美」的時候，「我很喜歡這間公司，想和大家一起加油下去！」這樣的想法逐漸在眾人間結晶化。在這之後，業務人員與行銷人員也能夠一起出去與客戶談生意，活用各自的立場展開新的合作，建構出新計畫的原型，顯現出Power的創造性的一面。

第2節　在孩子教養上意見不合的夫婦

當我們讓多人一起實踐U型過程時，需要先讓大家一起下潛至U谷，達到Love「想要將分離的事物合而為一的衝動」。

不過，兩個人或是一個小團隊等人數較少的情況，與一個大組織或一個社群等人數較多的情況在實踐U型過程時的焦點有些不同，故本書將其分為兩個部分來介紹。

當我們想讓一個大組織或一個社群實踐U型過程時，由於參與者比較多，常可看到人們表現出事不關己的言詞或行為，故焦點應該要放在如何盡快讓參與者們從這樣情境下跳脫出來。相對的，在兩個人或是一個小團隊要實踐U型過程時，人數較少，若是彼此相處的時間越久，就越瞭解彼此的優點與缺點，甚至彼此可能就是造成對方問題的原因，同時也是問題所導致的結果。換言之，眾人間早已陷入了根深蒂固的相互糾纏。若沒辦法解決這樣的糾纏，就算講了再多理論也沒用，最後只會失敗。因此在兩個人或是小團隊的情況下，若要實踐U型過程，首要之務就是讓眾人超越這種根深蒂固的相互糾纏。

有些夫妻時常吵架，而且越吵越激烈，就是因為這種根深蒂固的糾纏造成的。新創公司在創業時相當團結的經營陣容，在營收掉下來，或者是找不到新方向時陷入內部紛爭，最後整個瓦解，也是這個原因。

做為一個引導師或調解人，我曾接觸過好幾個這樣的例子，這些例子的問題都可以歸結到同樣的現象與同樣的原因。那就是，**他們都可以邏輯清楚地說出對方的問題與糟糕的言行，卻幾乎沒有人能夠意識到對方也能夠邏輯清楚地分析自己的問題**。這代表**站在自己的角度看對方時，每個人都可以看得清對方的言行，但卻對對方眼中的自己一無所知**。

要是「自己眼中看到的自己」與「別人眼中看到的自己」之間的差異一直存在的話，就沒辦法進入層次三的「感知」境界，不管用什麼方法，都沒辦法解決本質上的問題。

以下讓我們以育兒所引起的夫妻矛盾為例，進一步探討這個問題。

小孩出生時，不管是哪對夫妻，都會碰上「新興複雜性」問題。如果是第一個孩子的話，這個問題又更嚴重了。雖然坊間有許多教導夫婦要如何照顧小孩子的書籍，雙親或朋友也有許多例子可以參考，但自己當上爸媽，親自面對一個每天都在成長的小孩子，卻是新手爸媽們在過去的人生經驗中不曾碰過的問題，也不存在唯一的成功法則，故這可說是一個「新興複雜性」的問題。

而如果夫妻在養育小孩和婚姻生活上的價值觀有所差異，兩人間就會浮現出「社會複雜性」的問題。除此之外，先生或太太工作的公司狀況、小孩就讀的幼稚園或學校的狀況、雙方父母的照護需求等等，都可能會直接影響到夫妻生活，進而產生「動態複雜性」的問題。由此看來，養育孩子的現代人可以說是位於「超級複雜的問題中心」。

有人說「養育子女是充滿混亂與混沌的過程」。而其中，從孩子從出生後到幼年期之間，夫妻便會碰上第一個試煉。以下讓我們由一個案例，來看看夫妻間常會出現什麼樣的相處問題。

戀愛修成正果後，中江夫妻於五年前結婚，並於最近生了一個小孩。先生是三十五歲的中江一郎，是一個系統工程師，在一個日本的系統開發公司工作。太太是三十一歲的中江夢子，在外資的內衣品牌擔任設計師。兩個人在雙方的友人介紹下認識對方，彼此很合得來，在兩年交往之後結婚，一起度過三年的夫妻生活後，生下了第一個孩子。

當初結婚時就有想要生小孩，不過那時夢子的事業剛上軌道，使得他們一直沒有辦法下定決心要懷孕。然而雙方的父母都抱著「想要快點看到孫子」的期望，於是夢子在思考之後，決定以三十歲為分界點，過了三十歲就生小孩。

夢子決定好自己的規劃之後心情很好，已做好準備要生產的心理準備。由於夢子任職的公司是外資公司，產假和育兒假制度皆十分完善。夢子請了產假，不過育兒假卻沒有完全用完，她打算在生產後四個月回到職場繼續工作。

請產假時，育兒工作做得還不順手，讓她少了許多睡眠時間，但當媽媽的喜悅勝過了一切。然而當她回到職場上後，卻開始感覺到嚴重的挫折，也難以再壓抑對先生的不滿。

夢子的抱怨如下。

「我先生放假的時候總是在做他自己的事，像是整天看電視，看電腦之類的。說要照顧孩子，也只有在他興致來的時候才會去照顧，膩了就拿自己還有工作要做當藉口，跑回去坐在電腦前。

家裡有一大堆家事要做，他卻只會挑洗浴缸之類的簡單事情來做。要不是我拜託他去做家事，他幾乎沒有自己主動去做過。明明家事只做了一點點，卻會大聲嚷嚷『我也有做家事啊！』。

生小孩之前，還以為他是個很溫柔的人，現在卻發現我完全看錯人了！我們上班時會請育幼院照顧小孩，但有好幾次小孩發燒，讓我不得不早早結束工作，馬上接小孩回家照顧。但先生看到我的付出，卻只會說一句『謝謝』就了事。明明他之前對我說過，我的事業也很重要，所以要兩個人一起把孩子養大，現在卻都裝作沒這回事。想當初就不應該對他有所期待！」

另一方面，中江一郎的挫折感也一天比一天強烈，累積了許多不滿。

「我工作上已經很忙了，平常就累積了不少壓力，回到家之後還要被太太投以看待垃圾般的視線，這樣誰受得了呢？不管是做家事還是照顧小孩，我都有盡我的能力去做了，但太太不只沒有感謝我，還像是雞蛋裡挑骨頭般，硬是要挑我毛病。這樣的話，不管是誰都不會想要幫忙吧。我覺得自己根本沒有理由被她說成這樣。

再說，如果當初她有把育兒假都請完的話，就不會有那麼多問題了。還不就是因為她想要早點回到職場，害我也得拜託公司讓我能在家裡工作。難道她都不能體會到我的苦心嗎！果然女人在生產過後就只顧著當孩子的媽媽，不會再管丈夫的心情了……。我本來還以為她和別的女人不一樣。現在只能懷念戀愛時期的生活了。小孩子雖然很可愛，但感覺回到家後就沒有自己的空間。老實說，甚至覺得有些喘不過氣來，所以下班之後常常不太想直接回家。

我知道要同時兼顧工作和育兒不是件容易的事，但也是她自己選擇要盡快回到工作崗位上的，希望她不要再隨便抱怨了。真要說的話，我還希望她乾脆別工作了，而是待在家裡做一個家庭主婦，好好陪伴孩子。或許娶一個專業的家庭主婦做太太會比較適合我吧……」

您覺得如何呢？這種因為育兒壓力而讓夫妻互相指責的例子其實並不罕見，只是每個例子的嚴重程度可能不太一樣而已。說不定有些人正處於這樣的狀況中，心裡在想「我家也是這種感覺……」。

聽完兩個人的心聲，大部分的人應該會同情太太的辛苦，卻也覺得先生說的並非全無道理。

像這種爭吵的雙方說的話都很有道理的情況，不只常見於夫妻間，在團隊內也很常看到。站在旁人的角度來看，我們可以體會他們各自的心情，也覺得只要他們能坐下來好好談談，問題應該就能解決了。想必也有不少人碰過這樣的狀況，並想要以朋友的身分建議他們「互相好好聊聊」。

不過在大多數的案例中，這樣的建議通常沒什麼效果。就算當事人真的互相談過，沒過多久之後又會出現幾乎一樣的對話，一樣的場景，持續著一樣的爭吵。我不只曾經幫忙調解過這種夫妻吵架，也曾引導經營團隊成員間的對話，看過許多類似的例子，幾乎都是同樣的人一直重複同樣的話，卻無法解決問題。與企業的規模無關，不管是新創企業還是大企業都可能會出現這種瀰漫著挫折感的團隊。

而且碰上這種問題時，即使強迫大家合宿，準備一個場合讓大家促膝長談，通常也無法有效解決。**狀況越是嚴重，就會花越多時間在討論上，最後卻會發現，花再久的時間都無法達成共識，最後要不是不歡而散，就是相對強勢的一方強行要求另一方屈服。**

第3節 破壞人際關係的共通模式

究竟有沒有什麼方法可以跳脫出這樣的窘境呢？在回答這個問題以前，讓我們先來看看這類互相抱怨的狀況，背後有哪些共通點。關於這個部分，華盛頓大學的心理學教授約翰．M．高特曼（John Mordecai Gottman）博士的「**關係四毒素**」觀點值得我們參考。

他研究了許多婚姻與家庭的問題，在十六年內訪談了數千對夫妻，並持續追蹤其中六百五十對夫妻的相處過程，並從研究結果整理出「改善關係的七個原則」，寫成《七個讓愛延續的方法：兩個人幸福過一生的關鍵秘訣》（遠流出版）。

約翰．M．高特曼在這本書中提到，他只要花五分鐘觀察每一對來拜訪他的研究所的夫妻的言語和動作，便能夠依照過去的資料，預測出這對夫妻之後會過著幸福的婚姻生活，還是會走向離婚的道路，正確率可達九一％。

而有趣的是，造成夫妻的問題中，有六九%是屬於「永久性的問題」。「對每一對來諮詢的夫妻進行四年的追蹤調查後，我發現，他們在這四年間都是在吵同樣的問題。他們的服裝風格變了、髮型變了、體型變了、皺紋變多了，但卻一直把過去的同一個問題掛在嘴邊」。U型理論也有提到類似的現象，和越親近的人相處時，對話就越容易進入下載情境，在同樣的模式之下持續循環。

約翰．M．高特曼博士的研究成果中，「改善關係的七個原則」是值得參考的資料。另外，他將造成關係惡化的要素整理成「關係四毒素」（該書中以「四個危險因素」表示；在研究團隊成員關係時，則用「四毒素」表示。本書統一以「關係四毒素」表示），這種想法又特別值得我們關注。關係四毒素不只存在於夫妻間，也存在於團隊成員之間，會帶來不良影響，甚至可能會造成很大的危害。

以下我們將介紹著眼於「關係四毒素」的實踐方法。這種方法可以讓兩人搭檔、團隊的下載情境可視化，使U型過程容易進行。不過本書並不會提到約翰．M．高特曼博士的七個原則，有興趣的讀者們請參考該書。

第4節 消除心理態度中的「關係四毒素」

由約翰．M．高特曼博士提出，會讓關係惡化的「關係四毒素」分別是**1譴責**、**2侮辱**、**輕視**、**3自我辯護**、**防衛**、**4逃避**。這裡說的譴責，也包括了否定對方存在本身。

約翰．M．高特曼博士將「不滿」與「譴責」區分開來。舉例來說，「昨天晚上你沒有去掃廚房的地板對吧。我很生氣喔。我們不是說好要輪流清掃地板的嗎？」這是向對方表達不滿。相對的，「為什麼你總是忘東忘西的呢？明明今天輪到你掃地，怎麼最後又是我在掃呢？你不知道我很討厭這樣嗎？真是個沒責任感的男人」像這樣咄咄逼人，否定對方的能力與人格，就是譴責。

約翰．M．高特曼博士基於觀察到的客觀事實進行研究，將某些明確的言語、行為歸類為「關係的四毒素」。不過事實上，有時候就算沒有明確表現出言語或行為，只要抱著那樣的心情或心理態度，就會產生不安定的氣氛，表現出奇怪的態度，對方也會察覺到似乎哪裡不對勁。對於擅長看氣氛的日本人來說，更是能夠馬上意識到哪裡出了問題，使人與人之間關係迅速出現變化。本書將試著將其擴大解釋，說明具體上有那些言語、行動以及心理態度屬於關係四毒素。

關係四毒素中比較難以理解的部分在於，即使沒有表現出明確的言語或行為，只要心理態度出現變化，就會影響到人與人之間的關係。有些人在和對方交談時，就算對方沒有明確說出譴責的話，也能可以在交談的數小時內，感覺到對方是否有輕視自己。

過去我與合作夥伴和員工們一起在公司內開會時，一位合作夥伴突然說「中土井先生是不是有些輕視○○先生呢？」，而且是在○○本人面前這樣說。因為是在公開場合，讓我有些尷尬，倒也不是因為他直言不諱，而是他說的確實沒有錯，至今我仍記得那種被說中的感覺而深刻反省中。

也就是說，即使我們在可以控制的範圍內盡可能謹慎，不做出關係四毒素有關的言行，也可能會把自己的態度傳達給對方或其它人。而且，即使我們想要阻止自己產生四毒素的心理態度，也很難辦得到。因為這個時候我們正處於下載情境，就算能促進自己進入懸掛狀態，也沒辦法在提醒自己「好，今天開始就不要輕視他」之後，就馬上不再輕視他。

本章的目標，就是透過U型過程的實踐，消除心理態度上的四毒素，使兩人搭檔、團隊等進入自然流現狀態，產生Love的「想要將分離的事物合而為一的衝動」，發揮出Power創造性的一面，實現真正的創新。

第5節 人際關係惡化的機制「加速生成關係四毒素的原因」

為了消除包含心理態度在內的關係四毒素，首先我們需要知道關係四毒素的生成機制。阿爾伯特．艾利斯（Albert Ellis）博士在一九五五年時提出的理論療法中，有提到一個基礎模型「ＡＢＣ理論」（如次頁的圖表5－3ＡＢＣ理論（阿爾伯特．艾利斯博士））。以下將試著重新整理這個理論，並用這個理論來詮釋關係四毒素。**A：Activating event（發生的事）指的是對方的行動，B：Belief（信念、既定觀念）指的是自己心中的基準與抱有的期待（為了方便理解，以下稱做自我基準），C：Consequence（結果）指的是不愉快的感覺。**

由我們所表現出來的四毒素能輕易引起對方的反應，我們可以用一個封閉的迴圈來表示這個過程，如以下的模型圖所示（第342頁的圖表5－4由ＡＢＣ理論的角度來看關係四毒素的強化迴圈）。

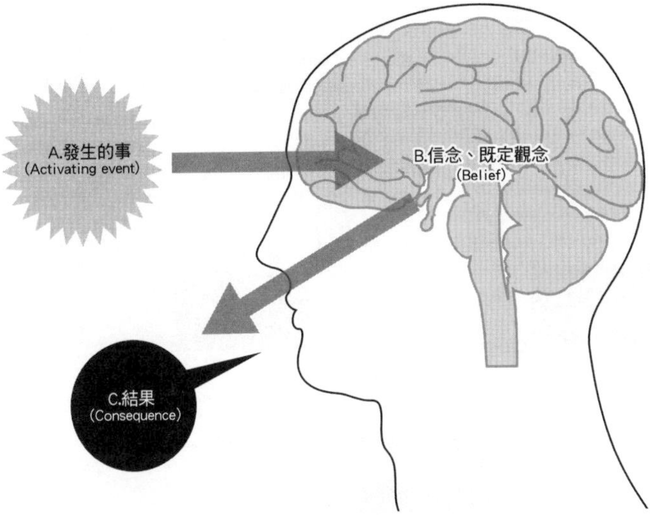

圖表5-3　ABC理論（阿爾伯特．艾利斯博士）

如果對象是偶爾才會造訪的便利商店店員，因為幾乎不會再見面，故這個迴圈不會形成循環。但如果是配偶、男女朋友，或者是長期合作的團隊成員，因為需要一起度過很長一段時間，故關係四毒素的強化迴圈便會持續循環。當然，如果彼此個性很合的話，也可能會隨著時間經過而越來越親密，這通常是因為我們放下了自我基準——接納對方的行為、態度的關係。基本上，如果本來就不會在意對方的態度，不覺得會威脅到自我基準的話，兩者間就不會產生鴻溝，也不會形成毒素的迴圈。

如果這個迴圈會一直循環的話就麻煩了。就像是我們前面提到的例子中，有育兒壓力的夫妻般，他們之間的毒素

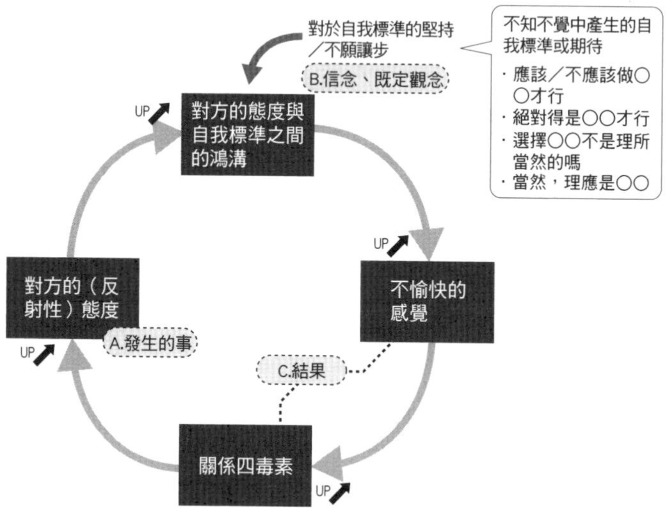

圖表5-4　由ABC理論的角度來看關係四毒素的強化迴圈

迴圈循環會處於加速狀態，使他們的心理狀態逐漸惡化，比孩子出生前的狀態還要險惡許多。

這種循環之所以會持續加速惡化，隱含了兩種原因。一種是**「擅下結論與扭曲認知」**，也就是給對方貼標籤，卻也因此而只能蒐集到扭曲後的資訊；另一種是**「自我正當化與自我犧牲感」**（參考次頁圖表5－5關係四毒素的加速原因）。

被對方的態度或行動刺激到後會產生疑惑，若之後又找到能證實自己的疑慮的證據時，便會用飛躍性的推論框架住對方，這是人類與生俱來的特性。

讓我們再回來看看育兒壓力下

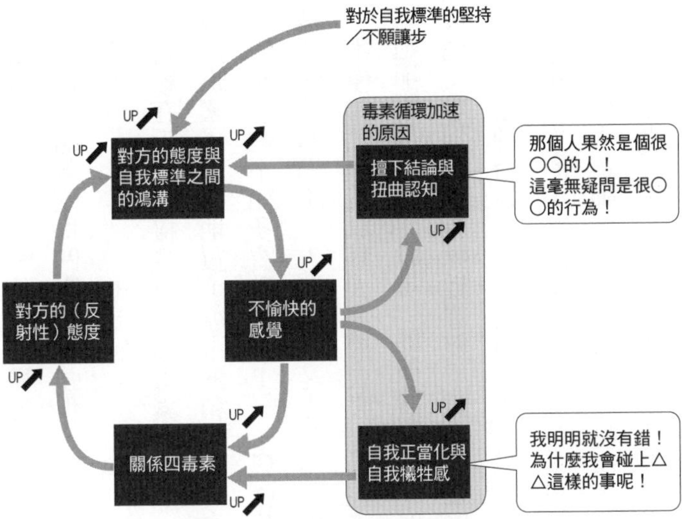

圖表5-5 關係四毒素的加速原因

的夫妻相處這個例子。或許夢子在心中把一郎想成是一個「任性、不體貼的丈夫」，而一郎則把夢子想成是一個「不管丈夫做多少事都不知感謝的薄情妻子」。有的時候，我們也會對自己的婚姻產生「這場婚姻還真是失敗」之類的想法。更麻煩的事，要是這種想法出現的話，就會在不知不覺中開始蒐集能夠支持這種想的資訊，使我們的認知產生扭曲。

當公司突然碰上嚴重的系統問題時，一郎卻拜託上司能讓他在家工作，這樣他便可以幫小孩子洗澡、摺衣服。然而，即使一郎因此而減少睡眠時間，夢子卻有著錯誤的認知。當她看到一郎坐在電腦前時，便會擅自把它當成證據，斷定他在玩電腦，心想「又在玩電腦了，真是個任性的傢伙」。於是，「結果都是我在承擔一切」的自我犧牲感，以及「我沒有錯！」的自我正當化行為也會逐漸強化。最後，隨著關係四毒素的強化，夢子的態度也越來越粗暴、出現越來越多諷刺的言語和抱怨。

持續在近距離接受這四種毒素的一郎，一開始或許還能夠忍耐，但漸漸地，他也開始釋放出毒素了。特地買了冰淇淋和太太一起分享，想藉此緩和氣氛，卻被太太說「買那種東西幹嘛，還不如多買點尿布！」，只會讓一郎覺得「不管做什麼都得不到太太的感謝，真是個薄情的妻子」，進而為妻子貼上薄情的標籤。

不僅如此，就算幫太太摺衣服，她也不會說出感謝的話；下班後拖著疲累的身子回家時，她卻理都不理。於是一郎擅自把這當成證據，告訴自己「這傢伙果然是個薄情的人」。然後他又想到「因為你說想要早點回到職場，所以我也盡我的能力幫助你，為什麼現在我還要受到這種待遇？」，進而產生自我犧牲感，並用「都是育兒假沒有請完的太太的錯！我一點錯都沒有！」之類的想法自我正當化，最後使一郎也開始產生出關係四毒素。

男性陷入這種狀況時，特別容易產生「逃避」這種毒素。這時太太就算對他說話，他也不會有什麼反應，可能還會故意延後回家，盡可能減少和太太相處的時間。就太太的角度看來，還會覺得這個人怎麼那麼任性，使兩人間的關係陷入惡性循環。

在生產完之後，女性不只生活型態會改變，肉體上也會出現各種變化。而男性雖然也因為多了一個孩子，使生活型態出現變化，卻沒有肉體上的變化。因此，男性可能會因為沒辦法再享受到生孩子前的甜蜜夫妻生活而產生剝奪感。要是男性忍受不了這種剝奪感的話，可能就會外遇。所以也有人說，這個時期是男人最容易外遇的時期。應該不難想像，要是先生在其他人的誘惑下外遇，又被太太發現的話，將會演變成難以收拾的局面。

第6節 人際關係好轉的關鍵 觀察互相刺激之循環背後的「複雜性」

在知道關係四毒素的生成機制之後，想必各位應該也猜得出來，如果這樣的循環持續運行下去的話，對方的反射性態度會出現什麼樣的變化。沒錯，**循環運行得越快，就越會將對方的反射性態度，當成對方是在針對自己所釋放出來的關係四毒素。**拿剛才提到的育兒壓力下的夫妻相處這個例子來說，一開始可能只是夢子在煩惱於自己沒辦法同時兼顧工作與育兒這兩件事而已。然而，要是這種狀態持續下去的話，一郎便一直無法聽到夢子對他說出感謝的話語，進而累積越來越多的不滿，於是漸漸不想做家事，總是用各種藉口拖延，讓人覺得像是在逃避的樣子。而在夢子的眼中，這就像是一郎所釋放出來的關係四毒素一樣，讓夢子開始有種像是被一郎否定的感覺，進而責怪一郎。然而這卻只會加速一郎的逃避，以及對她的責怪。如同這個案例中我們所看到的，要是自己與對方之間出現關係

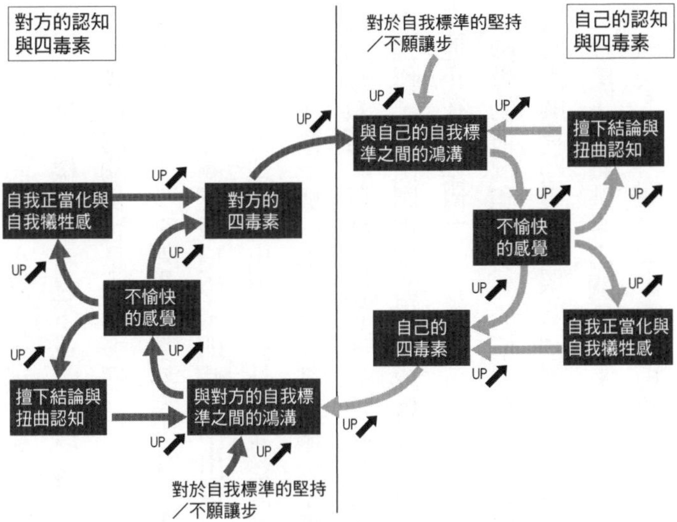

圖表5-6　關係四毒素的相互刺激循環

四毒素的循環的話，便會形成雙方針鋒相對、越演越烈的情況（圖表5－6關係四毒素的相互刺激循環）。

當夫妻關係陷入這種僵局時，雙方共同友人在聽過兩邊的想法之後，應可感受到雙方之間存在著這樣的惡性循環，覺得「兩邊都很固執」，進而做出「只是因為你們兩邊都沒有好好聽對方的話的關係吧」的結論，並提出「要不要彼此好好談談呢？」的建議。

但是，這個循環之所以會加速，是因為雙方都對自我標準有很強的堅持、不願讓步、擅下結論造成認知扭曲、自我正當化並懷有自我犧牲感，故即使雙方彼此好好談過，也只是把自己的想法加諸在他人身上而已，無法做出讓步，還可能在談話途中吐露出四毒素，使彼此關係更加惡化。

為了方便說明，這裡以夫妻一對一的關係為例，說明關係四毒素，不過在小團隊理的情況也是一樣。乍看之下或許會以為是一個團隊的整體關係很差，但實際研究後常會發現，團隊內的關係也是由許多個一對一關係交織而成。如果分成兩、三派人馬，就會演變成派閥之間的爭吵；如果爭吵只侷限在少數人身上，砲火就會集中在這幾個人身上。

另外，在商業環境中，即使心中出現「譴責」與「侮辱、輕視」的態度，也很少以言語或行為的方式表現出來。從外表觀察得到的言語或行為，通常只能顯現出這個人的「自我辯護、防衛」與「逃避」。當一個人不曉得自己應該要扮演什麼樣的角色，覺得看不到自己的願景時，就代表他正在「自我辯護、防衛」；而當一個人不大發言、不主動積極地接下工作、不出席重要的場合或會議、只會講些空泛的言詞、態度不贊同也不反對時，就代表他正在「逃避」。

團隊的情況和一對一的情況類似，只要把一對一情況下的方法用在團隊上即可。若知道逃脫出關係四毒素循環的關鍵，應用起來便容易許多。

那麼，所謂逃脫出關係四毒素循環的關鍵又是什麼呢？那就是隱藏在循環背後的複雜性（圖表5－7 關係四毒素強化循環背後的複雜性）。

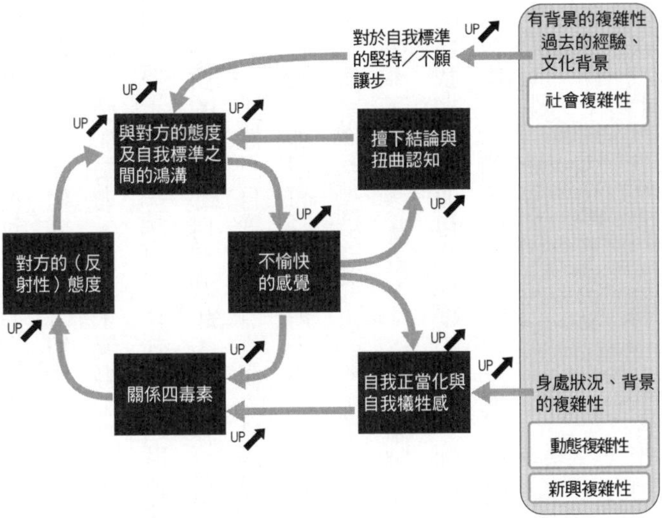

圖表5-7　關係四毒素強化循環背後的複雜性

在「對於自我標準的堅持，以及不願讓步」背後，有著這個人過去的經驗所構成的背景，或者是這個人至今身處的文化背景；而在「自我正當化與自我犧牲感」背後，則有著這個人身處狀況的複雜性。

如果目前狀況與過去經驗或至今身處的文化背景相差越大，問題的「社會複雜性」就越強；而目前身處狀況的複雜性，則隱含著「動態複雜性」、「新興複雜性」，或者兩者皆有。

這些複雜性的程度會隨著時間與地點而有所不同，複雜性越強，在各種事件的刺激下就越容易產生高度緊張感。換言之，若發生讓人不愉快的事件，或者**陷入危機時，不僅無法團結一**

致向外，可能還會互相吐露出毒素，使關係產生裂痕，導致團體出現破綻，或者走向分裂。

讓我們用前面提到的育兒壓力下的夫妻相處這個例子來說明吧。

假設夢子小姐成長的環境中，雙親的感情很差，父親總是乘著醉意，在幼小的夢子面前對母親施加暴力。而夢子覺得母親之所以無法離開父親，是因為為經濟無法獨立。這樣的話，夢子就無法讓自己在經濟上過度依賴一郎，無法成為一個專業的家庭主婦。

相對的，一郎自年幼起，便是在父母共同努力下養育長大的，卻因為在三兄弟之中排行老二，使他沒有獲得來自雙親的足夠關愛——特別是，和其他兄弟相比，母親在該稱讚牠的時候，卻沒有好好的稱讚他一番。有了這樣的經驗，使他特別重視母親與小孩相處的時間，希望做為媽媽的夢子能夠給予小孩足夠的愛情，該稱讚小孩的時候就要稱讚他們。

在不同的成長背景下，會在他們夫妻的心中建立不同的價值觀與既有觀念，產生不同的自我標準。而自我標準的差異，則會產生社會複雜性，使他們難以用言語說服對方，說得越多，就越顯現出彼此的差異，形成難以跨越的鴻溝。價值觀的差異之所以會是離婚的主要原因，大多是因為夫妻間存在著高度社會複雜性，使關係四毒素的強化循環持續運轉，卻找不到使其停下來的方法。

讓我們試著從動態複雜性的觀點來看這段夫妻關係。

夢子在外資內衣品牌公司上班，是一名設計師。但由於公司主打的目標族群是年輕女性，對於做為設計師的夢子來說，年紀較大的自己反而是一個不利於工作的因素，公司裡的後起之秀隨時都有可能會超越自己。

由於是外資，故公司徹底實行實力主義，員工的表現好壞，很快就會反應在他們的職務升降上。雖然規定上是有育兒假這種東西，但幾乎沒有人會真的把育兒假用完。要是工作表現不好，就會被丟到中老年內衣的設計部門。和熱門的年輕女性內衣設計部門相比，中老年內衣部門常被看成是職場失敗者的墓地。就算想要轉職到其它公司，設計師也沒那麼多缺，不大可能馬上就找得到工作，不僅薪水、待遇可能會下降，也不一定可以順利做到退休。

另一方面，身為系統工程師的一郎，在全球化的影響與日俱增的現在，工作逐漸被印度和中國搶走，來自客戶的議價壓力越來越大，營收減少所造成的公司損失，只能讓員工加班來彌補，整個業界都陷入了這樣的困境。在交貨期限原本就很吃緊的系統工程業界內，在Cut over期限（系統建構的截止期限）前，熬夜趕工作業是理所當然的事，因為要是系統出現什麼問題的話，必須馬上改善才行。

而且，如果想要在系統工程師的業界待下去的話，不僅需要持續追蹤最新技術，也得精進自己的英文或中文等語文能力才行。和十年前的狀況不同，過去累積的技術與經驗不再成為能在業界待下去的保證，不管學得再多，都讓人有種不安全感。

當兩人之間存在著這樣的動態複雜性時，便難以感受到對方所處狀況的嚴重性。在這樣的挫折感下做家事或照顧小孩，卻看到對方一直做出不符合自己的自我標準的言行時，就會開始「自我正當化」，產生「自我犧牲感」。

對兩個人來說，不習慣的育兒工作屬於「新興複雜性」的問題，常使他們陷入混亂中。就算他們認為自己已經盡力做到最好了，卻沒辦法獲得對方的認同，這種感覺就會強化「自我正當化與自我犧牲感」。

雖然當事者可以實際感受到在複雜性問題有多混亂，有多難以解決，但在大多數案例中，對方通常不知道您被捲入了多複雜的問題內，或者即使知道，卻沒辦法實際感受到問題的嚴重性。也就是說，對方只停留在層次一或層次二，沒辦法抵達層次三。

當關係四毒素強化循環持續進行下去時，**自己的複雜性問題對對方來說都是看不見的死角。對方無法察覺，自己卻在無意識中認為對方理所當然地應該要知道而抱有期待。**也就是說，雙方都想要對方去做對方做不到的事。

不僅是夫妻這種私人關係，在企業中，由於複雜性更高，彼此更難互相理解，於是可以看到在許多案例中有著各式各樣的管理問題。

當某人從大企業轉職到中小企業、新創企業時，可能會不自覺地拿新公司和大企業比較，要是發現有某個項目和大企業的做法不同時，就會大聲喊出一套「應該要這麼做」的理論，招致眾人的不滿，難以打入新公司的人際關係。一個男性主管用「軍事化方式」管理員工，或許可以得到很好的效果，但當他被調到一個女性員工較多的部門時，如果還繼續用這種方式管理，很可能就會被孤立。被派遣到子公司的主管如果沒辦法填平和子公司原生員工之間的鴻溝，執意要用母公司的管理方式來管理子公司的話，可能會演變成一人高呼、無人響應的窘境。公司的經營企劃負責人在制定中期經營企劃時，可能會將原本的目標數值拆成各個細項，並以促進公司整體發展為理由，要求各部門配合，卻遭各部門反對，使他無法發揮出這個職位應有的經營企劃調整功能。

即使沒辦法解決對方背景所隱含的複雜性，若能夠注意到這種複雜性，讓自己站在對方的角度思考，像是自己親眼看到一樣，「感知」到對方的狀況，便很有可能讓雙方從這種似毒素強化循環的關係中跳脫出來。

第7節 在兩人搭檔關係、團隊中實踐U型過程的訣竅

經過以上的說明後，想必各位應該也能夠理解關係四毒素如何影響兩人搭檔、團隊成員間的關係。以下將依照U型理論的各流程，介紹如何跳出關係四毒素的強化循環，如何從正在生成的未來，規劃新的行動，以及實踐這些方法的訣竅。

兩人搭檔或小型團隊的成員間，彼此關係越是緊密，就越是沒有那種「要是照著做的話，就能改善情況」之類魔法般的方法。因此，將各種技巧硬背下來是沒有用的，而是應該要掌握現場的變化，瞭解彈性對應問題的訣竅，發展出屬於自己的一套解決方法。

那麼，接下來要介紹的就是實踐這些方法的訣竅與提示（參考「圖表5－8 U型理論的實踐（兩人搭檔、團隊篇）」）。為了讓您在U型過程中能更快進入狀況，以下將介紹各個流程的「促使自己察覺狀況的問題」、「解說」、「實踐訣竅」。如果在閱讀時，能把這些內容套入您目前身處的狀況，應可以找到一些解決方法的提示才對。另外，若您能

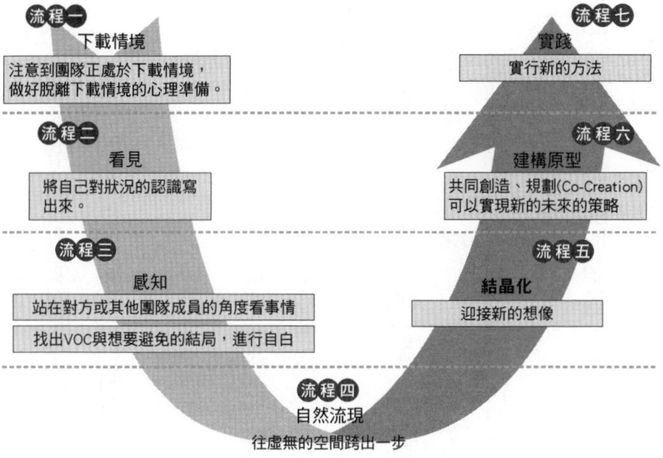

出處：U型理論，經PICJ修改了部分內容

圖表5-8　U型理論的實踐（兩人搭檔、團隊篇）

參考「促使自己察覺狀況的問題」的部分，將自己心中的想法或現實狀況寫出來，並繼續閱讀下去，應可幫助您解決問題，請一定要試試看。

流程一【下載情境】注意到團隊正處於下載情境，做好脫離下載情境的心理準備

《促使自己察覺狀況的提問》

- 您是否有把「錯誤」歸責於某人或某事？如果有的話，為什麼會那樣想？
- 是否有表現出關係四毒素的態度？即使沒有表現出這樣的態度，心中是否有毒素般的想法？

- 是否會把心中成見像口頭禪一樣說出來？那是什麼樣的口頭禪呢？
- 與對方的對話或團隊內的交流是否只流於表面？大家是用什麼樣的態度進行對話？
- 是否希望對方或團隊能夠改善狀況？
- 希望對方或團隊成員能打造出什麼樣的未來呢？

《解說》

如同我們在個人篇中提到的，實踐U型過程的第一個門檻，就是發現自己正處於下載情境。在兩人搭檔或是小團隊這種每個人都得和其他人面對面的關係中，如果您覺得不管怎麼想都是對方的錯，或者覺得自己雖然也有錯，但那也是因為對方一直表現出頑固的態度，才使問題無法解決的話，這種絲毫不懷疑「自己的看法」的態度，會使自己不容易從下載情境中跳脫出來。

這種情況下，告訴自己「自己的看法或意見很可能只是片面的」，或者視情況允許自己改變自己的態度，會是非常重要的事。然而，如果您懷著「沒想到他是那樣的人，就算退一百步也不可能原諒他」的想法的話，不如先不要實踐U型過程，而是優先讓這種想法留在心中，好好與這種無法原諒他人的心情共處。當您處於這種狀況時，請不要勉強自己改變想法，而是靜待這種心情沉澱下來，這樣解決問題的可能性還比較高，也就是所謂的

「欲速則不達」。

當您看到自己、對方、團隊之間出現以下狀況，就代表你們可能已經陷入了下載情境。

- 把事情會發展成今天這種狀況的「錯誤」歸責於某人或某事。
- 正在表現出關係四毒素。
- 同一個人一直重複著「同樣的主張」，說了好幾次同樣的台詞。
- 一直重複著無關痛癢、沒有意義的言行。
- 氣氛讓人想避免說出難聽的話。
- 即使每個人都有自由發言的機會，但真正說話的就只有那幾位，其他人都不怎麼講話。
- 感覺不到場域的能量，只是表面上看起來很熱鬧而已。

首先，**自己必須意識到「自己也是兩人搭檔或團隊的一員，而且自己也正陷入下載情境。然而如果自己持續在下載情境中的話，只會持續加重場域的下載情境」這個前提。**要是沒有意識到這樣的前提，便會把團隊陷入下載情境的「錯誤」歸責到其他人身上，認為「都是那個人在講話！都是因為他，害整個場域一直處於下載情境狀態！」，在不知不覺中吐露出四毒素。

不過，當我們處於下載情境中時，很難注意到自己正在把「錯誤」歸責給其他人或事，也很難注意到自己正在吐露出四毒素。實踐這個流程的訣竅在於，要客觀省視自己的發言，即使有「既定主張」，同樣的話也不要說兩次以上。

《實踐的訣竅》

- 觀察場域，注意到場域可能正陷入下載情境。
- 不要把「錯誤」歸責給其他人或事，進而在不知不覺中吐露出四毒素。
- 客觀省視自己的發言，即使有「既定主張」，同樣的話也不要說兩次以上。

流程二【觀察】 將自己對兩人搭檔、小團隊狀況的認識寫出來

《促使自己察覺狀況的問題》

- 對方、團隊成員等人在面對問題狀況時，如果有表現出關係四毒素的話，是表現出了什麼樣的毒素呢？
- 在目前的狀況中，您是否存在想要正當化自己的言行的想法？是否有自我犧牲的感覺？而又是在面對誰或面對哪件事時，讓您產生了自我正當化的想法，或者是自我

犧牲的感覺？

- 您是否覺得對方或團隊成員不瞭解您的某些事情呢？不瞭解您的那些事呢？
- 其他人是否沒有辦法滿足您的自我標準？或者說，您是否有被忽視的感覺？

《解說》

如前所述，若與對方或團隊成員的相處時間越多，距離越近的話，越容易出現反映性的言行，越容易表現出關係四毒素。

首先，為了讓自己不要產生反射性的言行，請試著想想看自己正在表現出什麼樣的關係四毒素？覺得自己的哪種自我標準被其他人忽視？自我正當化的想法以及自我犧牲的感覺有多強烈？其他人又不瞭解您的那些事？等等，再將其寫在紙上，促進自己懸掛起這些想法。

訣竅在於，為了將腦中所有想法都吐露出來，請盡可能把想到的東西寫在紙上。當然，您可以把這些東西一直放在腦中思考，但如果只由頭腦處理的話，可能會因為「思考」這件事而讓自己容易陷入下載情境，妨礙進入懸掛流程。

把想法寫在紙上並不代表接受了對方或團隊成員的想法，也不代表默認。這個過程並不是要讓陷入下載情境漩渦的人們以關係四毒素互相刺激、加速循環，而是要營造出一個容易進入「看見」的狀態。

《實踐的訣竅》

- 將關係四毒素、自我正當化、自我犧牲感、沒有被人理解的感覺、自我標準等事項寫出來

在我們把這些事寫出來時，不要用條列式的方式寫出，可以試著用對話泡泡的方式呈現，寫成像漫畫般的形式，表現出生動的樣子，盡可能重現出心中的感覺。

流程三【感知】站在對方或其他團隊成員的角度看事情。找出VOC（放棄與嘲諷之聲）與想要避免的結局

《促使自己察覺狀況的問題》

- 自己心中是否存在對於對方、團隊成員、身處狀況的VOJ（Voice Of Judgment：評判之聲）呢？要是存在的話，那又是什麼樣的聲音呢？
- 如果自己心中存在VOJ的話，您認為該怎麼做才能促使自己進入懸掛的狀態呢？
- 對方或團隊成員的意見或主張的背後，具體來說，有著什麼樣的「由過去經驗和文化所形成的背景」，或者是「身處狀況、背景的複雜性」呢？
- 是否能在沒有VOJ的情況下，聽取並瞭解對方或團隊成員的意見或主張呢？自己

能不能持續傾聽對方或團隊成員的背景，直到自己能體會對方心境呢？

- 在您的心理深處，對自己，或者對對方、團隊成員有什麼樣的VOC（Voice Of Cyni-cism：嘲諷之聲）呢？
- 您無論如何都想要避免的結局是什麼呢？

《解說》

兩人搭檔、隊伍的U型過程中，最大的難關就是層次三的「感知」。當自己與對方，或者自己與其他團隊成員之間的糾葛越複雜、問題的三種複雜性越高的話，就越難站在對方的角度思考問題，更需要耐心去化解問題。

或許有些人會認為，就算站在對方或團隊成員的角度去看待事情，也不一定能夠認同、贊同對方的意見，接受對方的行為。

事實上，要我們站在對方或其他團隊成員的角度去思考，**並不是要我們去認同對方意見、行為的「內容」，而是試著去體會「雖然我不怎麼認同這樣的意見或行為本身，不過我大概明白他們的心境，為什麼他們會這樣想。要是我自己也站在他們的立場的話，或許做法不大一樣，但可能也會說出類似的話，或者做出類似的行為吧……」之類的「心境」。**

當然，就算能夠體會到這樣的「心境」，也不表示能夠馬上找到解決的方法，您可能還是無法贊同其他人的意見、無法接受其他人的行為。不過，至少這麼做有助於沖淡「擅下結論與扭曲認知」或「自我正當化與自我犧牲感」，使關係四毒素的強化循環的速度舒緩下來。若自己不再吐露出關係四毒素的話，便不會讓對方有想要反擊您的反應；而對方不再吐露出關係四毒素的話，自己也不會想要反擊對方。

雖然說，站在對方或團隊成員的角度，不代表自己和對方之間的關係四毒素就會馬上消失，為了產生新的答案，但至少可以和對方開始用新的步調對話。

我們可以用自己對對方或團隊成員的VOJ（Voice Of Judgment：評判之聲）是否消失，來判斷自己是否有成功站在對方或團隊成員的角度來看待事物，也就是判斷自己是否有抵達層次三「感知」的狀態。

就算再怎麼分析對方的主張或行為，有多瞭解對方的性格或行為模式，只要心中存在VOJ，那麼社會場域就會一直停留在層次一或層次二的流程，無法獲得飛躍性的效果。站在對方的角度看待事物的關鍵，就是要去傾聽對手的「過去的經驗、文化背景」以及「身處狀況、背景的複雜性」。如同我們在第349頁的「圖表5－7 關係四毒素的強化循環之背景中的複雜性」看到的那樣。

若一直在爭論誰的標準正確、誰的主張正確的話，只會讓彼此的差異更為明顯，加深彼此的對立。另外，如果雙方都「擅下結論與認知扭曲」的話，可能會產生自我犧牲的感覺，這時不管雙方再怎麼主張自己的正當性，也只會引起對方產生反射性的態度。最後，只會讓雙方都覺得對方不瞭解自己、不可能瞭解自己，進而放棄溝通，使組合或團隊出現裂痕，最後形成最糟糕的結局。

為了讓場面不至於陷入這種雙方皆堅持自己的主張的狀況，我們需要讓自己能夠很容易地站在對方的角度思考，真誠地傾聽對方的心聲，瞭解是什麼樣的過去經驗或文化背景，造就了對方現在的自我基準；又是什麼樣的複雜背景，造成了對方現在的自我犧牲感，以及對某些事項的固執。**訣竅在於，此時並不是詢問對方「為什麼會有這樣的主張？」，而是詢問對方「之所以會有這樣的主張，是因為過去曾發生過什麼樣的故事嗎？還是曾經碰過什麼樣的狀況呢？」**。

就拿前面的「育兒壓力下的夫妻相處」這個例子來說，一言以蔽之，妻子夢子的不滿就是「先生應該要多幫忙家事、育兒工作才對，卻完全不想幫忙！」。如果我們問夢子「為什麼您認為先生應該要多幫忙家事和育兒工作呢？」的話，她應該會回答「因為我也有工作啊，他在我生產後也應該要改變他的生活方式才行！」之類，強烈主張自己的正當性的答案才對。

相較於此，如果問她「是不是有發生過什麼具體的事件，讓您覺得『先生應該要多幫忙家事、育兒工作才對！』呢？」的話，她可能就會說出「有一次，孩子發了高燒，我不得不從公司早退，帶孩子去看病。當時上司很快就同意我早退，但上司之後卻和我說『我們這個部門的業績是支撐公司的支柱。在這個講求速度的職場，如果因為孩子的事而早退的話，會造成公司麻煩的。這也關係到其他部門成員的士氣。如果之後還有可能會因為孩子的事而早退的話，要不要從年輕客群取向的產品設計部門，轉調到中老年客群取向的產品設計部門呢？』這讓我深刻瞭解到，若我還在這個職位上，便很難同時兼顧照顧孩子和事業。如果要我輕易放棄自己喜歡的工作，我一定會很不甘心……。我知道先生也為了支撐這個家而努力工作，但我卻很羨慕他可以專注在自己的工作上。」之類具體的回答。

聽到「先生應該要多幫忙家事、育兒工作才對！」這樣的主張，做為丈夫的一郎應該會很想要反駁。但在他反駁之後，又會被迫聽到妻子許多自我正當化的理由，使一郎變得更為煩躁。不過當他聽到妻子說的背景故事之後，說不定會覺得「原來有這種事啊。這樣也難怪你會很為難啊。看到在工作與家庭之間仍保有一定自由的我，也難怪她會想要抱怨了。」進而體會到妻子的心境。

當自己與對方，或者是自己與團隊成員的VOJ（Voice Of Judgment：評判之聲）消失，進入「雖然我不怎麼認同這樣的意見或行為本身，不過我大概明白他們的心境，為什麼他們會這樣想」的心境後，便能夠懸掛起自己的主張或意見，從各式各樣的角度傾聽他人的故事。這是一大重點。

另外，如果自己與對方，或者是自己與團隊成員之間充滿VOJ，彼此釋放出關係四毒素的話，自己的心底深處一定也隱含著對對方、對團隊成員，甚至是對自己的VOC（Voice Of Cynicism：嘲諷之聲）。

我們比較容易意識到VOJ，相較於此，**VOC則通常來自潛意識，一般來說不大容易發現。只有在深度挖掘自己的內心、對自己，對手和團隊成員有何稱讚深度內省時，才有辦法發現VOC。**

那些放棄的聲音，會用「反正自己／對方就是○○」、「自己／對方果然是××」的形式出現在我們的潛意識中，像是「反正我就是頭腦很差」、「那個人果然只會想到自己」之類的。

瞭解以上原理之後，便知道自己為什麼會有這樣的VOJ，為什麼會吐露出關係四毒素，會有種解開了謎題的感覺。當我們將VOC向對方或團隊成員自白時，他們一定也會給我們適當的回報，使社會場域發生變化，讓在場的人們容易抵達「感知」的境界。

另外，當我們吐露出關係四毒素的時候，自己的內心深處也會開始想像，如果目前的狀況持續下去的話，會得到什麼樣的、不可避免的結局。也就是問自己「如果目前的狀況持續下去的話，自己認為會發生什麼事呢？」，想到答案之後，又接著問「如果真的發生這件事的話，接下來又會發生甚麼事呢？」，然後繼續反覆問著自己「如果真的發生這件事的話……」之類的問題。

最後，自己會在心中深處描繪出一個不想看到的結果，並出現「我絕對不想看到事情演變成這樣！」的想法。當我們向對方或團隊成員自白這樣的結果時，很有可能會因為自白的回報，使社會場域發生改變。

《實踐的訣竅》

- **在VOJ（Voice Of Judgment：評判之聲）消失之前，懸掛所有意見。在這段期間內，將所有的策略都視為暫定措施。**

在抵達層次三的「感知」之前，不管執行了多少策略，都只是一再重現現狀、強化現狀，很有可能只是治標不治本的方法。因此，在自己心中的VOJ沒有消失以前，所有策略都應視為暫定措施。這麼一來，就算策略進行得不順利，也不會因為「我都為你做那麼多了，為什麼你還不懂我的苦心！」而感到生氣，可以防止自我正當化的加速，防止自我犧牲感的提升。

- **不要只聽讓對方有這種主張或意見的原因，而是要傾聽讓他有這種想法的故事**

就算聽取讓對方有這種主張或意見的原因，通常也沒辦法站在對方的角度思考事情。

如前所述，若想站在對方的角度思考事情，必須傾聽對方「過去的經驗、文化背景」以及「身處狀況、背景的複雜性」，瞭解對方過去曾發生過什麼樣的故事，才有辦法站在對方的角度思考。這個時候，請不要反對對方意見，或者闡述自己的看法。請試著懸掛聽到的各種內容，讓對方感覺到「這個人有好好地在聽我講話」，才是這個流程的重點。

● 找出VOC（Voice Of Fear：恐懼之聲），向他人自白

試著找出隱藏在VOJ或關係四毒素底下的VOC，並向其他人自白這些VOC，將可獲得一定的自白回報。當您自白之後，可能也會讓對方自白他們的想法。對您來說，對方的自白將可讓您更容易站在對方的角度思考事情，使您更容易進入層次三的「感知」層次。

另一方面，如果向對方自白VOJ的話，反而會讓對方產生關係四毒素，使對方的下載情境變得更嚴重。所以說，要說出來的並不是VOJ，而是要探究自己內心深處的VOC，然後將它說出來，這才是重點。

● 尋找「無論如何都想避免的結果」，向他人自白

當我們持續吐露出關係四毒素的時候，內心一定曾經想過「無論如何都想避免的結果」是什麼樣子。就像找出自己的VOC時一樣，請試著找出自己內心深處的那個「無論如何

都想避免的結果」，並向當人自白，必定能夠得到其他人的回饋。

流程四~五【自然流現&結晶化】往虛無的空間跨出一步，在沉默中迎接新的想像

《促使自己察覺狀況的問題》

- 站在相關者的角度看待事物的時候，會看到什麼樣的現實呢？
- 如果現狀持續不變，那麼隨著時間的經過，您認為會迎來什麼樣的結果呢？
- 該如何跨出第一步，才能改變現狀呢？
- 跨出第一步之後，在最糟的情況下會演變成什麼樣子呢？要做好什麼樣的心理準備，才能接受這種狀況呢？

《解說》

進入流程三時，或許您已有某些想法，或者大概知道下一步該怎麼做。在這個時間點，如果有機會與對方和團隊成員一起做些什麼的話，也可以試著這麼做。

與對方或團隊成員一起挑戰的課題規模越大，或者彼此的糾葛、對立越大時，你們抵達層次三「感知」的狀態時，就越會有種「雖然知道對方的想法了，但若想改善狀況的話

又該怎麼做才好呢……」之類，找不到方向、只能憑著直覺猜測該怎麼做的感覺。也會有種「如果要讓狀況好轉，必須承擔某些風險，要是沒有放下自己原本抓著的某些東西，事情就不會有進展」的感覺。

拿「育兒壓力下的夫妻相處」這個例子來說，表面上的問題是，一郎不願幫忙家事與育兒工作，對此夢子感到不滿，使夫妻關係越來越差。然而，這件事很有可能不只是夫妻吵架那麼簡單。

夢子所面對的動態複雜性，是育兒工作與設計師生涯難以兼顧的狀況。另一方面，她的丈夫一郎所面對的動態複雜性，則是市場環境的惡化，使全公司員工皆須長時間加班，這種情況下自己卻要求在家工作，讓他覺得有些羞愧，此外還要負擔家事與育兒工作。

在複雜性高的環境下，越是試著拆解複雜的事態，越會覺得不曉得該怎麼解決事態表面底下的問題。已這對夫妻來說，如果把小孩長時間放在育幼院的話，狀況應能有所改善。但若把眼光放遠一點，對夢子來說，設計師的生涯已碰上瓶頸，而對一郎來說，隨著全球化競爭與技術進度速度加快，自己的市場價值卻持續下降，使得把小孩交給育幼院照顧的解決方案只能當做權宜之計。

越是能站在其他人的立場看待事情，進入層次三的「感知」狀態，越會感覺到進退兩難的狀況。然而，這種難以前進，有時還需要在絕望中踏出第一步的狀況，正包含了U型理論的精髓。

如同奧托博士所述說Leadership的語源般（參考第231頁），在我們抱著「赴死」的覺悟前進的時候，才能夠放下各種執著。此時，非衍生自過去經驗的未來才會出現，我們才能夠實現創新。

而「育兒壓力下的夫妻相處」這個例子中，或許可以嘗試以下做法：

- 在夫妻加深對彼此的理解之後，雙方一起負擔育兒工作、一起摸索新的道路、一起請育兒假照顧孩子。
- 夢子活用她的懷孕、生產經驗，設計出孕婦用、產後用的內衣，在公司內創立一個新的部門。
- 夫妻分別從原公司離職，夢子以個人的身分建立新的內衣品牌在網路上販賣，一郎則用他的能力建構系統。在事業上軌道之前，一郎則以自由系統工程師的身分賺取收入。
- 召集同樣在職場工作與育兒工作上蠟燭兩頭燒的同事，向公司提案設置育幼院，並使這個計畫實現。
- 搬到能夠三代同堂的住宅，與夫妻其中一邊的父母一起居住……等等。

想必您應可以理解到，要做出這些選擇並不容易，也很難說哪一種選擇一定是最好的選擇。**雖然這些選擇不一定能讓您滿足自我，讓您有認同感，可能還伴隨著恐懼，但只要勇敢跨出一步，便有可能迎來非衍伸自過去的新未來。這就是U型理論的精隨。**

在兩人搭檔與小團隊中，要踏出這一步，可能需要承受相當程度的痛苦，真的要行動時常會躊躇不前。如果您能夠超越這種猶豫不決的障礙，展開行動，便可規劃出能產生重大影響的策略，或者做出能夠改變場域氣氛流動的發言。無論如何，這種向虛無的空間跨出的一步，可以為場域帶來靜寂與混沌，也將創造出能夠產生未來的空間。

另外，如果在抵達層次三的「感知」時，還是不曉得該從何下手而進退兩難時，也不需要急著提出答案，而是讓答案自然而然地於自己的內在逐漸形成，只要耐心等待就好，這也是U型過程的重點。

《實踐的訣竅》

・在抵達層次三的「感知」狀態時，如果感覺到糾結而躊躇不前的話，請不要馬上逃避，而是要站在這個基礎上，想像要是一直維持現狀的話，隨著時間的經過，會迎來什麼樣的結局。

- 持續往自己的內心深處探詢「什麼樣的策略能夠改變狀況？」，直到找到行動的構想。
- 想像如果實際執行這樣的行動的話，會演變成什麼樣的事態，最糟的狀況又是什麼，並做好親自面對這種狀況的覺悟。
- 相信在往虛無的空間跨出一步之後，一定會出現新的未來，一定可以迎來新的可能性，然後勇敢地踏出去。
- 往虛無的空間跨出一步之後，不要被隨之而來的靜寂與混沌動搖，而是要在那個處境下站穩，迎接從場域中出現的新的未來。

流程六【建構原型】共同創造、規劃（Co-Creation）可以實現新的未來的策略

《促使自己察覺狀況的問題》

- 您是否正在與對方或團隊成員設法共同創造（Co-Creation）出非衍生自過去經驗的新未來呢？
- 在產生新的構想之後，自己與場域的能量是否能一直保持高水準呢？要是能量下降的話，那個瞬間又發生了什麼事呢？

・可以想像出具體的下一步應該要怎麼做嗎？如果真的要實行這種做法的話，是否已經分配好工作，討論好實行策略了呢？

《解說》

建構原型的過程中最需重視的部分，就是在結晶化流程中，兩人搭檔或團隊從新的可能性中產生了什麼樣的新想像，又藉此共同創造（Co-Creation）出了什麼樣的新構想。

流程五的時間點中，當我們放下執著，往虛無的空間跨出一步時，可以說一定會讓兩人搭檔或團隊產生動搖，使當事人們之間出現過去不曾有過的討論。有時靜寂會降臨，有時會陷入混沌，無論如何，新的未來的可能性都將出現。

那可能是至今都沒有人想過的大膽構想，或者構想沒那麼新穎，卻能讓對方或團隊成員處於情緒高漲的狀態，並強烈贊同這樣的策略。從現狀看來，這樣的策略可能不會是最佳選擇，但卻能讓所有人產生共鳴，贊同並推行這項策略，使事情能夠發展成新的局面。

不管這時誕生出什麼樣的策略，這時最重要的是讓下一步明確化，使人們知道接下來的行動是什麼。這個時候，當然可以像平常一樣進行會議，用言語的形式進行交流，討論對於未來的想像，或者是下一步該怎麼做。除此之外，也可以善用雙手的智慧，以玩偶或樂高之類的做為材料，分享彼此的想法。

《實踐的訣竅》

實踐的訣竅與前面的說明有些重複，不過這裡再寫出來強調一次。

- 往虛無的空間跨出一步，讓人們沉浸於靜寂與混沌之中，共同創造（Co-Creation）出能邁向新未來的構想。
- 活用玩偶或樂高等眼睛看得到的東西、有形狀的東西，分享彼此的構想，有助於參與者對於下一步的想法產生共鳴。
- 將共同創造（Co-Creation）出來的構想明確化，使其能夠付諸行動，並成為下一步的依據。

流程七【實踐】實行新的方法

與個人篇時相同，以下將介紹如何實踐我們在建構原型的流程中想到的方法。與個人篇相同，從建構原型到實踐，可能會需要很長一段時間。在兩人搭檔或者是小團隊的情況中，還可能會在時間的經過下，回到下載情境，使社會場域乾涸。

不管是從建構原型到實踐的過程，還是在進入實踐流程之後，都需要與對方或小團隊一起深耕社會場域，這點相當重要。

從建構原型到實踐的過程中，有一種方法可以有效提升嘗試錯誤的效率，那就是所謂的AAR（**Attack Action Review**）法。在上一次的行動結束後，可以試著從「觀察到的事項」、「期待的事項」、「改變的事項」等三個角度回顧分析，使改造後的新計畫不致於受到原先版本計畫的束縛。

特別是當團隊的規模很大的時候，每個人所關注的焦點都不一樣。為了讓所有人都能理解問題的動態複雜性，需要盡可能減少自我觀點下的解釋，而是將眼睛看到、耳朵聽到的東西與所有人共享，使參與者們不至於陷入下載情境內，社會場域也不至於乾涸，如此一來，便容易催生出新的行動。

第6章

U型理論的實踐（組織、社群篇）

第1節 「問題處理型」的組織與「創造未來型」的組織

「創造未來」與「問題處理」有一個根本上的差異。如果目的是處理問題的話，我們會想要避免看到「不希望出現的事物」。

另一方面，如果目的是創造未來的話，則是要想辦法生成出「真正重要的東西」。兩者之間沒有比這更根本的差異了。

麻省理工學院高級講師，《學習型組織》的提倡者彼得．聖吉

當我們閱覽網路上無數的企業網頁時，可以看到幾乎所有企業都會在他們的網頁上列出他們的理念或願景。雖說如此，我們也常可聽到「那些理念只是裝飾，從來沒有人認真思考過那些理念」、「上面只會說一大堆理念、願景、公司方針、精神標語之類的空話，不僅讓人搞不懂是什麼意思，也體會不出來這跟公司有什麼關係，都不知道該相信哪句話了」之類的聲音。

然而諷刺的是，雖然幾乎所有企業都會列出他們的理念或願景，但只有真的實踐他們的願景的企業，會被稱讚為「有經營理念的公司」。這正好說明了要實踐理念是多困難的一件事不是嗎？

這種有經營理念的公司，和沒有經營理念的公司之間，最明顯、最本質上的差別，就是本章一開始彼得．聖吉所說的「『創造未來』與『問題處理』在根本上的差異」。

幾乎所有組織都會先訂定目的或目標，接著估算現狀與目標之間的差距，定義、分析達成目標的過程中會碰上什麼問題，又是什麼原因造成了這些問題，然後再訂定計畫，付諸實行。彼得．聖吉指出，即使中間的過程類似，但因立場的不同，我們仍可將組織分成「處理問題的組織」與「創造未來的組織」。

當組織陷入問題處理情境時，若詢問他們「為什麼要解決這個問題？」時，通常會得到「因為營收和獲利一直上不去」之類的答案。接著若再問「為什麼營收和獲利非得要持續上升才行呢？」，大概會得到「不這樣的話公司會倒閉」之類的結論。有時候也會得到「做為一個企業，要是沒有辦法提升營收和獲利的話，就沒辦法為利害關係人提供價值」之類的答案，但如果再持續追問「要是沒辦法為利害關係人提供價值的話，又會變得如何呢？」的話，最後還是得到公司會倒閉的結論。

也就是說，**當我們陷入問題處理情境時，會想要盡可能避免事情演變成我們不想看到的結局。**

常有人委託我為他們的組織進行引導活動，幫助他們建立理念或願景。這時候，我通常會問他們「為什麼建立理念或願景呢？」，接著便會出現類似以下的對話。

我：「為什麼要建立理念或願景呢？」

客戶：「因為希望大家能夠朝著同樣的目的或目標前進，不要把心思放在其它事情上。要是事情不順利的時候，員工卻只會怪別人的話，這個公司就不能說是一個健全的組織。」

我：「為什麼會希望大家能夠朝著同樣的目的或目標前進，不要把心思放在其它事情上呢？」

客戶：「為了要提升營收和獲利。」

我：「原來如此。但這樣看來，提升營收和獲利才是目的，而理念和願景則是為了達到這個目的而進行的手段不是嗎？如果這樣的話，目的和手段就剛好顛倒了，你不這麼認為嗎？」

客戶：「……」

這些組織之所以想要建立理念或願景，大都是因為想要避免事情演變成「員工們像一盤散沙」的結局。所以他們只是使用理念或願景做為手段，最終目的還是想要提升營收與獲利。當理念或願景不再是企業存在理由或存在意義，而只是手段的時候，不管理念或願景的內容再怎麼洗鍊，這個公司仍無可避免地會成為「問題處理型組織」。

與之相較，彼得・聖吉指出，如果是創造未來型的組織，會想辦法生成出「真正重要的東西」。

那麼，這又是什麼意思呢？

以個人層次來說，這可以是價值觀、信條、信念、意志、中心軸、夢想等等；在組織層次上，可以是理念、使命、願景、行動規範、行動方針等等。大致上來說，所謂「真正重要的東西」可以是指目的、目標、存在意義等事物。

不過，「問題處理型組織」也有他們的理念和願景，這也可以說是他們的存在意義，那麼這兩者間又有什麼區別呢？

我們可以用彼得・聖吉所說的「欲使其真正存在」這一句話來說明兩者的區別。不是將願景當成裝飾公布出來，而是**使其像是圓規的軸般，永遠在圓的中心。不管畫出來的圓有多大，圓規的軸心都不會改變位置。永遠存在於同一個地方，卻能持續畫出不同的圓，這就是所謂「欲使其真正存在」的作用。**

當有人問我什麼是「真正重要的東西」時，我總是會用以下的方式說明。

「當公司不得不違背自己提出來的理念才能經營下去，或者發現若公司依照這樣的理念經營下去的話，不可能達成公司的目的時，會立刻自己拉下鐵門，關閉公司。如果能自豪地說出這種話，才代表那是真正的理念。這時候，如果想要關掉公司的覺悟越強，就代表理念越強，越可以說是真正的理念。」

在真正執行經營理念的公司中，以販賣戶外活動商品為主的巴塔哥尼亞公司便是其中一。巴塔哥尼亞公司的使命宣言是「製作出最好的產品，使對環境造成的不良影響降至最低，並以商業為手段，敲響環境危機的警鐘，實行解決危機的方法」。

這個使命宣言可以說是滲透進了日本分公司的每一個角落，使員工們個個都有很強烈的使命感。

創業者伊馮・喬伊納德（Yvon Chouinard）以一位「Walk the talk」的實踐者而為人所知。「Walk the talk」即「身體力行」的意思，也就是說依照自己平時提到的價值觀展開行動，不說空話的意思。伊馮・喬伊納德這種身體力行的精神，可以說是讓公司理念滲透進全公司每一位員工心中的重要原因。

有個故事生動說明了他身體力行的精神。當CSR（企業社會責任）成為社會潮流，許多公司開始製作相關報告的時候，巴塔哥尼亞公司也開始討論是否要公開他們的CSR

報告。

據說，當時的伊馮・喬伊納德並沒有很積極地想要公布公司的CSR報告。而在決定CSR報告方向的會議上，有人提出了可以在CSR的報告中提到巴塔哥尼亞公司在地球環境保護方面的各種活動實績。伊馮・喬伊納德看過所有提案之後，說道「每個提案都很無聊。你們認為巴塔哥尼亞對環境造成的最大不良影響是什麼？」，一個幹部回答「就是製造衣服這件事」。於是伊馮說「既然如此，把這個影響告訴大家就是企業的責任（Corporate Responsibility）」，並訂出巴塔哥尼亞的CSR方針，就是將企業活動可能造成的環境負擔視覺化。

以此為契機，巴塔哥尼亞成立了網站The FootPrint Chronicles（https://www.patagonia.com/footprint.html）。一開始成立這個網站時，巴塔哥尼亞估算了各產品在製造過程（從原料到送進倉庫）中的能量使用量、用水量、產品的移動距離、廢棄物量、二氧化碳排放量等數值，再公布於這個網站。現在則是以「將供應鏈透明化，藉此削減製造工業對社會／環境的不良影響」為目標，將供應鏈的現狀與問題也一併公開。

在CSR方面，幾乎所有企業做的都是公布自己正在進行的慈善活動，以提升企業在消費者心中的信用為目標，建立企業品牌形象以促進營收。相較於此，伊馮的CSR方針在商業活動的常識中簡直可視為自殺行為。

這是因為，同樣是將環保項目的數字可視化，相較其他公司，以環保主義做為公司理念的巴塔哥尼亞，在將自家公司對環境造成的負擔可視化時，在消費者眼中會更被嚴格看待。巴塔哥尼亞公司將對環境的負擔可視化之後，要是沒有想辦法改善的話，消費者就會認為公司「光說不練」，使公司失去信用。

若是在CSR報告中發表環境保護的實際作為的話，不僅有助於企業品牌形象的建立、商品銷售的提升，也會讓消費者期待公司在未來的CSR活動中，對於環境保護做出更多貢獻，進而以各種具體方式支持公司。然而，如果公司在CSR報告中列出公司對環境造成多少負擔，就等於是在向消費者宣告未來將會採取實際做法，努力降低環境負擔，要是沒有遵守這個約定的話，很有可能會失去消費者的信任，可以說是承擔了相當大的風險。

不僅如此，從提升營收與獲利的角度來看，將自己公司對環境造成的負擔可視化是一件相當危險的事。這是因為，越是想辦法降低對環境的負擔，產品的成本就越高，使公司不得不提高販售價格。在其它公司致力於「用更便宜的價格，提供更好的產品」時，巴塔哥尼亞卻在進行提高成本的活動，這等於是把企業生命置於危險的境地，實在不是正常企業的做法。

巴塔哥尼亞背負起這樣的風險，公開自家公司對環境造成的負擔，將相關數字可視化後，可能可以提升消費者的環境意識，使消費者產生「連以環保主義為經營理念的巴塔哥尼亞，都會造成這樣的環境負擔了，那麼其它製造商造成的環境負擔不就更大了嗎？」的想法，以更為嚴格的標準去檢視其它公司對環境造成的負擔。我們可以想像得到，這樣的意識越是高漲，對其它公司環境政策的影響就越大。

由這樣的觀點我們可以知道，這個CSR方針與巴塔哥尼亞公司的使命宣言「製作出最好的產品，使對環境造成的不良影響降至最低」以及「並以商業為手段，敲響環境危機的警鐘，實行解決危機的方法」一致。這個方針不只與理念相符，環境負擔數字的可視化還背負了公司存續的風險，正是前面提到的，使「真正重要的東西」「持續」「存在」的做法。

第2節 讓「真正重要的東西」持續存在

至今我們提到的故事，都是在描述「真正重要的東西」存在與不存在的時候有什麼樣的差別。那麼，該怎麼做才能讓「真正重要的東西」持續存在呢？我認為，U型理論的實踐就是這個問題的其中一個答案。

若希望理念或口號不只是擺飾，而是能當做「真正重要的東西」，使其能存續下去的話，這種理念能否成為「真正的想法」並結晶化便是關鍵。

如果狀況演變成「嘴巴上說得很好聽，但實際上怎麼做又是另一回事」的話，就會使人人以自己的狀況為優先，使「小我」佔據了自己的內在。相較於此，**當我們超越了「小我」，連接上「大我」時，便會察覺到「這才是對我來說『真正重要的東西』」**。這樣的體驗越是深刻，越會覺得「小我」是虛假的自己，而「大我」才是真正的自己，實際感受到自己是沒辦法欺騙自己的。

這種自然流現與結晶化的體驗，可以讓「真正重要的東西」開花結果，並產生「想要讓它存在的想法」。

巴塔哥尼亞公司並沒有明確指出他們有用U型理論管理公司，不過在《越環保，越賺錢，員工越幸福！：Patagonia任性創業法則》（伊馮．喬伊納德著，日文版為東洋經濟新報社出版，中文版為野人出版）中提到的以下故事，我認為與U型過程有異曲同工之妙。

巴塔哥尼亞公司在創業初期，一直保持著三〇％至五〇％的高年平均成長率，不過在一九九一年美國景氣衰退時，卻也曾經碰上經營危機。在那之前公司未曾裁員過，但當時卻陷入不得不裁掉全體員工的二〇％，約一百二十人的窘境。

當公司陷入這樣的危機時，伊馮與其他十多位經營幹部一起到了阿根廷的巴塔哥尼亞山區，一邊漫步在荒野，一邊自問「為什麼要經營這個公司呢？想要把巴塔哥尼亞經營成什麼樣的公司呢？」。然後彼此對話，討論為什麼員工不選擇其它公司，而是選擇加入巴塔哥尼亞？巴塔哥尼亞的員工又有什麼共通文化？回國後，他們基於這些討論，建立了一個全新的經營理念。

在伊馮對員工們說出這個理念時，他才恍然大悟自己過去三十五年來，為什麼要經營這樣的事業。這個理念就是「巴塔哥尼亞要持續探究兼顧環保和經營的可能性，並成為其它公司的模範」。

對巴塔哥尼亞公司來說，新的理念是「真正重要的東西」。而在伊馮心中，「想要成為其它公司的模範」這種想法，便結晶化成了「真正重要的東西」。

當巴塔哥尼亞公司陷入經營危機時，伊馮與幹部們進入了層次三的「感知」境界，瞭解到按照目前的作法有其極限。然後在巴塔哥尼亞地區的自然荒野中，伊馮與幹部們一起進入了層次四的「自然流現」境界，將他們的想法結晶化成新的理念，使「真正重要的東西」出現，直到今日仍是巴塔哥尼亞公司的基礎。

在巴塔哥尼亞公司的例子中，雖然他們沒有刻意照著U型理論去做，卻在無意識中進行了U型過程，結晶出「真正重要的東西」。而在凱絲美公司的例子中，他們刻意去實踐U型理論，也能得到一樣的結果。

過去凱絲美的業務人員與行銷人員彼此對立，但在引導活動之後，他們都能夠抵達深層的自然流現境界，得到「業務人員與行銷人員一起前往第一線，聽取客戶的聲音」的結果。聽起來很「理所當然」，但從那一刻起，他們便能將其當做「真正重要的東西」，使其持續存在，並付諸實踐，讓業績蒸蒸日上，充分表現出了U型理論的特徵。

營利事業常會把「顧客第一主義」、「聽取顧客的心聲」掛在嘴邊，想必也不會有人直接反對這種想法。那麼，是不是所有公司真的都把顧客放在中心呢？事實上，我們可以看到很多反例。

如果凱絲美公司的社長在引導活動之前，由上而下命令「業務人員和行銷人員給我一起到現場，好好聽取顧客的心聲！」的話，底下的人應該也會照辦。然而這種情況下，員工們在做這些工作的時候會有種「被動感」，可能只能撐一段時間，或是雖然能夠勉強撐下去，卻只是表面上看起來有遵照命令在做事，心並不在這裡。

U型理論的核心，並不是這種只有表面卻沒有內在的口號，而是**讓「真正重要的東西」栩栩如生地顯現出來，像是有生命的生物一樣，讓人感覺到那是活生生的存在。**

在自然流現之後，讓願景或意向結晶化的流程，可以說是讓「真正重要的東西」顯現出來的過程。這也不是經過一次的U型過程之後就結束了。隨著時間的經過，「聽取顧客的心聲」這個想法或動作也可能會逐漸形式化，或者變質成不同的東西。因此，參與者需要經過好幾次的U型過程，屢次更新這樣的想法，回到原點，使其持續存在，這才是U型過程的重點。

彼得．聖吉的「欲使其真正存在」這句話，便是整個過程的集大成。**光是「使其存在」，有種效果被侷限的感覺，再加上一個「欲」之後，則代表可以藉由行動，創造出新的東西。**U型理論便是將「欲使其真正存在」這件事成為可能，讓組織得以實踐創新的技術。

第3節 在組織、社群中實踐U型過程的訣竅

在組織、社群中實踐U型過程時，隨著人數、時間長短、室內或室外等物理條件的不同，以及其它各種要素的不同，做法也會有很大的差異。另外，可惜的是，「只要照著做就能順利達成目標」、「只要這麼做就可以實踐U型過程」之類的標準過程並不存在。

在進行U型過程的時候，我們需要觀察場域的狀況或趨勢，在社會場域出現轉變時，從正在生成的未來中建構原型。有時還需要即興地改變做法，故需要一定的隨機應變能力。

如前所述，我們需要隨機應變地建構出新的方法，或者是將既有的方法排列組合。以下將介紹實踐這些過程的訣竅，以及大致流程（參考「圖表6－1 U型理論的實踐（組織、社群）」）。這裡我們設定組織或社群的U型過程發生在一個二十人以上齊聚一堂，能夠彼此對話的場合。

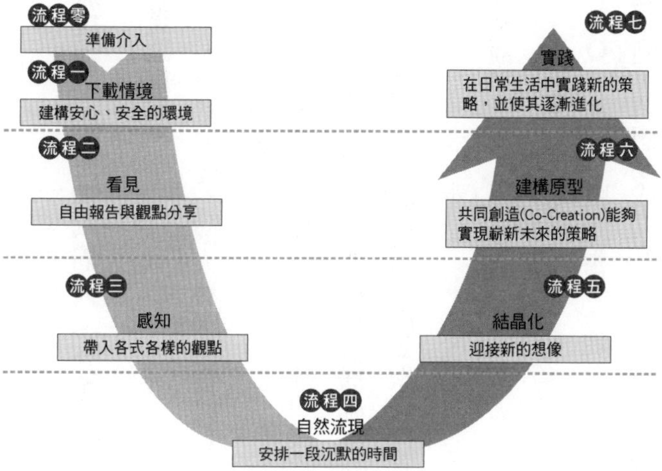

出處：經PICJ修改了部分內容

圖表6-1　U型理論的實踐（組織、社群）

在組織或社群的活動中，如果人數在十人以下的話，討論事項時的效率會比較高。

當聚集了二十人以上時，要是放著不管的話，便無法真正開始討論，只會陷入一團亂。但如果主動介入控制議題走向的話，表面上看起來討論似乎有進展，但社會場域很有可能已經陷入了下載情境，這時得到的結論可能並不是參與者真正想要的結論，或者只是一小部分參與者想要的結論，難以將其轉換成強而有力的行動。

如果可以善用人數多的優點，深耕社會場域的話，可以讓參與者們樂於迎接正在生成的未來，在充滿激情與強烈贊同感下，建構出新事物的原型。

以下將介紹各流程中，應特別留意哪些重點，使U型過程較容易成功。

流程零　創造場域的人（介入者）需深耕自己的社會場域，準備介入

《實踐重點》

- 平常就要在個人層次上實踐U型過程，使做為場域創造者（介入者）的自己能先深耕好自己的社會場域。
- 在讓眾人交談以前，安排一段時間，讓接下來要創造場域的成員（主辦活動的團隊）先行討論「想要讓這個活動成為什麼樣的活動？想要創造出什麼？」，使接下來要創造出來的場域的願景與意向結晶化。

《解說》

奧托博士提出U型理論之後，影響了不少人，其中包括了漢諾威再保險公司的前CEO，比爾．歐布萊恩。他為了促進企業改革，花了許多年的時間進行組織學習計畫。他觀察到，若想要成功介入一個組織，促進組織改革，那麼介入者的「內在狀態」將是關鍵。

我們常會為了改變對方或改變狀況，而把所有想得到的方法都用上。不是說這種方式不好，但事實上，**場域介入者的「內在狀態」，也就是社會場域的狀態，才是決定這個介入能否成功的關鍵**。

簡單來說，當營造場域的人（介入者）處於下載情境時，這個場域幾乎可以說是一定也會處於下載情境，無法創造出任何新的東西。

舉例來說，如果在場的每一位參與者都看得出來負責引導活動的引導師不會傾聽其他人說話的話，在場的參與者在發言時就會有被控制言論的感覺，進而乾脆放棄發言，或者只說出這位引導師希望聽到的話。就算最後可以得到很漂亮的結論，也沒有人會認同這樣的結論，也不會採取任何行動，只會覺得被逼著演一場戲。所以說，營造場域的人（介入者）需要每天深耕自己的社會場域，這比任何事都還要重要。

另外，如果有許多人參與引導活動的話，在活動之前，營造場域的團隊成員（主辦團隊）最好能先彼此對話，溝通好想要營造出什麼樣的場域、想要結晶出什麼樣的願景或意向，這不只可以凝聚主辦團隊的想法，也能夠幫助團隊在活動中創造出一個能夠談論正在生成的未來的場域，所以事前準備相當重要。

《實踐技巧與範例》

〔報到〕

負責營造場域的團隊成員（主辦團隊）為了準備活動而進行對話時，需從「報到」開始。在「報到」的過程中，請準備好的人依序說出「現在自己正在思考的事情，感覺到的事情」，每個人大約說一到兩分鐘。而進行「報到」以外的人請不要說話，仔細傾聽「報到」的人說的話。

主辦團隊可以透過「報到」的過程，在準備活動時進行對話，使所有參與者放開心胸參與活動。

〔清空（吐露心聲藉此淨化心靈）〕

為了營造能夠讓大家彼此對話的場域，請安排一段時間，讓主辦團隊的每一個人可以進行自白，將自己在意的事情，或者是想不透的事情吐露出來。如果主辦團隊成員在活動開始後，心中仍有在意的事、想不透的事的話，那麼在活動中只要稍受刺激就有可能陷入下載情境。

為了防止這種情況發生，請將自己在意的事、想不透的是吐露出來，使自己成為容易進入層次二「看見」的狀態，更能敏銳地觀察到其他人的狀況。這裡說的在意的事、想不透的事可以是任何事，可以和這個活動有關，也可以是自己私人的問題。

不過，如果要把所有事都說出來的話，時間一定會不夠用，想必也有人會覺得「要說出所有私事是不可能的事！」。因此，只要用「我的小孩從昨天開始發燒到現在，我卻因為來參加這個活動而沒辦法照顧他，讓我有些不安」、「我不小心聽到會參加這次活動的〇〇先生說『再怎麼對話也沒用』，不曉得他等一下在活動時會不會擺出不配合的態度，讓我感到有些不安」這樣的形式，把自己在意什麼事、擔心什麼事坦白說出來就可以了。而周圍的人們也不需要試著幫講話的人解決問題，只要傾聽就好。

在「清空」的時候，**有一點很重要，那就是要讓這個人用自己的語言，說出自己憂鬱的想法，讓自己從某種被囚禁的感覺中解放出來**。在感覺到發言者全部說完以前，傾聽的人要一直催促他繼續說下去，問他「還有什麼事沒說到的嗎？」，並在他說完以前支持著他。如果人數不多的話，可以讓每個人都輪流說出自己的話，人數很多、時間不夠的話，則可以兩個人為一組，一個人說、另一個人聽，以清空每個人心中的想法。

〔願景與意向在場域中的結晶化〕

主辦團隊成員彼此對話，討論接下來辦的活動中，要營造出什麼樣的場域，要創造出什麼樣的東西。所有人都需以言語的形式好好表達出來。不一定要用艱澀僵硬的方式來表達，用暗號式的語言，或者是口號也可以。

重點在於，要讓所有主辦團隊成員的想法結晶化成單一詞語。對於主辦團隊來說，這個結晶化的詞語本身，就是「真正重要的東西」。若以這句話為核心進行活動，就可以在主辦團隊成員即將陷入下載情境時即時拉回。

另外，如果這個活動要進行好幾天，或者要進行一個長時間計畫的話，每個團隊成員都可以利用這個機會，向其他人坦白說出自己希望團隊可以成長成什麼樣子。

當每個人都瞭解到，需要對場域做出貢獻，才能學習、成長時，就會開始積極參與場域活動。因此，如果能夠讓每個人分享自己的意向，找出彼此的共同想法，並在討論的時候一起將這些願景與意向結晶化的話，會比較容易讓所有成員對結晶出來的語言產生認同感。

流程一【下載】建構安心、安全的環境，讓參與者能夠懸掛起VOJ

《實踐重點》

- 為了緩和對話活動參與者的緊張感，在活動前要做好完整介紹。
- 從進入會場之後，到開始對話之前，要做好準備工作，舒緩人與人之間的緊張感。
- 適當分配座位，以舒緩人與人之間的緊張感。

《解說》

在對話的活動開始時，每個參與者都會有不同程度的緊張感，可能還會進入下載情境。特別是參與活動的人數越多時，人與人之間的緊張感就更高，可能連自己都不會意識到自己已經進入了下載情境。一旦進入了下載情境，就會陷入由過去經驗建構而成的框架，使心中出現許多VOJ（評判之聲）。

如果在這種狀態下開始對話的話，容易引起對方的防禦性反應，使對方發言時只會講一些無關緊要的話，或者一邊觀察狀況一邊謹慎發言，有時還回顯現出反抗的態度，這常是讓會場全體陷入下載情境的重要原因。

這大多是因為人們在「想要把自己好的一面表現出來」、「希望大家不要看到我不好的一面」之類的心情下，思考著「周圍的人是怎麼看待自己的呢？」之類的問題，進而讓自己陷入了這樣的下載情境。有些人會為了掩飾因恐懼他人而產生的緊張感，活動時不與他人對上眼，也不與他人交談，只顧著一直滑著自己的手機、操作筆電，或者盯著活動用的資料，而不與人互動。另外，為了避免讓別人覺得自己好像不怎麼想參加這個活動，有些人還會試著表現出好像很想知道「這個活動的目的是什麼？想得到什麼結論？」的樣子。

他們可能會因為擔心自己的人際關係變差，而裝做想要知道活動目的與結論的態度，並在得到他人認同之前，傾向一直維持這樣的態度，這不僅會使他們不容易從下載情境的

狀態中逃脫出來，還可能會強化他們的下載情境，必須特別注意。

如果希望參與者可以放鬆心情參加活動，不會因為恐懼而陷入下載情境，那麼主辦團隊不只在活動當天自然要做好相應準備，還需在活動之前就做好事前介紹工作，並訂立出讓人們交流的策略，這是很重要的一點。

為了讓每位參與者都能夠消除自己的疑問或懸念，不再被「不曉得這個活動的目的是什麼」這樣的VOJ困擾，也不會因為擔心自己與他人的關係變差而過度緊張，主辦團隊需要營造出一個能夠讓眾人集中精神在場域上的環境，讓眾人能夠安心地參加這個活動。

《實踐技巧與範例》

〔事前訪談〕

如果想要在活動中討論比較敏感的主題，或者是參加活動的人數較多的話，會場的緊張感可能也會比較高。

為了緩和這種狀態，主辦團隊（如果使用來自外部的引導師的話，就是指這位引導師）可以在活動開始之前，對每位參與者進行事前訪談。參與人數太多的話，只要能訪談到兩成左右的參與者，仍可以看出明顯的效果。若這些被訪談過的參與者在正式活動時，能夠積極融入活動，便可影響到所有人，提升引導活動的效果。

事前訪談的重點在於，主辦團隊或引導師不要把自己的意見強加於受訪者，而是要在對話的過程中，仔細傾聽訪談對象對主題的看法、傾聽訪談對象希望狀況轉變成什麼樣子。

事前訪談的主要目的，是讓受訪者在之後的正式活動時能夠融入、支持這個活動，蒐集資訊只是次要目的。因此，能否讓受訪者感覺到「自己說的話有被聽進去」才是關鍵。請仔細傾聽受訪者說的話，必要的話，也可以試著分享這個活動的主題，應會有很好的效果。

在事前訪談的過程中，可以試著用以下問題，加深訪談深度。

- 您對於之後的活動要討論的主題、活動目的，有什麼樣的想法呢？覺得這個活動給了您什麼樣的機會呢？
- 您認為要在什麼樣的情況下，才會讓參加活動的人想要融入活動呢？
- 您希望在活動結束之後，可以創造出什麼樣的情景呢？
- 在創造出這種情景的時候，您最關心的是什麼呢？最想做出什麼樣的貢獻呢？

〔邀請函〕

為了降低活動場域產生爭執的可能性，主辦團隊可以試著製作邀請函，發給所有參與者。

照片6-1　問候卡的例子

因為是邀請函，上面自然會列出這個活動的目的、舉行時間等基本資訊。不過，邀請函的主要目的並不是傳達這些資訊。邀請函的主要目的，是間接地告訴參與者，主辦團隊在辦這個活動的時候花了不少心思。所以，請不要把只寫出基本資訊的電子郵件當成邀請函送出，可以的話，請試著製作有手作風格的邀請函，會有比較好的效果。

〔問候卡〕

進入會場以後，在活動開始以前，常常沒什麼事可以做。就算不想講話，周圍的氣氛也會讓人覺得要是不去找人講話的話就待不下去。這時候，很多人就會選擇開始滑手機，或者打開筆電看看郵件信箱，裝做像是在忙著做些什麼的樣子。

若想讓沒什麼事可以做，卻又不想勉強和周圍的人交談的人能夠很快地適應這個空間，那麼問候卡就是個很有效的方法。可以試著讓參與者在問候卡上自我介紹，寫出想要在這個活動中創造出什麼樣的東西之類的，然後將問候卡貼在牆壁上與大家一起分享（參考「照片6－1問候卡的例子」）。

當參與者們知道其他人是用什麼樣的想法參加這個活動，確認到自己處於什麼樣的場合時，可以減少對這個空間的不安。即使會場中有許多參與者，緊張感也比較不會那麼強烈。而且，當參與者看到牆壁上的問候卡時，可以集中精神在閱讀這些問候卡上，即使手邊沒有事情可以做，也不需要勉強自己去接觸其他參與者。也就是說，這些問候卡可以提供一個讓參與者舒緩緊張感的空間。

在活動會場內，滑手機、操作筆電等動作會給人一種負面消極的感覺，為這個空間帶來緊張感。不過，同樣是避免與人交談，觀看問候卡的樣子卻會讓旁人有正面積極的感覺，吸引其他人的注意，使參與者自然而然地融入這個空間。

〔咖啡自助吧〕

準備一個可以自由取用咖啡的咖啡自助吧，將有助於參與者融入群眾。如果還能準備一些點心的話，還可以讓氣氛變得更加輕鬆，使咖啡自助吧內的人們願意和周圍的陌生人交談，或著和原本就認識的人打聲招呼，有助於舒緩緊張的氣氛。

流程二【觀察】提供自由報告（TED: Tell Explain Describe）的機會，使參與者能夠分享彼此的觀點

《實踐重點》

- 提供自由報告（TED）的機會，讓參與者能針對這個活動或主題說出自己心中的想法。
- 將自由報告（TED）的內容分享給其他參與者時，可使其他參與者們容易進入層次二的「觀察」狀態。

《解說》

剛開始進行活動時，每一位參與者都受限於過去的框架，被各種過去經驗中的觀點或意見束縛著，處於下載情境。為了讓參與者脫離這樣的狀態，使其進入層次二的「看見」

狀態，需要讓參與者們有一個能夠安心吐漏出自己的觀點和意見的機會。

在讓參與者們吐露出自己的觀點和意見時，為了讓他們能夠說出一些平時不會認真思考的事，也為了讓他們不要有不知道為什麼要說這些、被逼著說的感覺，可以試著安排一個自由報告（TED）的機會，讓他們能夠對活動的目的、主題自由提供意見。

TED是Tell（傳達）、Explain（說明）、Describe（描述）的首文字縮寫，簡單來說，就是促使發言者自由地說出心中思考的事情的意思。譬如說，在活動開始時，可以先不要馬上進入議題，而是請參與者「在這次活動開始前，把自己想知道的事、期待的事、在意的事自由寫在便利貼上」，然後進行自由報告（TED）

讓參與者將便利貼上的內容與團隊或所有參與者分享，也會有很好的效果。這種方式可以讓所有參與者接觸到自己未曾有過的觀點，使參與者容易進入層次二的「看見」狀態；也可以讓參與者瞭解到除了自己以外，還有其他人也有一樣的意見，使參與者容易進入層次三的「感知」狀態。

《實踐技巧與範例》

〔針對活動主題進行自由報告（TED）〕

發給參與者每人一張便利貼，請他們針對這個活動主題的想法、感覺寫在便利貼上。

為了幫助他們寫下自己的想法或感覺，可以依照不同狀況向他們提問，或者限制動筆的時間。不過，要是整體而言時間還算充裕的話，請安排足夠的時間，讓參與者們能夠將自己心中所想的事情全部寫出來。

不管是將心中所想內容寫在便利貼上，還著是將心中所想的事情全部掏出來放空，都可以幫助我們脫離下載情境，是很重要的步驟。

（提問的例子）

「對於這個活動，您真正的想法（期待、在意的事）是什麼呢？」

「對於〇〇（活動主題），您真正的想法、意見是什麼呢？」

〈自由報告（TED）以分享想法〉

在大家將自己真正的想法或意見都寫在便利貼之後，便可開始與其他參與者分享想法。這個時候，可以請大家把便利貼貼在一般模造紙上，讓每個人都可以看到內容。要注意的是，此時並非任由大家寫好便利貼之後就馬上貼在模造紙上，而是請大家一個個唸出自己寫的內容，然後再貼上去。

要是有參與者用了很多張便利貼來書寫自己的想法，也需請他一次只唸出一張，唸完一張後貼在模造紙上，然後先換下一個人唸出自己的想法。等到每個人都輪完一次之後，再請還沒說完想法的人唸出下一張便利貼的內容並貼上便利貼，接著再換下一個人唸出剩下的便利貼的內容。

如果在沒唸出內容的情況下，就把便利貼貼上模造紙的話，其他參與者在看到這張便利貼的內容時，可能會處於下載情境。另一方面，如果用一張張讀出便利貼內容的方式進行活動，可以讓所有人集中注意力在唸出內容的人身上，讓他們獲得能夠顛覆由自己的過去經驗所形成的框架，產生「啊啊，原來還有這種觀點啊」之類的想法，使他們容易進入層次二的「看見」。

另外，之所以不要讓參與者把自己寫的便利貼一次全部唸完，是因為不要讓他們有「已經沒自己的事了」的想法，這可以讓他們帶著緊張感，把一定程度的意識放在他其他人身上，使他們容易維持自己在層次二的「看見」狀態。

流程三【感知】帶入各式各樣的觀點，瞭解組織或社群內的不同立場

《實踐重點》

- 用某些策略，讓每個人都能夠帶入各式各樣的觀點，瞭解組織或社群內不同立場的人們的狀況，實際體驗他們的心境。
- 不要提出意見或主張，而是要讓各種不同立場的人分享自己的故事。

《解說》

組織的規模越大、社群的範圍越廣，動態複雜性和社會複雜性的程度就越高。如果因為立場的不同，使成員們互相缺乏理解，交流僅止於表面，人人都在下載情境中進行表面上的應對的話，最後只會招致組織或社群的衰敗。為了讓擁有高度複雜性的組織、社群不再是一盤散沙，而是能夠創造出某些新的事物，必須讓組織、社群的成員們進入層次三的「感知」，以至於層次四的「自然流現」狀態。

若要讓組織或社群較容易進入層次三的「感知」狀態，可以試著拓展場域的空間與時間，讓人們可以把自己帶入各種不同的立場，站在別人的角度看待事情。

在凱絲美的例子中，業務人員與行銷人員長年以來都只站在自己的角度去瞭解狀況，無法對對方的想法產生共鳴，就連要他們一起去拜訪顧客，聽取顧客的心聲，他們也辦不到。不過，在經過世界劇演（參考第35頁）之後，雙方開始能夠瞭解對方的立場，能夠站在對方的視角，能夠從一直站在誓不兩立的業務人員與行銷人員之間當夾心餅乾的總務負責人的視角，看待自己與整體狀況，進入層次三的「感知」狀態。這就是拓展空間之後，從他人的視角看待事情的狀態。

在凱絲美公司的例子中，視角的轉換僅限於公司內的員工。然而，**如果有辦法讓參與者站在顧客、交易對象、地方居民等各種利害關係人的視角，拓展視野範圍的話，更可以動搖原本的框架，形成更堅實的基礎，創造出發展性更高的策略**。如果還能夠拓展時間軸，讓參與者站在過去或未來的某個時間點看待事情的話，可以讓策略更為完善。

過去我曾在倍樂生公司的早會中列席。那時候，董事長福武總一郎曾以「不要忘了破產的經歷」為主題，唸了一段由創立這間公司的福武彥哲，也就是他的父親的日記。

福武彥哲在創立倍樂生的前身，福武書店以前，曾創立過一個公司，這個公司卻因經營不善而破產。日記中便是記錄福武彥哲在這個公司破產前，每一天是抱著什麼樣的痛苦心情看著公司走向破產的命運。福武董事長將父親的日記唸給所有公司員工聽，讓員工們有機會可以實際感受創業者是在什麼樣的心情下再度崛起，創立福武書店，然後轉變成現在的倍樂生公司。這個案例中，就是要人們站在過去某個人物的視角，感受他的經驗，藉此改變對目前狀況的看法。

相對的，如果人們站在未來的視角看待事物，便能在可能出現的未來中看到未來的自己或他人，模擬、體驗未來的情況。將可能出現的未來以說故事的方式表現出來，可以幫助我們做到這件事。

許多智庫（Think Tank）會用各種數據來預測未來的樣子，這會引導接受資訊的人在層次一的「下載」或層次二的「看見」狀態下處理這些資訊。相對的，如果用說故事的方式表現出對未來的預測的話，便可以讓參與者們想像自己身處於尚未發生的未來中，就像親身體驗未來一樣。這就是站在未來的視角看待事物的層次三「感知」狀態。

用說故事的方式來表現出對未來的預測，可以促使參與者達到「感知」的境界。包含小說在內，許多書籍都會善用這一點。這裡我想以一本書為例子進行說明，這是一本預測我們未來工作方式的書，書名是《轉變：未來的工作》（《The Shift: The Future of Work is Already Here》，琳達・格拉頓（Lynda Gratton）著，日文版為池村千秋譯，PRESIDENT出版）。

這本書提到了五個會影響到未來工作方式的趨勢（科技發展、全球化、人口組成的變化與老年化、個人／家庭／社會的變化、能源與環境問題）。書中以說故事的方式，介紹這幾個趨勢會為我們的生活方式、工作方式帶來什麼樣的改變，若您有興趣的話請務必一讀。

若想讓組織或社群內的參與者能夠站在其他人的視角看待事物，方法和我們在兩人搭檔、團隊篇所介紹的方法幾乎相同。關鍵在於如何讓參與活動的所有人，能夠傾聽與自己立場不同的人的故事，並對他們的經驗產生情感上的共鳴。

《實踐技巧與範例》

〔說故事〕

「說故事」是讓某個人扮演一個說書人，將自己的體驗以故事的方式表現出來，其他人則扮演聽眾，傾聽說書人的故事，是一個很簡單的方法。在社會複雜性很高的情況下，若想要利用說故事的方式推倒彼此間的高牆，就必須讓每一位利害關係人都做為一個說書人，講述由自己立場、角色、體驗編織而成的故事，而其他利害關係人則扮演觀眾，仔細傾聽說書人的故事。

我們參考了Humanvalue公司（http://www.humanvalue.co.jp/）的方法，整理成一套說故事的步驟，介紹如下。

1. 說書人說出自己的故事

說書人試著將自己的經驗以故事的方式表現出來。一個故事大約講十二至十五分鐘左右即可。

2. 觀眾的口述筆記

說書人在講他的故事時，請聽眾試著將說書人說過的話一字不漏地記錄下來。不要用條列式的方式記錄，也不要只記錄關鍵字，而是要用口述筆記的形式記錄下來。強制聽眾使用口述筆記的方式記錄時，可以讓聽眾不致於陷入下載情境，而能夠維持在層次二的

「看見」狀態。在聽眾進入層次二的「看見」狀態時，會仔細傾聽說書人的故事，這也可以消除說書人的緊張感，使他容易跳脫出下載情境。

3. 聽眾的反思

在十二至十五分鐘左右的說故事時間結束之後，安排3～5分鐘的反思時間，讓觀眾能夠回顧故事內容。並請聽眾將他們認為說書人想要傳達的事，以及聽到這些事後的自己有什麼感覺記錄下來。

4. 觀眾複述故事

請觀眾將說書人說過的故事原原本本地複述一次，並加上個人的感想，就像是由聽眾在介紹說書人一樣。聽眾可以將自己記錄下來的口述筆記、反思故事內容時認為說書人想傳達的事，以及自己的感想說出來，重現出說書人的故事，並與其他成員分享。

如果參加人數很多的話，可以三到四人一組，以組為單位進行複述故事的步驟，組內所有成員都需要複述說書人的故事。在不同組員複述故事的時候，即使聽到的故事內容相同，但每個人的感受並不一樣，故可使組員獲得不同的視角，讓人容易進入層次二的「看見」狀態，也有可能直接進入層次三的「感知」狀態。

另外，在複述故事時，說書人可以知道自己的故事在其他人聽起來會是什麼樣子，進而從不同的觀點看待自己的故事，使自己容易進入層次二的「看見」狀態；或者可以讓自己用另一種方式解釋自己的故事，進入層次三的「感知」狀態。

5. 對話

活動人數多的話可以分成幾個組別進行對話，人數少的話則可讓說書人加入對話。所謂的對話，並不是讓大家對說書人的故事做出解釋、討論情節，而是請每個人分享自己在前面的步驟中感覺到的事物，或者是在自己的人生中看到的事物。透過這樣的分享活動，說書人與聽眾便可用不同的方式，重新建構自己的經驗與人生，進而抵達層次三的「感知」境界。

〔學習旅程（Learning Journey）〕

所謂的學習旅程，是指移動自己的腳步來到現場，親自感受當地的狀況，讓自己能夠站在現場人員的角度看待事物，進入層次二的「看見」或層次三的「感知」的方法。

一般而言，動態複雜性越高時，如果在離現場很遠的地方進行討論的話，便越容易停留在層次一的「下載」或層次二的「看見」狀態，使人們只能處理表面性的問題，或者做出可能會在現場留下禍根的判斷。之所以會造成這種情況，有一個很重要的原因，那就是這些人是經由他人的轉述來瞭解現場狀況，只能像紙上談兵般處理帳面上的數據，卻無法看到那些無法用語言來描述的資訊。為了排除這個原因，使人們能夠進入層次三的「感知」

圖表6-2　感知工作坊的故事範例

	不好的例子	好的例子
正面故事	新商品的銷售狀況很好	新商品的銷售狀況很好，倉庫一點存貨都不剩。於是我去和客戶道歉，說現在沒辦法出貨給他。客戶則告訴我「我不是因為你們的產品賣得很好而訂你們公司的產品，是因為信任你才訂你們公司的產品」。
負面故事	新進員工的態度很差，動不動就生氣	某個新進員工又忘了在期限內交出要給顧客看的資料，已經好幾次了。我嚴厲地斥責他之後，被他瞪了一眼，他還把櫃子一腳踹開，把櫃子都弄壞了。

狀態，找出能夠解決問題本質的方法，便需要來一段「學習旅程」。

學習旅程和一般的現場勘查不一樣的地方在於，現場勘查的過程中，大多僅止於視察現場狀況，以及蒐集現場人員的意見，容易讓人停留在層次二的「看見」流程；相較於此，學習旅程除了以上行動之外，還要實際體驗現場人員的經歷，傾聽他們的故事，可能是正面的故事，也可能是負面的故事，讓自己進入層次三的「感知」狀態。

親自來到現場，聽現場人員說故事，聽現場人員述說他們的喜悅與辛苦，才能夠穿上現場人員的鞋子，站在他們的角度看待事物，這是很重要的一點。

〔感知工作坊〕

如果技術上沒有辦法進行學習旅程的話，可以用這種相對簡單的方式，讓參與者可以站在現場人員的

照片6-2　感知工作坊的樣子

角度看待事物。請盡可能召集不同立場的利害關係人，請他們將自己站在他人視角時看到的具體故事，包括正面故事與負面故事，手寫在Ａ４紙上。

請他們寫下來的故事，可以是與活動主題有關的故事；或者也可以設下較寬鬆的條件，只要是和這個組織、社群有關，寫什麼樣的故事都可以。

在寫下故事的時候有一點很重要，那就是要具體寫出人事物，讓人覺得這件事就發生在我們面前一樣（參考「圖表６－２感知工作坊的故事範例」）。如果故事寫得過於抽象的話，容易讓看到這個故事的人陷在下載情境中，無法體會到述說故事者的想法，無法進入層次三的「感知」狀態。

照片6-3　人形木偶工作坊的範例

將故事寫在A4紙上，用粉紅色的筆寫出正面的故事，用藍色的筆寫出負面的故事，正負面故事個寫一個。活動時，可以在地板上劃分出正面區域與負面區域，然後將寫有故事的紙張排列在地上。然後要求參與者在許多紙張之間漫步，沉浸在一個個故事內，感受故事情節（參考「照片6－2感知工作坊的樣子」）。

這時候，請提醒參與者們不要試著分析為什麼會寫出這樣的故事，不要試著分析故事內容。畢竟這個活動的重點是體驗其他人的感受，請要求參與者們好好做到這點。

〔人形木偶工作坊〕

人形木偶工作坊，是一種能讓自己用相對簡單的方法模擬、體驗到組織成員、社群成員，以及其他利害關係人的感受的方法。

在這個工作坊中，我們會用人形木偶來表現組織成員、社群成員、其他利害關係人的心境。先讓人形木偶擺出各種姿勢，然後把紙剪成對話泡泡的樣子，並在上面寫下台詞，使組織或社群成員之間的感情交流浮現出來，讓成員之間的溝通不會只留於表面（參考「照片6－3人形木偶工作坊的範例」）。

將擺好姿勢的人形木偶，以及寫有台詞、外形是對話泡泡的紙張放在地上，然後讓大家實際站在各個人形木偶的旁邊，擺出一樣的姿勢。從人偶的相對位置可以感受到人偶之間的距離感，而擺出和人偶一樣的姿勢則可以引發人們產生感情，模擬出站在那個立場的人會有什麼樣的感覺。還可以要求參與者擺出其他人偶的姿勢，讓他們能夠模擬各種不同立場的角色的心情。這種方法可以讓參與者用各種不同的角度，看待自己身處的狀況，進入層次三的「感知」狀態。

流程四~五【自然流現&結晶化】安排一段沉默的時間，迎接新的想像

《實踐重點》

- 找機會插入一段沉默的時間，讓所有參與者能夠退一步觀察狀況。
- 準備一些道具，讓參與者能夠用這些道具表現出沉默時湧出的想像，使他們不會因為自己的想像而進入下載情境。
- 幫助參與者們張開他們的天線，接收偶然出現的資訊。

《解說》

當組織或社群的複雜性越高，或者流程三時抵達的「感知」狀態越深時，就會覺得越難找到答案，而產生煩躁的感覺，陷入顧此失彼、難以周全的狀態，而出現各種複雜的糾葛。

在這種混亂、混沌的狀態下，即使想要找到共識，也常會因為彼此過去的經驗不同，從不同的假設出發，難以達成一致的意見，最後因為不曉得該怎麼做才好而陷入茫然。在U型理論中，為了讓參與者突破這種混亂與混沌的狀況，迎來非衍生自過去經驗的智慧，建議可以設置一段沉默的時間。

一位U型理論的實踐家，亞當．卡漢曾說「最好可以安排一段適當的沉默時間，就算只有一到兩分鐘也沒關係」。當所有人一起進入沉默時，便可放下混亂與混沌中產生的惡意，從追尋答案的煩躁感中跳脫出來，讓參與者更容易迎來新的構想。

另外，我們可以安排在活動中空出一兩分中時間做為沉默的時間，也可以一個人在大自然中待上一週，不和任何人說話。也就是說，我們可以依照狀況的不同，自由設定沉默的時間和地點。舉例來說，在流程三時，如果參與者進入了很深層的「感知」狀態的話，則至少需要三十分鐘到一小時左右的沉默時間才夠，這時候，重點在於要讓參與者自由進出會場。另外，如果提供可以讓他們在大自然中度過的機會，應可得到更好的效果。

在沉默的時間結束以後，需請參與者集中精神，將從內在湧現出來的想法結晶化。如果沉默的時間只有幾分鐘的話，可以請參與者將沉默期間中湧現出來的想法用言語的方式表現出來；如果安排的沉默時間較長的話，可以準備一些道具，給予一些時間，讓參與者能夠活用雙手的智慧，做出一些能夠突破過去框架、突破過去想法的作品。

不要只用頭腦思考，而是動起雙手，以直覺賦予作品外形，作品完成之後再去思考這個作品有甚麼意義。我們可以藉由這種方式，向正在生成的未來學習。

《實踐技巧與範例》

〔短暫沉默（Short Silence）〕

活動進行中，如果參與者們一直出現反射性的、表面上的問答，陷入下載情境或者持續爭論狀態的話，可以安排一到兩分鐘的短暫沉默（Short Silence），讓場域產生變化。這並不是休息時間，而是暫停參與者們的激辯，使全員進入短時間的靜默。

這時候，如果能再加入「花點時間讓想法自然成熟。不需要特別整理、分析自己的想法。只要慢慢深呼吸，試著感覺從自己內在中湧出的想法，就像眺望遠方的雲一樣」的環節，效果會更好。這可以幫助參與者們跳脫出拘泥於自己的意見或想法的狀態。

另外，還可以準備一個提示沉默時間結束的鐘，並預先告訴參與者們「在沉默時間結束後，會敲響這個鐘。在鐘響的瞬間，請把意識的矛頭轉向自己內在湧現出來的想法」。有些人在聽到鐘聲之後，原本煩躁的心情會瞬間豁然開朗，使自己能擁有更寬廣的心胸。

〔獨自沉默（Solo Silence）〕

前面的短暫沉默，是在活動進行之際插入一段空檔，讓參與者安靜下來。相較於此，這裡的獨自沉默，則是要參與者利用在會場外自由活動的時間，獨自安靜下來。和短暫沉默相同，獨自沉默的重點在於創造出一個可以讓新的想法從自己的內在湧現出來的空間，

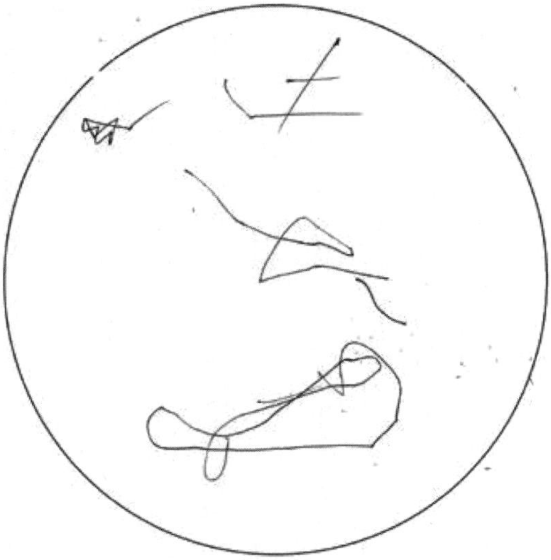

照片6-4　直覺作畫範例

故在這段期間內，請不要和任何人說話，也不要藉由手機、電子郵件等方式與外面的世界聯絡。

獨自沉默的時間長短依狀況與時間限制決定。如果要進行一個小時以上的獨自沉默的話，可以試著在大自然的環境中度過。

另外，在獨自沉默的時間鐘，比起思考，應該要更仔細地感覺自己內在正在生成的事物。除了看著自己的內在之外，也要把眼光望向外側的世界，看看外界正在生成的事物，這可以幫助我們提昇內在與外界的同步性，並與他人之間形成連結。

〔黏土工作坊〕

獨自沉默的時間結束之後，就要準備進入結晶化的流程。結晶化時的重點在於，盡可能不要用到頭腦，而是要使用「雙手的智慧」進行。如果能夠言語流利地說明自己想到的事物，那麼這些事物比較有可能是向過去學習而來的東西，而不是向未來學習到的新事物。從自己的內在湧現出來的未來，大多只會有種模糊不清的想像，而為這種想像塑造出外形，則是一個很重要的過程。

黏土便是一種塑造外形的方法。這就像是優秀的陶藝家在創作時，並不會受限於自己腦中對作品的想像，而是憑雙手的感覺去塑造出作品的外形。心中不要想著如何做出一個好作品，而是任由雙手去發揮，恣意揉捏黏土，為其賦予一個外形。最後不管得到什麼樣的外形都沒關係，作品的完成度是高是低也不重要。

在動手揉捏出黏土的輪廓之後，可以和其他參與者們一起討論這個黏土的形狀給了我們什麼樣的提示，我們又是因為那些原因而揉捏出了這樣的外形，藉此找出非衍生自過去經驗的新想法，讓我們能夠向正在生成的未來學習。

〔紙張工作坊（Paper Work）〕

除了用黏土以外，也可以試著使用紙和筆來進行結晶化。沉默時間結束之後，可以請每一位參與者不要和其他人說話，而是拿起紙和筆，讓握著畫筆的手在紙面上自由揮灑，畫出任意圖案（參考第419頁的「照片6－4直覺作畫範例」）。

這個時候，可以試著用非慣用手握筆，讓我們能放下想要畫出漂亮圖案的想法，這樣更能引導出手的智慧。在我們用非慣用手畫好圖之後，可以試著為這張圖命名，將我們看到這張圖時收到的訊息，用直覺的方式表現出來。然後將這張圖分享給其他活動參與者，試著詢問他們「如果這張圖隱含了某種意義的話，覺得那會是什麼意義」。黏土和紙張只是形式上不太一樣而已，真正的目的與效果其實沒有什麼差別。

〔視覺探索（Visual Explore）〕

Center for Leadership公司販賣的「Visual Explore TM」（http://www.leadingeffectively.com/leadership-explorer/category/visualexplorer/）中，便包含了黏土和繪圖工具等道具，不過在參與者不容易融入活動時，是很好用的工具。這裡面還包含了數百張圖片和照片，不過這些圖片和照片上沒有任何說明。

將視覺探索用的圖片和照片散放在地板上，待沉默時間一到之後，請憑自己的直覺，從地板上拿起一張圖片或照片，然後試著向其他參與者說明這張圖片或照片有什麼意義，講什麼都可以，並在這個過程中尋找提示，讓你們能向正在生成的未來學習。

流程六【建構原型】共同創造（Co-Creation）能夠實現嶄新未來的策略

《實踐重點》

- 透過結晶化過程，將心中出現的靈感與構想具現化，以「歡迎大家自由參加」的形式，號召贊同這個構想的人們共同創造出新事物。
- 用「歡迎大家自由參加」的形式號召成員，迅速動手製作出立體模型。
- 製作模型的同時，也設法從周圍的利害關係人那裡尋求回饋。

《解說》

建構原型的流程中，我們會試著用具體的建構方法，將結晶化流程中湧現出的，代表未來可能性的靈感、構想具現化。

特別是，當我們想在組織或社群中實踐U型理論時，如果想要處理的問題的複雜性很高，處理問題時會牽連到許多利害關係人的話，最好能夠與許多有不同立場的成員共同作業。

因此，在組織或社群中建構原型時，會碰到的問題是「我們固然可以從結晶所得的靈感與構想看到正在生成的未來。但我們要如何以此為基礎，讓許多不同立場的人共同創作，並在考慮到各種利害關係人的想法之下，具現化出我們的原型呢？」。

另外，想要解決組織或社群的問題時，如果問題的三種複雜性越高，那麼在討論問題的過程中，就越容易因意見不合而產生對立。如果只靠言語上的交流，會需要相當多的時間才能達到共識。為了跨越這個障礙，在U型理論的建構原型過程中，我們會推薦三種方法。

1. 用「歡迎大家自由參加」的方式組成團隊。

2. 立刻動手製作出立體模型。

3. 製作模型時，試著徵詢周圍利害關係人的意見。

在開發新產品的時候製作產品模型並不是什麼稀奇的事，而在開發新的服務、訂立改革計畫，以及要解決抽象程度較高的問題時，也可以試著製作模型，這是U型理論在建構原型流程的特徵。用模型表現出無實體服務的樣子、表現出藉由改革計畫成功解決問題後的樣子、表現出解決了高抽象度問題後的樣子，可以幫助團隊內理解彼此、達成共識。

欲藉由立體模型的製作將自己的想像分享給其他參與者時，可以用「歡迎大家自由參加」的方式召集團隊成員或周圍的各種利害關係人一起製作立體模型，藉此減少依賴言語交流時造成的誤會，提升生產性。

《實踐技巧與範例》

〈自發性組成團隊〉

將結晶化時想到的構想與策略寫在A４紙上，然後在會場內四處漫步，尋找有類似構想的參與者。構想的策略相似、發展方向相似的參與者們，在自發性組成團隊之後，對於自己建構出來的計畫會有比較強的參與感與認同感（參考第425頁的「照片6－5組成自發性團隊的樣子」）。

組成團隊的時候，請將自己為什麼會有這樣的構想、想要透過這樣的構想做到什麼樣的事分享給所有團隊成員，讓大家能夠共享對這個構想的想像。

在這個時間點，尚無必要要求所有參與者彼此理解對這個構想的想像。不過有一件事很重要，如果發現這個團隊和自己的方向性不同，心中的想像有很大的差異的話，請盡速離開這個團隊，加入其他團隊。

〈建構初步的原型〉

與自發性組成的團隊成員們一起建構一個初步的原型。在這個流程中，請團隊成員們試著想像自己建構出來的產品最終應該要長什麼樣子，並將這樣的想像與所有成員共享。

由於團隊才剛編成，成員彼此的經驗很可能有很大的差異，溝通時也易產生摩擦。如

照片6-5　組成自發性團隊的樣子

果不是從產品的最終模樣開始討論，而是依照建構原型的步驟從頭開始討論的話，很有可能因為彼此經驗的差異或意見的不同而產生摩擦，使建構原型的計畫停滯不前。因此，至少在最終產品的想像上，最好能讓成員們朝著同一個方向前進。

另外，在建構這個初步原型時有一個重點，那就是不要等到成員們在言語上達成共識之後，才開始建構原型；而是要在製作作品的同時，討論應該要怎麼製作。

一邊擺放物件，一邊和別人說出自己想像中的成品應該要長什麼樣子；同時，其他成員們也將物件擺放上去，並以言語附和著對成品的想像。請在這

照片6-6　建構初步模型的範例

種形式下進行共同作業。這時使用的物件可以是某個包包內的東西，可以是會場周圍的大自然產物，可以是枝條、樹葉等等，這些都可以當成初步原型的材料。另外，還可以使用圖畫紙等文具進行製作，譬如說將裁切後的紙張黏貼成產品原型之類的（參考「照片6－6建構初步模型的範例」）。

建構初步原型的目的，並不是做出一個完成度很高的作品，而是讓團隊成員們對於成品有共同的想像。故在準備需要的物件時有一點很重要，那就是要選擇那些不會讓參與者們在意成品完成度的材料。

〔問答與回饋（Inquiry & Feedback）〕

在建構完初步原型之後，請安排一段時間，尋求其他團隊的回饋。製作作品的團隊（發表團隊）需向其他團隊（回饋團隊）簡單說明自己團隊的作品中，每個部分分別代表什麼樣的意義。

聽取說明的回饋團隊，首先需就這個作品的難以理解之處，提出問題詢問發表團隊，接著給發表團隊一段時間來回答問題，使作品中難以理解之處明確化。待發表團隊回答完這些問題之後，回饋團隊再試著提出「可以促使發表團隊發現新事物」的問題。

能夠促使發表團隊發現新事物的問題像是「要是把這個枝條往這裡移動一些的話，會造成什麼樣的影響或變化呢？」、「要是沒有這個石頭的話，會變得如何呢？」、「要是這個高度變成兩倍的話，會發生什麼事呢？」等。對於這些問題，發表團隊不需要馬上回答，而是要先把它記在筆記上。

在問答與回饋的步驟結束之後，發表團隊再參考回饋團隊的問題，重新改造作品，讓初步的原型煥然一新。在一般徵求回饋的活動中，通常是以回饋方的建議，或者回饋方提出的問題為中心進行改善。不過在這個問答與回饋的步驟中，提出問題的主要目的，則是希望能夠促進發表團隊自己的發現。

〔行動計畫〕

建構出初步的原型之後，便可以進入下一個流程，製作行動計畫。將計畫的名稱、目的、概要、團隊成員名字等資訊寫在模造紙上，安排一個機會，發表計畫給其他參與者聽，讓各種利害關係人能夠一起參與。

活動結束之後，可以設計一套機制，讓團隊間可以隨時分享、報告計畫進度，並獲得回饋，使計畫能夠持續下去，提升計畫的品質。

流程七【實踐】在日常生活中實踐新的策略，並使其逐漸進化

《實踐重點》

- 僅進行能夠改善計畫的討論。為了讓社會場域不至於乾涸，需在日常生活中安排可以對話的機會。
- 讓沉默與內省成為習慣。
- 建構一套AAR（Attack Action Review）機制，能夠接收來自組織內外的回饋，促進參與者進一步觀察事物以及自我內省。

《解說》

建構原型與實踐有一個很明顯的差異，一個是建構、導入新機制，另一個則是實際運用這個新機制。如果沒有定期運用這個新機制，這個新機制便會無疾而終；如果一直停留在嘗試錯誤的步驟，那麼不管花多少時間、試了多少次，都只能停留在建構原型的流程。

另外，在從建構、導入新機制的流程，進入實際運用新機制的流程時，大多數情況下，主導這個過程的人員組成會逐漸改變。原本提出計畫、完善計畫、使其得以應用的團隊成員們可能會陸續離開，並陸續引進新的成員接手、應用這個計畫。

U型理論在改變的過程中，步驟與一般的做事方法沒什麼不同。但在社會場域的重視程度上，U型過程就與一般做事方法有很大不同了。在大多數的改革計畫中，進入應用流程之後，便會把心思放在如何最佳化做事方法、使其變得更為洗鍊，故會一直持續重複PDCA循環。

最佳化做事方法固然重要，但如果持續用最佳化後的方法做事，便容易進入下載情境，隨著時間的經過，會逐漸失去當初導入新方法時的熱情，最後只會把這個新方法當成例行公事，一直重複做同樣的事，甚至還可能會縮小規模，以避免打破原本的均衡。這不僅沒辦法孕育出創新，甚至還很有可能成為障礙，使之後的人們更難孕育出創新。

所以說，在實踐流程中，讓「真正重要的東西」持續存在，就成了一件很重要的事。為此，平時就應該把對話的文化或習慣深植於組織或社群之內，即使進入實踐、運用的流程，也需持續深耕社會場域，使人們能夠抵達層次四的「感知」狀態，並一直維持在這個狀態。

為了使感知狀態可以持續下去，可以使用我們在第五章中介紹的AAR（Attack Action Review，參考第375頁）方法，建構出一套可以從組織或社群內外獲得廣大回饋的機制，促進組織或社群人員們觀察事物以及自我內省，並以此為基礎進行對話。

〔結語〕集體領導力的可能性

1 社群媒體與集體領導力

至此的六章內容中，我們介紹了U型理論需要的社會背景、U型理論究竟是什麼，以及如何實踐U型理論。

我認為，U型理論對世人來說，是超越了三種複雜性的路標。奧托博士亦曾提過U型理論是用什麼樣的方法超越三種複雜性。

那就是「集體領導力」（Collective Leadership）。老實說，在我第一次聽到這個讓人感到陌生、難以直覺看出是什麼意思的名詞時，只讓我覺得「又有一個腦袋聰明的學者在提倡標新立異的領導概念了」。原本我還誤以為這和榮格的集體潛意識有什麼關係，要我們連結上集體潛意識，藉此發揮出領導力之類的。

我在不曉得什麼是集體領導力的狀況下，繼續深入學習U型理論。於是逐漸瞭解到，全球等級的相互依賴關係將會產生許多高度複雜性的問題，這些問題相當難以解決。我看到，即使地球的資源有限，資本主義卻像是無限成長般加速擴張；我也看到，許多既有的政治實體陷入局部最適、決策不周全的狀況，不僅無法有效解決問題，反而持續朝著毀滅的方向前進。奧托博士指出，如果我們放任舊制度、舊系統就這麼持續下去的話，狀況不可能會有所改善。我瞭解得越多，越覺得現實中三種複雜性所造成的問題非常嚴重，也明瞭到這不是只靠U型理論就能夠解決的問題。

奧托博士除了指出應該要如何突破既有機制的極限之外，也提到他感覺社群媒體有著很大的可能性。

奧托博士說道，人類直到最近才開始面臨氣候變遷這種全球問題，而當我們藉由網路連結到地球的每個角落時，人類也首次以社群媒體的形式彼此連接起來。他說，社群媒體對人類來說一定有著某種意義，以及某種可能性。

我聽到這些話的時候，並不覺得社群媒體有他說得那麼神奇，覺得他只是隨便拿一個東西當做高度複雜性問題的解方。不過，以某件事為契機，我終於明白了奧托博士說的話是什麼意思，也瞭解到集體領導力的本質和可能性。這可以說是之前未曾體驗過的，U型理論可能性的大門打開的瞬間。

這個契機，就是東日本大地震的福島第一核電廠事故發生時，我看到如燎原野火般迅速擴張開來的「節電行動」。

在那個地震發生時，可以說讓整個日本，以至於全世界都降至U谷。雖然大家在理論上都知道海嘯可能會造成多大的災難，但真正發生海嘯的時候，卻仍對眼前的景象難以置信。影片中出現的是可怕程度遠超過我們想像的海嘯，以及核電廠爆炸事故。這時候，許多人都因為感覺到強烈的恐懼感而進入了層次二的「看見」狀態。

這個車諾比級的核電廠事故不僅讓日本東北地區的人們感到恐懼，更讓整個東日本的居民意識到這個新興複雜性。所有人都發現到這是「現在，就在那裡的危機」，任何人在未來都有可能碰到，故進入了層次三的「感知」狀態。

在這種緊急狀態下，一項節電行動以非比尋常的速度迅速展開。這和過去由主流媒體或政府主導的中央集權式節電行動不同，過去的那些節電行動都沒有這種速度與行動力。那些象徵權力的各種機關，在這次的節電行動中都只能扮演被動跟隨的角色。

這個節電行動發起自Twitter這個社群媒體。某個人在Twitter上喊出了「開始屋島（Yashima）作戰吧」的口號之後，以年輕人為中心，許多網路上的人們迅速做出回應，跟著宣言「我也要加入屋島作戰」，嘗試積極的進行節電，還有人製作節電海報，請大家張貼在各地商店街，有些人還會一間間拜訪店家，請他們參與節電。

這個「屋島作戰」源自於《新世紀福音戰士》這個動畫作品中出現的作戰行動名稱。主角們為了打倒名為「使徒」的敵人，刻意停掉全日本的供電，將電力集中到福音戰士的武器上，最後獲得勝利。

做為「藉由停電撐過困境的象徵」而揭起的「屋島作戰」，在以Twitter為首的社群媒體作用之下，使節電行動得以實現。用U型理論來解釋的話，「屋島作戰」這個詞，就是將人們的願景與意向結晶化後的語言；而節電行動本身，則是與未來的實踐行動有著緊密連結的原型建構。

我認為，要是沒有海嘯與核電廠事故強烈地轉換人們的社會場域的話，就算在社群媒體上說出「屋島作戰」的口號，網路上的年輕人們也沒辦法匯集出那麼強烈的能量，發起那麼大規模的行動。另一方面，如果沒有社群媒體，只靠主流媒體和政府的宣傳，也沒辦法達到這麼快、這麼廣的傳播速度。

看到這一連串的現象，我才首次認識到奧托博士所說的社群媒體隱藏著什麼樣的可能性，實際體驗到「集體領導力」是什麼。

奧托博士認為，面對全球規模的高複雜性問題時，想在某個特定人士或特定機關主導之下，以中央集權式的方式解決問題是不可能做到的事。

我們必須超越誰是領導者、誰是追隨者的框架，藉由開放的思考、開放的心靈、開放的意志，將大家連結在一起，使每個人都把自己當成無名的領導者，彼此協力解決問題，發揮出所謂的集體領導力（Collective Leadership）。要是不這麼做的話，就無法突破三種複雜性，找到解決複雜問題的方法。而U型理論，就是能使集體領導力成為可能的社會技術。

群眾在許多偶然的重合之下，走上了U型過程，藉由社群媒體的力量發起「節電行動」。我認為，這種集體領導力，正象徵著我們今後應該要實現的未來。

我認為，由海嘯與核電廠事故等悲劇與事件所觸發集體領導力，並不是偶然形成，而是在人們的意向下自然而然發生的。我相信，這就是U型理論的存在理由，能為我們指出一條可能的道路。

2 做為社會性的突現式創新技術的U型理論

奧托博士認為，U型理論是一種能讓社會產生突現式（Emergence）創新的技術。這裡的突現，指的是能夠以整體的形式，表現出無法由局部的單純加總所得到的性質。在突現式的創新中，我們可以將許多局部部分之間的相互作用組織化，建構成一套系統，表現出無法由個別局部部分的要素預測出來的性質。

想必當初製作《新世紀福音戰士》的人們，一定不會想到自己發明的「屋島作戰」一詞，會在十數年後成為嘗試將日本從危機中拯救出來的計畫名稱；而喊出「開始屋島作戰吧」的無名人士，也沒想到這會成為席捲整個日本的行動。

像這種能夠以整體的大行動，表現出無法由一個個小行動的單純加總所得到的現象，就叫做突現。而這個現象可藉由U型過程加速形成。我相信，如果我們人類能夠把突現當成一種知性，更加主動地實踐U型過程，將可以在二十二世紀時，發展出非衍生自過去經驗的未來。

我常被問到「能否用簡單幾句話來表現U型理論？」。若要用淺顯易懂的方式說明的話，我會回答「U型理論是讓我們在個人、團體、組織、社會的層次上，都能展開創新活動的技術」。不過，如果表達方式任由我發揮的話，我會毫不猶豫地這樣回答。

U型理論，就是人類的希望。

我由衷地希望，可以有更多人透過本書，瞭解U型理論的可能性。

發自內心的感謝

我是在二〇〇五年時遇上了U型理論，而在二〇一〇年時，翻譯出版了日文版的《U型理論》（C．奧托．夏莫原著，英治出版）一書。而在二〇一四年時，出版了本書。一晃眼過了八年的歲月，考慮到時代的迅速變化，不禁讓人覺得花了不少時間。

就算回過頭來重新思考，為什麼要花那麼多時間做這件事，答案也只有一個，那就是「為了得到結果，這些時間的花費是必要的」。

另外，原本我預計這本書只會寫到二百五十頁，但寫的過程中，內容卻越來越多，不知不覺中就超過了四〇〇頁。做為一本入門書籍，應該要寫得更為容易閱讀才對。但如果要用容易理解、容易實踐的方式說明U型理論的話，就必須用實際的例子、故事說明，而且還需依照個人、兩人搭檔、組織等不同情況，列出不同的實踐方法。當我想將所有內容都塞進來時，變成了這麼一本厚重的書。

花了八年的歲月，盡全力寫出來的這本書，展示出了我的器量與能力。但其實，書中包含了許多連八年前的我，甚至是連三年前的我都難以掌握的知識，以及難以表達的故事。毫無疑問的，當時的我並沒有累積足夠的學識，無法將這些資訊傳達給完全不知道什麼是U型理論的人。

而在執筆這本書的過程中，我自己也經歷了一次潛至U谷的過程。在開始寫這本書的半年內，真的碰上了不少狀況，讓人不曉得該怎麼辦，可以說是走過了一段艱苦的路程。

而在這個過程中，我又再次深切地體會到，雖然幫助人或組織改革是我的工作，但這絕非僅憑我一人之力可以完成。委託我用U型理論進行引導的組織負責人，願意把一切交給我來處理，對此我相當感激。除了感謝他們如此信任我之外，對於他們想要跨越恐懼、挺身面對問題的姿態，我也感到相當欽佩，一點也不誇張。

這八年來，除了工作領域的人們之外，我也獲得了來自各界的幫助。這已超越了寫作、出版的範圍，除了感謝還是感謝。這本書可以說是我受到許多人的照顧與支持的證明。

U型理論本身是由奧托博士所創立，由於這個理論根植於「自己到底是什麼人？」、「人類、組織、社會到底是什麼？」等根源性的問題上，所以要是沒有和許多不同的人接觸的話，是絕對寫不出這本書的。

對於每一個接觸，以及每一位支持我的人，我希望能夠藉這個機會，表達我發自內心的感謝。

在我執筆本書時，奧元絢子女士、北垣武文先生、金明華先生、楠見晴樹先生、松浦敬先生、森本均先生義務幫我審過原稿。

巴塔哥尼亞日本分公司的社長辻井隆行先生、倍樂生公司的村上久乃女士提供了他們公司的案例與各種資訊，Humanvalue公司的兼清俊光先生向我介紹了他們的解決方案，英治出版的原田英治社長與高野達成先生協助出版《U型理論》一書。在各位的大力協助下，我才能順利完成這本書的寫作。真的非常感謝。

Social Field Cultivators的各位、Mission Possible Game普及委員會的各位、Dialogue U團隊的自由播報員末吉里花、巴塔哥尼亞大崎店的各位工作人員等，都是與我一起在日本推廣U型理論的同志。拜各位之賜，我才能夠持續舉辦與U型理論有關的活動，將U型理論介紹給更多人。一直以來真的非常感謝你們。

Dream Coach.com公司的吉田典生先生、特定非營利活動法人日本紛爭預防中心的瀨谷留美子女士、Inner Rise 53公司的富田欣和先生、記者大熊一夫先生、面白法人Kayac的柳澤大輔先生、Septeni Holdings公司的佐藤光紀先生、前世界銀行副總裁西水美惠子女士、湘南Bellmare教練曹貴裁先生、People Tree的代表Safia Minnie先生、Yahoo公司的宮坂學先生、Hasuna Co., Ltd.的白木夏子女士、Space Port公司的上田壯一先生、吉卜力工作室的鈴木敏夫先生等，都曾參加過以U型理論為基礎所進行的說故事與對話活動「Dialogue U」，或者是其前身「用U型理論說故事」，扮演說書人的角色。各位除了扮演說書人以外，也大方分享自己的人生故事，形成了一個很棒的場域，感動了許多在場的活動參與者。在此深表感謝。

我也在企業主管教練活動、組織開發、人才開發等工作上，獲得了許多支援，成為我實踐U型理論的機會。

獨立以後便持續支援著敝公司的Furyu公司的各位、敝公司的客戶，同意在平時的討論會中公開公司名稱與相關案例的pdc公司田島俊一社長、Pola公司組織擴充部的大城心先生、原由美子女士、Future Scoop公司的富永正雄社長、中外製藥公司常勤監察董事三輪光太郎先生、MSD公司執行董事上松由美子女士、木村峰征先生、巴塔哥尼亞日本分公司的各位。U型理論的實踐內容與效果在事前並不容易理解，不過因為各位願意讓我公開公司名稱與案例，還幫我們宣傳，讓我們能有位這個社會做出貢獻與挑戰的機會。真的非常感謝你們。

野村總合研究所的永井恒男先生與Idelea團隊的各位、Doors公司的森田英一先生、專業教練關京子女士、田中信先生、橋本博季先生、島崎湖先生、Jalan研究中心的三田愛女士等，做為商業上的夥伴與我合作，也做為U型理論實踐的同志給予支持，一起迎接挑戰。你們寄予我很大的期待，並默默支持我，給了我許多能一展長才的機會。真的非常感謝你們。

日本Process Work Center的橫山十祉子女士、桑原香苗女士、Qualia公司的荒金雅子女士、Change Argent公司的小田理一郎先生、Land Mark Worldwide的上野高稔先生、CTI Japan公司的山田博先生、CRR Japan公司的森川有理先生、一心公司的千田利幸先生等，不僅是我心靈的支柱，也在我做為一個人類的成長、做為一個專業人士的學習上給予我許多支援。在各位滿懷關愛的指導與支援，以及做為領導者的榜樣，才有今天做為一個人類，以及一個專業人士的我。

一般社團法人自然流現研究院日本社群代表理事由佐美加子女士，以及Authentic Works公司的古江強先生是我無可取代的夥伴，在各方面一直支持著我。要是沒有兩位的支持，我就沒辦法下定決心，持續在日本推廣U型理論。未來還要請兩位多多指教。

一直以來，由佐家的各位總是發自內心地關愛、支持常由著自己的性子自由行動的我。妻子美加子與兒子陽太，以及遠在廣島守候著我們的雙親、哥哥、嫂嫂、姪女里奈，因為有你們無限的關愛，讓我可以安心地走在自己的道路上，真的非常感謝你們。

最後，我想感謝PHP編輯團隊的石井高弘先生。在我寫作本書時，石井先生對於首次執筆，還不習慣寫作的我，一直認真仔細地給予各種建議。這段和石井先生一起走過的路，我一生都不會忘記。真的非常感謝你。

二〇一三年 師走

中土井 僚

〈作者簡歷〉

中土井 僚（Nakadoi Ryo）

Authentic Works公司　代表董事
社團法人　自然流現研究院日本社群 理事
特定非營利活動法人　日本紛爭預防中心 理事
Furyu公司　非常務董事

廣島縣吳市出身。同志社大學法學部政治學科畢業。

組織改革引導師。以U型理論為基礎，改變人們的思維模式，使人與組織能夠持續性地改革，即所謂的「組織進化顧問」。

致力於讓職場上已惡化的人際關係自發性地好轉，對象包括分裂的經營團隊、因部門／立場不同造成利害衝突彼此對立的人們、發生爭執的上司與部下等等。藉由引導人們將惡化的人際關係轉變成改變的「機會」，協助進行組織改革與行動改革。

過去曾主導過許多組織改革計畫，幫助過五十家以上的公司。包括讓業績持續低迷、人際關係陷入惡性循環的化妝品公司從谷底V型反彈，恢復盛況；化解一家服裝廠商的製造部門與販售部門之間的衝突，成功縮短交貨期限等等。

大學畢業後，進入安達信顧問公司（現在的埃森哲公司）服務。做為一位顧問，提供客戶各種組織設計、人才設計的計畫，像是活用ＩＴ服務的業務流程改革計畫、為公司規劃獲取顧客的策略等等。後來發現，資訊系統的改革雖然可以讓業務變得更有效率，卻無法解決某些人與組織上的問題，於是轉身進入組織開發、人才開發業界。邂逅了當時在日本尚處於黎明期的人事教練（Coaching）工作，以一位個人生活教練的身分於業界活動，於二〇〇五年獨立開業。以企業主管教練的身分，幫助許多上市公司的經營者進行決策。

二〇〇七年起，開始提供以U型理論為基礎的個人領導力開發服務，亦致力於U型理論實踐者「Change Originator」的培育與支援。譯有《U型理論》（C．奧托．夏莫著，中土井僚、由佐美加子譯，英治出版）一書。

◎Authentic Works公司
首頁：http://www.authentic-a.com/
信箱：aw-office@authentic-a.com
Twitter ID：@roadryo
郵件雜誌《來自未來的詢問》：
http://www.authentic-a.com/aboutus/mm/　LINE@：http://line.me/ti/p/@ucn6882s

自然流現研究院日本社群（Presencing Institute Community Japan）

自然流現研究院（ＰＩ）www.presencing.com是由提倡U型理論的ＭＩＴ斯隆管理學院的高級講師Ｃ・奧托・夏莫所成立的全球性社群。實踐「自然流現」的過程，連結上正在生成的未來，就是這個社群的成立目的。社群網路正在逐漸擴大中，目前已有一萬三千名成員，可供大眾學習如何實踐各個社會領域的改革計畫，以及U型理論中的社會技術。

自然流現研究院日本社群（ＰＩＣＪ）是世界各國ＰＩ社群中的其中一個，可連結日本與全世界的ＰＩ活動，並透過提供社會技術的相關資訊、工具、學習場域的企劃、營運，推廣U型理論並使更多人學會如何實踐。

若想獲得進一步瞭解這個社群、獲得各種相關的最新資訊，可瀏覽網站「http://www.presencingcomjapan.org」並訂閱本站的郵件雜誌。訂閱之後，除了可以獲取與社會技術有關的最新資訊之外，也可以得到本書中提到的活動道具、影片、手冊。

PICJ首頁：http://www.presencingcomjapan.org

U型理論Facebook頁面：https://www.facebook.com/theoryu

信箱：info@presencingcomjapan.org

國家圖書館出版品預行編目資料

U型理論：以7個步驟落實個人、團隊、組織的全面改造 / 中土井僚著; 陳朕疆譯. -- 初版. -- 臺北市：商周出版：家庭傳媒城邦分公司發行, 2020.04
面； 公分
實踐版
ISBN 978-986-477-821-8（平裝）

1.企業經營 2.組織管理

494　　109003749

BW0740
U型理論【實踐版】

原文書名／人と組織の問題を劇的に解決するU理論入門
作　　者／中土井僚
譯　　者／陳朕疆
企劃選書／陳美靜
責任編輯／劉芸
版　　權／黃淑敏、翁靜如、林心紅、邱珮芸
行銷業務／莊英傑、周佑潔、王瑜

總 編 輯／陳美靜
總 經 理／彭之琬
事業群總經理／黃淑貞
發 行 人／何飛鵬
法律顧問／台英國際商務法律事務所　羅明通律師
出　　版／商周出版
臺北市104民生東路二段141號9樓
電話：(02) 2500-7008 傳真：(02) 2500-7759
E-mail: bwp.service@cite.com.tw
發　　行／英屬蓋曼群島商家庭傳媒股份有限公司　城邦分公司
臺北市104民生東路二段141號2樓
讀者服務專線：0800-020-299　24小時傳真服務：(02) 2517-0999
讀者服務信箱E-mail: cs@cite.com.tw
劃撥帳號：19833503　戶名：英屬蓋曼群島商家庭傳媒股份有限公司城邦分公司
訂購服務／書虫股份有限公司客服專線：(02) 2500-7718；2500-7719
服務時間：週一至週五上午09:30-12:00；下午13:30-17:00
24小時傳真專線：(02) 2500-1990；2500-1991
劃撥帳號：19863813　戶名：書虫股份有限公司
E-mail: service@readingclub.com.tw
香港發行所／城邦（香港）出版集團有限公司
香港灣仔駱克道193號東超商業中心1樓
E-mail: hkcite@biznetvigator.com
電話：(852) 25086231　傳真：(852) 25789337
馬新發行所／城邦（馬新）出版集團【Cite (M) Sdn. Bhd.】
41, Jalan Radin Anum, Bandar Baru Sri Petaling, 57000 Kuala Lumpur, Malaysia.
電話：(603) 9057-8822　傳真：(603) 9057-6622　E-mail: cite@cite.com.my

封面設計／黃宏穎
印　　刷／韋懋實業有限公司
總 經 銷／聯合發行股份有限公司　電話：(02)2917-8022　傳真：(02)2911-0053
地址：新北市231新店區寶橋路235巷6弄6號2樓

■ 2020年4月9日初版1刷　Printed in Taiwan

ISBN　978-986-477-821-8

定價／499元　

商周出版

廣　告　回	
北區郵政管理登記	
北臺字第10158	
郵資已付，免貼郵	

10480　台北市民生東路二段141號9樓

英屬蓋曼群島商家庭傳媒股份有限公司城邦分公司　收

請沿虛線對摺，謝謝！

商周出版

書號：BW0740　　書名：U型理論【實踐版】

請於此處用膠水黏貼

商周出版

讀者回函卡

感謝您購買我們出版的書籍！請費心填寫此回函卡，我們將不定期寄上城邦集團最新的出版訊息。

不定期好禮相贈！
立即加入：商周出版
Facebook 粉絲團

姓名：＿＿＿＿＿＿＿＿＿＿＿＿ 性別：☐男 ☐女

生日：西元＿＿＿＿＿＿年＿＿＿＿＿＿月＿＿＿＿＿＿日

地址：＿＿＿＿＿＿＿＿＿＿＿＿

聯絡電話：＿＿＿＿＿＿＿＿ 傳真：＿＿＿＿＿＿＿＿

E-mail ：

學歷：☐ 1. 小學 ☐ 2. 國中 ☐ 3. 高中 ☐ 4. 大學 ☐ 5. 研究所以上

職業：☐ 1. 學生 ☐ 2. 軍公教 ☐ 3. 服務 ☐ 4. 金融 ☐ 5. 製造 ☐ 6. 資訊
☐ 7. 傳播 ☐ 8. 自由業 ☐ 9. 農漁牧 ☐ 10. 家管 ☐ 11. 退休
☐ 12. 其他＿＿＿＿＿＿＿＿

您從何種方式得知本書消息？

☐ 1. 書店 ☐ 2. 網路 ☐ 3. 報紙 ☐ 4. 雜誌 ☐ 5. 廣播 ☐ 6. 電視
☐ 7. 親友推薦 ☐ 8. 其他＿＿＿＿＿＿＿＿

您通常以何種方式購書？

☐ 1. 書店 ☐ 2. 網路 ☐ 3. 傳真訂購 ☐ 4. 郵局劃撥 ☐ 5. 其他＿＿＿＿

您喜歡閱讀那些類別的書籍？

☐ 1. 財經商業 ☐ 2. 自然科學 ☐ 3. 歷史 ☐ 4. 法律 ☐ 5. 文學
☐ 6. 休閒旅遊 ☐ 7. 小說 ☐ 8. 人物傳記 ☐ 9. 生活、勵志 ☐ 10. 其他

對我們的建議：＿＿＿＿＿＿＿＿＿＿＿＿

＿＿＿＿＿＿＿＿＿＿＿＿

＿＿＿＿＿＿＿＿＿＿＿＿

請於此處用膠水黏貼